高等职业教育机械类新形态一体化教材

逆向工程技术应用教程（第2版）

刘 鑫 主编

清華大学出版社
北 京

内容简介

本书根据项目式教学的思路编写，按照逆向工程技术实际应用的具体流程，通过8个项目并结合实例详细讲解了正向设计和逆向设计的区别、不同测量设备和逆向造型设计软件的具体使用技巧，最后结合企业的真实案例详细讲解了逆向造型设计的特点，并根据逆向设计的不同阶段采用不同的软件进行设计，充分结合了市面上现有逆向造型设计软件的优点，弥补了只用一种软件进行逆向设计的不足。

本书可作为CAD/CAM等机械类专业高职高专学生综合技能实训的教材，也可作为从事CAD/CAM的工程技术人员的参考用书。

图书在版编目(CIP)数据

逆向工程技术应用教程/刘鑫主编．—2版．—北京：清华大学出版社，2022.5(2024.8重印)
高等职业教育机械类新形态一体化教材
ISBN 978-7-302-60450-1

Ⅰ．①逆…　Ⅱ．①刘…　Ⅲ．①工业产品－计算机辅助设计－高等职业教育－教材　Ⅳ．①TB472-39

中国版本图书馆CIP数据核字(2022)第052847号

责任编辑：刘翰鹏
封面设计：常雪影
责任校对：刘　静
责任印制：杨　艳

出版发行：清华大学出版社
　网　　址：https://www.tup.com.cn，https://www.wqxuetang.com
　地　　址：北京清华大学学研大厦A座　　**邮　编**：100084
　社 总 机：010-83470000　　**邮　购**：010-62786544
　投稿与读者服务：010-62776969，c-service@tup.tsinghua.edu.cn
　质量反馈：010-62772015，zhiliang@tup.tsinghua.edu.cn
　课件下载：https://www.tup.com.cn，010-83470410
印 装 者：三河市龙大印装有限公司
经　　销：全国新华书店
开　　本：185mm×260mm　　**印　张**：14.25　　**字　数**：325千字
版　　次：2013年8月第1版　2022年5月第2版　　**印　次**：2024年8月第3次印刷
定　　价：39.00元

产品编号：094338-01

第2版前言

自本书第1版于2013年8月出版以来，有较多高校一直在使用，并在2017年被评为首届全国机械行业职业教育优秀教材，这给予编者很大的激励。

本书第1版至今已在本校和兄弟院校模具设计与制造、机械制造及自动化、计算机辅助设计与制造、工业设计等相关专业使用8年，随着时间的推移，许多读者也提出了不少合理化建议，教材里面的部分逆向工程相关前沿技术、设计软件已不能满足新工科背景下相关人才培养目标的需求。为了更好地体现新时期对高等职业教育人才培养要求，编者在广泛征求教材使用反馈意见的基础上，结合教学实际情况，对本书第1版进行了以下三个方面的修订完善。

(1)“逆向工程技术应用”是一门应用性非常强的课程，在制造业各领域都得到广泛应用，随着专业逆向工程技术软件的发展，传统点—线—面的逆向曲面造型设计方法已经跟不上时代发展的步伐，根据点云直接拟合曲面的快速曲面重构方法已经成为发展趋势，Geomagic Design X软件的正逆向结合设计方法正日趋成熟。本书第2版的改版内容中增加了使用Geomagic Design X软件进行逆向造型设计的相关设计案例，并结合企业真实生产项目进行讲解。

(2) 本书第2版以全国职业院校技能大赛高职组“工业产品数字化设计与制造”赛项为载体，结合历年大赛真题案例和企业真实案例进行教学，将大赛的评分标准引入课程的评价体系，以赛促教，以赛促学，使学生在大赛中有所突破，从而有效地提高学生的自主学习能力、产品创新设计能力、分析能力和解决实际工程问题的能力。

(3) 目前，线上线下混合教学已成为趋势，第2版增加了操作视频20个、教学案例模型14个、拓展学习模型12个，配套建设的在线开放课程“逆向工程技术应用”已经在浙江省高等学校在线开放课程共享平台上同步开设，这充分调动了学生学习的积极性和学习的兴趣，提高了本书的实际使用效果。

第2版的修改得到了浙江工业职业技术学院高层次教学建设培育项目的资助，在此表示衷心的感谢。浙江工业职业技术学院刘长生、李红莉、戴圣杰参与了第2版新增内容的修订，在此一并感谢。

限于编者水平和技术的快速发展，书中难免有不足之处，编者真诚地希望使用本书的教师和学生对教材的不足之处提出意见，以便我们以后加以完善。正是您的支持，给予了我们不断前进的动力。

编　者

2022年1月

第 1 版前言

逆向工程技术作为一种新的产品开发形式，在缩短产品开发周期、消化吸收国外先进技术、提升产品竞争力中发挥着越来越重要的作用。现代逆向工程技术，除广泛应用在汽车工业、航空航天工业、机械工业、消费性电子产品等几个传统领域外，也开始应用于多媒体虚拟实境、仿制和破损的修复等领域，特别是在模具设计与制造方面的应用更是有了重大突破。当前，企业界对逆向工程技术人员的需求量越来越大。为了顺应市场的需求与发展，完善机械类专业的课程设置，高等职业院校要根据社会需求设置课程，许多学校开设了“逆向工程技术”这门课程，并取得了良好效果。但是市面上关于逆向工程技术的相关教材比较少，特别是结合企业案例讲解逆向设计的就更少了。逆向工程技术的广泛应用和快速发展，将导致越来越多的院校开设这门课程。因此，亟需结合企业案例对逆向工程技术的具体应用进行讲解，这样才能做好这门课程的教学工作，使学生具备逆向工程技术的专业知识，掌握产品快速开发的过程和方法。

本书根据项目式教学的思路编写，在突出职业技能应用能力培养的指导思想下探索现代的高职教育形式，按照逆向工程技术实际应用的具体流程顺序，通过以下 7 个项目并结合实例详细讲解了正向设计和逆向设计的区别、不同测量设备和逆向造型设计软件的具体使用技巧及逆向造型设计的特点。

项目 1：了解逆向工程技术。主要介绍逆向工程技术的定义、流程及应用领域。

项目 2：利用常规测量方式的零件三维建模。结合项目介绍利用常用测量器具(包括游标卡尺、高度游标卡尺、千分尺、万能角度尺、半径规、塞尺等)进行常规测量的方法。

项目 3：基于三坐标测量技术的数据采集。介绍三坐标测量机的测量原理及基本操作步骤，并结合项目操作三坐标测量机对工业产品进行测量。

项目 4：基于 3DSS 光栅扫描技术的数据采集。介绍 3DSS 光栅扫描仪的测量原理及基本操作步骤，并结合项目操作 3DSS 光栅扫描仪对工业产品进行测量。

项目 5：基于 Geomagic 的数据拼接处理。结合项目介绍 Geomagic 软件数据拼接的操作步骤及处理方法。

项目 6：基于 Imageware 的数据预处理。结合项目介绍 Imageware 数据预处理和建立工件坐标系的一般步骤和方法。

项目 7：基于 NX 的产品逆向设计。结合项目介绍 NX 进行逆向造型设计的方法。

本书涉及知识面广，编者水平有限，书中难免有不足之处，敬请读者提出宝贵意见和建议，以便进一步修订和完善。

编　者

2013 年 5 月

目　录

项目 1

了解逆向工程技术

项目目的

(1) 了解逆向工程技术的概念和基本工作流程;

(2) 了解常用的逆向设计造型软件;

(3) 理解逆向工程关键技术;

(4) 掌握逆向工程技术的具体应用领域及应用方法;

(5) 培养学生独立分析和解决实际问题的实践能力。

项目内容

(1) 逆向工程技术简介及其工作流程;

(2) 逆向工程关键技术;

(3) 逆向工程技术的具体应用领域及应用方法;

(4) 逆向工程技术在模具行业的具体应用。

课时分配

本项目共5节,参考课时为4学时。

1.1 逆向工程技术简介

随着工业的进步以及经济的快速发展,在消费者对产品高质量的要求下,产品功能上的要求已不再是赢得市场的唯一条件。产品不仅要具有先进的功能,还要有流畅、富有个性的产品外观,以吸引消费者的注意。流畅、富有个性的产品外观要求必然会使得产品外形由复杂的自由曲面组成。但是,在设计和制造中,传统的产品开发模式基于产品或构件的功能和外形,由设计师在计算机辅助设计软件中构造,即正向工程,很难用严密、统一的数学语言来描述这些自由曲面。

为适应先进制造技术的发展,需要将实物样件或手工模型转化为CAD数据,以便用快速成型(rapid prototyping,RP)系统、计算机辅助制造(computer aided manufacturing,CAM)系统和产品数据管理(product data management,PDM)的先进技术对其进行处理和管理,并进行进一步修改和再设计优化。此时,就需要一个一体化的解决方案:样品-数据-样品。逆向工程专门为制造业提供了一个全新、高效的重构手段,实现从实物到几何模型的直接转换。

逆向工程技术概述

逆向工程(reverse engineering,RE)又称为反向工程,其思想源于从油泥模型到产品实物的设计过程。20 世纪 90 年代初,在现代计算机技术及测试技术飞速发展的同时,逆向工程也发展成为一种以国内外先进产品、设备的实物为研究对象,以现代设计理论、人机工程学、计量学、计算机图形学和相关专业知识为基础,利用先进制造技术来进行产品仿制及新产品开发的技术手段,最终实现对先进产品的认识、再现及创造性的开发。

逆向工程作为消化、吸收已有先进技术并进行创新开发的重要手段,人们对其的理论研究和应用越来越多。通过综合利用 RE 技术和 CAD 技术,形状复杂产品的数字化建模质量和效率将大大提高,并且能够以较低的成本制造出原型产品,从而有力支持新产品的创新设计和快速开发。

逆向工程与传统的正向工程(forward engineering)相比,两者的设计过程是完全不同的。正向设计是从图纸经加工得到产品,而逆向设计是从零件或原型到二维图纸或三维模型,再经过制造得到产品。两者的比较如图 1-1 所示。

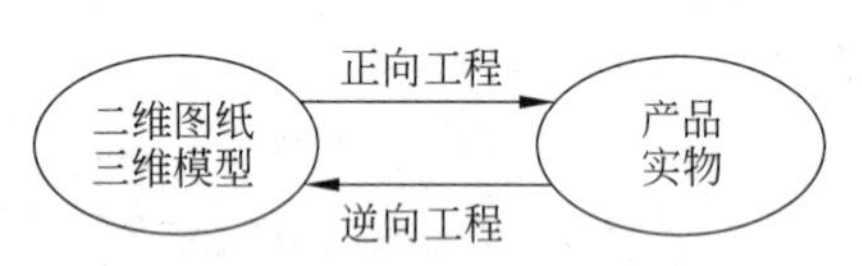

图 1-1 正向工程与逆向工程的比较

正向工程是从无到有的全新设计过程,而逆向工程则是对已有产品进行变形设计的再创新过程,两者在设计流程上有很大的区别,但目的都是一样的,即设计并生产出符合要求的产品。

1.2 逆向工程的工作流程

逆向工程的基本工作流程是:首先对实物样件或油泥模型进行数据采集,得到样件表面的几何数据,然后对这些数据进行去噪、三角化、全局优化、数据分块等预处理,再根据点云数据进行曲面重构,再根据产品工艺和功能要求,对光顺后的曲面进行工艺分块和产品结构设计,最终完成产品 CAD 模型的重建。之后,还可以进行一系列后续仿真分析操作,如有限元分析、运动仿真分析以及数控加工指令生成等。图 1-2 为逆向工程的基本工作流程。图 1-3 为某发动机气道砂芯的逆向设计流程。

逆向等于山寨吗

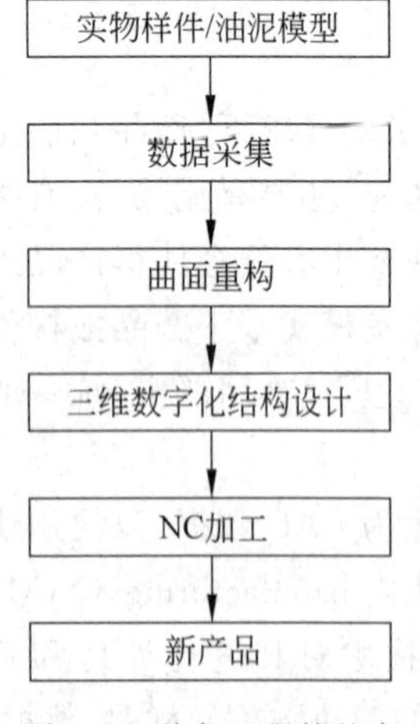

图 1-2 逆向工程的基本工作流程

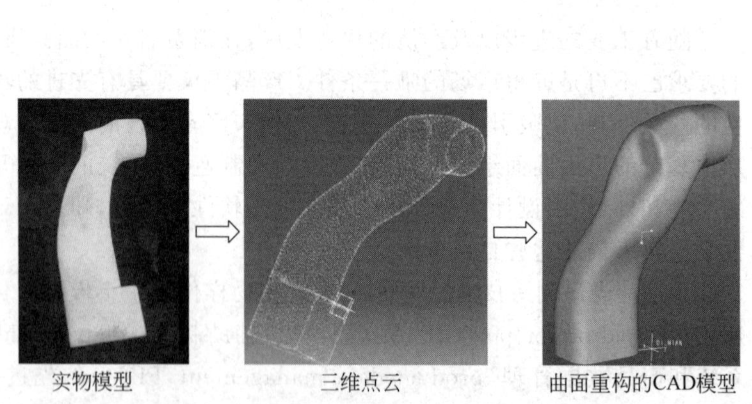

图 1-3 某发动机气道砂芯的逆向设计流程

1.3　逆向工程技术常用软件

1.3.1　基于正向的CAD/ CAE/ CAM系统软件

1. CATIA

CATIA是法国Dassault Systems公司旗下的CAD/CAE/CAM一体化软件，Dassault Systems成立于1981年，CATIA是英文computer aided tri-dimensional interface application的缩写。它支持从项目前阶段、具体的设计、分析、模拟、组装到维护在内的全部工业设计流程。CATIA软件界面如图1-4所示。

图1-4　CATIA软件界面

CATIA通过以下三大模块专门进行逆向造型设计。

(1) digitized shape editor(DSE，数字曲面编辑器)，根据输入的点云数据，进行采样、编辑、裁剪，以达到最接近产品外形的要求，可生成高质量的mesh小三角片体，完全非参。

(2) quick surface reconstruction(QSR，快速曲面重构)，根据输入的点云数据或者mesh以后的小三角片体，提供各种方式生成曲线，以供曲面造型，完全非参。

(3) automotive class A(汽车A级曲面)，完全非参，此模块提供了强大的曲线曲面编辑功能和无比强大的一键曲面光顺功能。几乎所有命令可达到G3，而且不破坏原有光顺外形，可实现多曲面甚至整个产品外形的同步曲面操作(控制点拖动、光顺、倒角等)。对于丰田等对A级曲面近乎疯狂(全G3连续等)的要求，可应付自如。目前只有纯造型设计软件，比如Alias、Rhino可以达到这个高度，不过达不到CATIA的高精度。

2. Siemens NX

Siemens NX是Siemens PLM Software公司出品的一个产品工程解决方案，它为用户的产品设计及加工过程提供了数字化造型和验证手段。它不但拥有现今CAD/CAM软件中功能较强大的Parasolid实体建模核心技术，更提供高效能的曲面建构能力，能够完成最复杂的造型设计。其主要为汽车与交通、航空航天、日用消费品、通用机械以及电子工业等领域，通过其虚拟产品开发(VPD)的理念，提供多级化的、集成的、企业级的、包括软件产品与服务在内的完整的MCAD解决方案。Siemens NX软件如图1-5所示。

Siemens NX具有丰富的曲面建模工具，包括直纹面、扫描面、通过一组曲线的自由曲面、通过两组类正交曲线的自由曲面、曲线广义扫掠、标准二次曲线方法放样、等半径和变半径倒圆、广义二次曲线倒圆、两张及多张曲面间的光顺桥接、动态拉动调整曲面、等距或不等距偏置、曲面裁减、编辑、点云生成、曲面编辑。

Siemens NX还拥有自由形状建模用于设计高级自由形状，或直接在实体上，或作为独立片体，使得它能够进行复杂自由形状的设计，如机翼、进气道和工业设计的产品。自由曲面建模技术合并了实体和曲面建模技术到一个强大功能的工具集中，该技术包括沿

图 1-5　Siemens NX 软件

曲线的通用扫描，利用1、2和3个轨道方法等比例地建立形状，从标准二次锥方法的放样体，圆形或锥形截面的圆角，在两个或更多的其他体间光顺桥接间隙的曲面，也支持通过一个曲线/点网格定义形状或对逆向工程任务通过点去拟合建立形状模型，可以或通过修改定义的曲线，改变参数的数值，或通过利用图形的或数字的规律控制来进行编辑。例如，一个可变半径的倒圆或改变一个扫描的横截面面积，模型是与所有其他NX功能完全集成的，自由曲面建模也包括为评估复杂模型的形状、尺寸和曲率的易于使用的工具。

除了软件本身强大的曲面设计功能，Siemens PLM Software公司已经在新版本的NX软件中加入了专用的逆向工程模块，包括了常用的逆向曲面造型设计专用功能，可以与后续的产品细节结构设计实现无缝连接。

3. Creo

Creo Parametric是PTC核心产品Pro/E的升级版本，是新一代Creo产品系列的参数化建模软件。Creo Parametric利用具有关联性的CAD、CAM和CAE应用程序(范围从概念设计到NC刀具路径生成)，可在所有工程过程中创建无缝的数字化产品信息。此外，Creo Parametric在多CAD环境中表现出色，并且保证向下兼容来自早期Pro/E版本的数据。Creo软件如图1-6所示。

图 1-6　Creo 软件

Creo软件拥有专业曲面设计功能，利用自由风格功能更快速地创建复杂的自由形状；使用扫描、混合、延伸、偏移和其他各种专门的特征开发复杂的曲面几何；使用拉伸、旋转、混合和扫描等工具修剪和延伸曲面；执行复制、合并、延伸和变换等曲面操作定义复杂的几何曲面。经常使用以下模块进行逆向曲面造型设计。

(1) Creo interactive surface design(交互式曲面设计)。通过 Creo 交互式曲面设计的自由形状曲面设计功能，设计者和工程师可以快速轻松地创建极为准确并且具有独特美感的产品设计结果，根据您的需求而不是软件的限制来进行设计。

(2) Creo reverse engineering(逆向工程)。使用该模块可以将现有实物产品变换为数字化模型。逆向工程模块以其快速且功能强大的特性使设计人员和工程人员能有效地利用现有的知识产权，直接对任一个实体零件中的几何外形和自由形式的曲面进行有效的开发，或者开发整个曲面模型。它具有一整套自动化功能，并具有实施剧烈的设计变更的能力，从而有助于改进产品定制，并提高设计重用率。

1.3.2　专用的逆向造型设计软件

1. Imageware

Imageware 由美国 EDS 公司出品，是著名的逆向工程软件，正被广泛应用于汽车、航空、航天、消费家电、模具、计算机零部件等设计与制造领域。该软件拥有广大的用户群，国外有 BMW、Boeing、GM、Chrysler、Ford、Raytheon、Toyota 等著名的国际大公司，国内则有上海大众、上海申模模具制造有限公司、上海 DELPHI、成都飞机制造公司等大企业。

以前该软件主要被应用于航空航天和汽车工业，因为这两个领域对空气动力学性能要求很高，在产品开发的开始阶段就要认真考虑空气动力性能。常规的设计流程是：首先根据工业造型需要设计出结构，制作出油泥模型之后将其送到风洞实验室去测量空气动力学性能，然后根据实验结果对模型进行反复修改直到获得满意结果为止，如此所得到的最终油泥模型才是符合需要的模型。如何将油泥模型的外形精确地输入计算机成为电子模型，就需要采用逆向工程软件。首先利用三坐标测量仪器测出模型表面点阵数据，然后利用逆向工程软件 Imageware 进行处理即可获得 A 级曲面。Imageware 软件如图 1-7 所示。

图 1-7　Imageware 软件

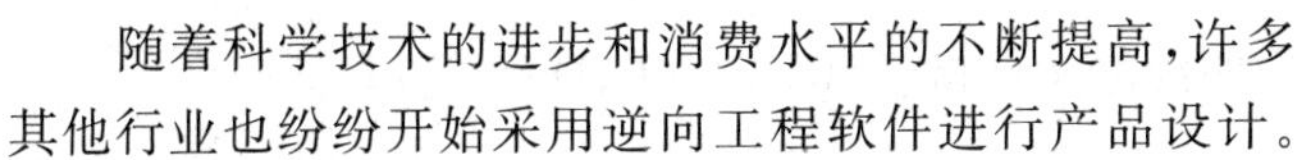

随着科学技术的进步和消费水平的不断提高，许多其他行业也纷纷开始采用逆向工程软件进行产品设计。以微软公司生产的鼠标器为例，就其功能而言，只需要三个按键就可以满足使用需要，但是，怎样才能让鼠标器的手感最好，而且经过长时间使用也不易产生疲劳感，却是生产厂商需要认真考虑的问题。因此，微软公司首先根据人体工程学制作了几个模型并交给使用者评估，然后根据评估意见对模型直接进行修改，直至修改到满意为止，最后再将模型数据利用逆向工程软件 Imageware 生成 CAD 数据。当产品推向市场后，由于其外观新颖、曲线流畅，再加上手感很好，符合人体工程学原理，因而迅速获得用户的广泛认可，产品的市场占有率大幅上升。

Imageware采用NURBS技术,软件功能强大,Imageware由于在逆向工程方面具有技术先进性,产品一经推出就占领了很大市场份额。

Imageware主要用来做逆向工程,它处理数据的流程遵循点—曲线—曲面原则,流程简单清晰,软件易于使用。

Imageware在计算机辅助曲面检查、曲面造型及快速样件等方面具有其他软件无可匹敌的强大功能,它当之无愧地成为逆向工程领域的领导者。

2. Geomagic Studio

由美国Geomagic公司出品的逆向工程和三维检测软件Geomagic Studio可轻易地从扫描所得的点云数据创建出完美的多边形模型和网格,并可自动转换为NURBS曲面。Geomagic Studio可根据任何实物零部件自动生成准确的数字模型。Geomagic Studio还为新兴应用提供了理想的选择,如定制设备大批量生产,即定即造的生产模式以及原始零部件的自动重造。Geomagic Studio软件如图1-8所示。

图1-8 Geomagic Studio软件

Geomagic Studio的特点:确保完美多边形和NURBS模型处理复杂形状或自由曲面形状时,生产率比传统CAD软件提高多倍。自动化特征和简化的工作流程可缩短培训时间,并使用户免于执行单调乏味、劳动强度大的任务。Geomagic Studio可与所有主要的三维扫描设备和CAD/CAM软件进行集成,能够作为一个独立的应用程序运用于快速制造,或者作为对CAD软件的补充。

Geomagic Studio主要包括Qualify、Shape、Wrap、Decimate、Capture五个模块。主要功能包括以下几点。

(1) 自动将点云数据转换为多边形(Polygons)。

(2) 快速减少多边形数目(Decimatc)。

(3) 把多边形转换为NURBS曲面。

(4) 曲面分析(公差分析等)。

(5) 输出与CAD/CAM/CAE匹配的文件格式(IGS、STL、DXF等)。

3. CopyCAD

CopyCAD是由英国Delcam公司出品的功能强大的逆向工程系统软件,它能允许从已存在的零件或实体模型中产生三维CAD模型。该软件为来自数字化数据的CAD曲面的产生提供了复杂的工具。CopyCAD能够接收来自坐标测量机床的数据,同时跟踪机床和激光扫描器。

Delcam CopyCAD Pro是世界知名的专业化逆向/正向混合设计CAD系统,采用全球首个Tribrid Modelling三角形、曲面和实体三合一混合造型技术,集三种造型方式为一体，创造性地引入了逆向/正向混合设计的理念，成功地解决了传统逆向工程中不同系统相互切换、烦琐耗时等问题，为工程人员提供了人性化的创新设计工具，从而使得“逆向重构＋分析检验＋外形修饰＋创新设计”在同一系统下完成。CopyCAD Pro 为各个领域的逆向/正向设计提供了高速、高效的解决方案。

CopyCAD 软件如图 1-9 所示。

图 1-9 CopyCAD 软件

Delcam CopyCAD Pro 具有高效的巨大点云数据运算处理和编辑能力，提供了独特的点对齐定位工具，可快速、轻松地对齐多组扫描点组，快速产生整个模型；自动三角形化向导可通过扫描数据自动产生三角形网格，最大限度地避免了人为错误；交互式三角形雕刻工具可轻松、快速地修改三角形网格，增加或删除特征或是对模型进行光顺处理；精确的误差分析工具可在设计的任何阶段帮助用户对照原始扫描数据对生成模型进行误差检查；Tribrid Modelling 三合一混合造型方法不仅可进行多种方式的造型设计，同时可对几种造型设计进行混合布尔运算，为操作者提供了灵活而强大的设计方法；设计完毕的模型可在 Delcam PowerMILL 和 Delcam FeatureCAM 中进行加工。

CopyCAD 简单的用户界面允许用户在尽可能短的时间内进行生产，并且能够快速掌握其功能，即使对于初次使用者也能做到这点。使用 CopyCAD 的用户将能够快速编辑数字化数据，产生具有高质量的复杂曲面。该软件系统可以完全控制曲面边界的选取，然后根据设定的公差能够自动产生光滑的多块曲面。同时，CopyCAD 还能够确保在连接曲面之间的正切的连续性。

CopyCAD 的主要功能如下。

(1) 数字化点数据输入。

(2) 点操作。

(3) 三角测量。

(4) 特征线的产生。

(5) 曲面构造。

4. Geomagic Design X

Geomagic Design X 是目前业界最全面的逆向工程软件，在众多工业领域，如汽车、航空、医疗设备和消费产品，许多专业人士在使用 GeomagicDesign X 软件和服务。Geomagic Design X 的前身是韩国 Rapidform XOR 软件，2013 年被 3D Systems 公司收购，双方经过多年合作并有机地结合在一起，一起为“从模型到成品”的过程提速。Geomagic Design X 软件如图 1-10 所示。

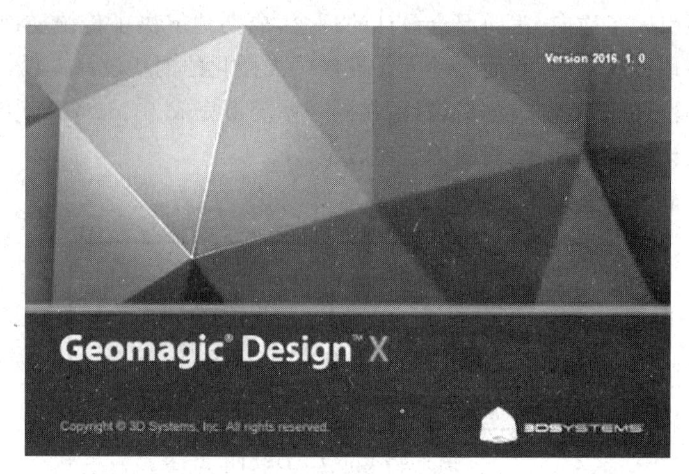

图 1-10 Geomagic Design X 软件

Geomagic Design X 软件的主要特征如下。

(1) 多点云数据管理界面。高级光学 3D 扫描仪会产生大量的数据(可达 100000～200000 点),由于数据非常庞大,因此需要昂贵的计算机硬件才可以运算,现在 Geomagic Design X 提供记忆管理技术(使用更少的系统资源),可缩短处理数据的时间。

(2) 多点云处理技术。可以迅速处理庞大的点云数据,不论是稀疏的点云,还是跳点,都可以轻易地转换成非常好的点云。Geomagic Design X 提供过滤点云工具以及分析表面偏差的技术来消除 3D 扫描仪所产生的不良点云。

(3) 快速点云转换成多边形曲面的计算方法。在所有逆向工程软件中,Geomagic Design X 提供一个特别的计算技术,针对 3D 及 2D 处理是同类型计算,软件提供了一个快速且可靠的计算方法,可以将点云快速计算出多边形曲面。Geomagic Design X 能处理无顺序排列的点数据以及有顺序排列的点数据。

(4) 自动分割领域。自动分割领域功能是 Geomagic Design X 的专有功能,它会根据面片的曲率和特征,自动将面片表面归类为不同的领域加以分割,可以快速地识别平面、圆柱面、回转面、圆面等。后续设计过程中可以根据这些分割的领域快速地构建实体特征。Geomagic Design X 也提供上色功能,通过实时上色编辑工具,使用者可以直接对模型编辑自己喜欢的颜色。

(5) 偏差分析功能。在建模过程之中,Geomagic Design X 可以快速且方便地进行体偏差分析、面偏差分析、曲线偏差分析等,可以轻易知道逆向设计模型和原始扫描数据之间的偏差,从而调整更改逆向设计模型。

1.4 逆向工程关键技术

当前,国内外对逆向工程关键技术的研究主要集中在数据采集技术和曲面重构技术两个方面。

1.4.1 数据采集技术

形状表面数据采集是逆向工程的第一步工作，逆向工程技术的实施必须以数字化测量设备的输出数据为基础，只有在得到需要进行逆向设计的实体的表面三维信息后，才能实现模型检测、复杂曲面重构、评价和制造等后续工作。而逆向工程测量得到的数据质量直接影响对被测实体描述的精度和完整程度，进而影响重构的CAD曲面、三维实体模型的质量，并最终影响整个工程的进度和质量。因此，数据采集是整个逆向工程技术实施的基础，也是逆向工程中的关键技术之一。

根据测量探头是否接触零件表面，常用的数据采集方法可分为接触式数据采集方法和非接触式数据采集方法两大类，如图1-11所示。

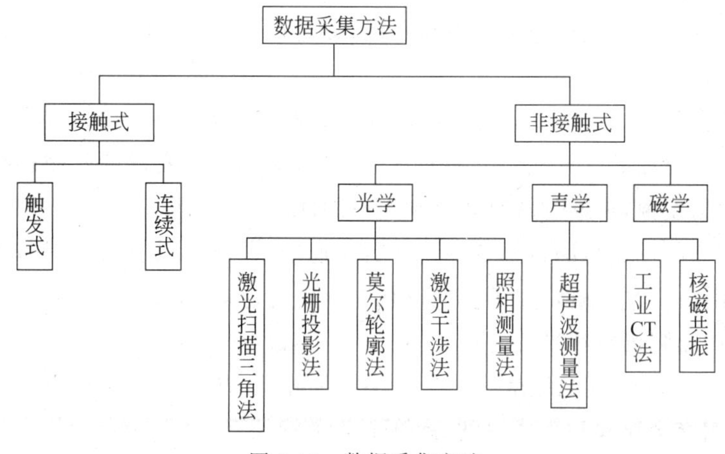

图1-11 数据采集方法

1. 接触式数据采集方法

接触式数据采集方法主要有两种，即基于力触发原理的触发式数据采集方法和基于模拟量开关探头的连续式数据采集方法。

(1) 触发式数据采集方法。触发式数据采集采用触发式探头，当测头的探针与样件的表面接触时，由于探针尖变形触发采样开关，数据采集系统即可记下探针尖(测量球中心点)的当时坐标，探针沿样件表面轮廓逐点移动，就能采集到完整的样件三维数据。

(2) 连续式数据采集方法。连续式数据采集的探头采用模拟量开关，模拟式探头与样件的表面接触时会产生侧向位移，经可变线圈感应，会产生相对的电压变化，此模拟电压变化信号转换成数字信号送入处理器，探针沿样件表面轮廓移动，就能采集到完整的样件的表面轮廓数据。由于这种方法的数据采集过程是连续的，测量速度比触发式探头快许多倍，采样精度也较高。但使用模拟式探头时必须保持实时与样件的接触，测量过程中不能中途离开样件表面。这种测量适用于曲率变化平滑的样件表面。由于与样件的接触力较小，可以用小直径的探针去扫描具有细微部分或由较软材料制作的模型。

2. 非接触式数据采集方法

非接触式数据采集方法主要是利用光学、声学、磁学等学科的基本原理,将一定的模拟量转化为被测模型表面的坐标点。该方法包括激光扫描三角法、光栅投影法、照相测量法、超声波测量法和工业 CT 法等,其中激光扫描三角法是逆向工程中复杂曲面数据采集应用最广泛的方法。

(1) 激光扫描三角法。其原理是将激光束照射到被测物体上,用 CCD 得到漫反射光成像点,根据光源点、被测物体表面反射点和 CCD 上的成像点之间的三角关系,从而计算出被测物体表面某点的三维坐标。

三角法的优点是速度快并且不与被测工件表面接触。因此,适合测量尺寸较大、外部曲面复杂的零件。随着先进技术的不断发展,激光扫描三角法将成为应用最为广泛的方法之一。

(2) 光栅投影法。其原理是利用投影仪将光栅影线投影到被测物体的表面,光栅影线受到被测样件表面高度变化的影响而发生变形,通过解调变形的光栅影线可以计算出被测样件表面高度值,再通过解码即可确定被测件的三维坐标。

光栅投影法的优点是测量精度高、范围大、速度快、成本低、操作方便;缺点是只能测量表面曲率变化不大的物体,对于表面形状有突变的物体,光栅影线在陡峭处经常会发生相位突变,从而影响测量精度。

(3) 照相测量法。其原理是用一个或多个照相机,从不同方向拍摄被测物体三幅以上的照片,利用交会原理和模式识别,计算出各个特征点,进而综合计算出物体表面三维曲面轮廓。

照相测量法的优点是测量范围大、速度快,可以测量复杂曲面,不受环境的影响;其缺点是在对物体轮廓边界进行测量时,精度较低。

(4) 超声波测量法。其原理是利用超声波脉冲在与被测物体的两种介质交界表面处发生的回波反射,通过检测零点脉冲与回波之间的时间间隔,即可计算出被测物体各面到零点的距离。

超声波测量法设备简单,成本低,但是测量速度慢,测量精度较低且容易受物体材料及表面特性的影响。由于超声波在高频下的方向性很好,它在三维扫描测量中的应用研究已成为热点。

(5) 工业 CT 法。其原理是以被测物体对 X 射线的衰减系数为基础,通过用 X 射线逐层扫描被测物体,然后用数学方法经过计算机处理而重建各个断层的图像,最后得到完整的三维图像。

CT 测量法的优点是能同时测量物体的内外表面,并且不需要其他处理措施,即可获得精度高、数据密集的 STL 模型。但它测量速度慢,重建三维图像的计算量比较大。

接触式测量与非接触式测量广泛应用在工件质量检测、工装检测和逆向工程中,这两种测量方式在逆向工程中也最为常用且各有特色,表 1-1 总结了激光扫描仪非接触式测量和三坐标测量机接触式测量的技术特点。

表 1-1 激光扫描仪非接触式测量和三坐标测量机接触式测量的技术特点

技术特点	激光扫描仪	三坐标测量机
测量方式	非接触式	接触式(接触压力 150g 以上)
测量精度	10～100μm	1μm
传感器	光电接收器件	开关器件
测量速度	1000～12000 点/秒	人工控制(较慢)
前置作业	需喷漆,无基准点	设定坐标系统,校正基准面
工件材质	无限定	硬质材质
测量死角	光学阴影处及光学焦距变化处	工件内部不易测量
误差	随曲面变化大	部分失真
优势	(1) 测量速度快,曲面数据获取容易; (2) 不必做探头半径补偿; (3) 可测量柔软、易碎、不可接触、薄件、变形细小的工件; (4) 无接触力,不会伤害精密表面	(1) 精度较高; (2) 可直接测量工件的特定几何特征
缺点	(1) 测量精度较差,无法判别特定几何特征; (2) 激光无法照射到的地方无法测量; (3) 工件表面与探头表面不垂直,则测量误差变大; (4) 工件表面的明暗程度会影响测量的精度	(1) 须逐点测量,速度慢; (2) 测量前须做半径补偿; (3) 接触力大小会影响测量值; (4) 接触力会造成工件及探头表面磨耗,影响光滑度; (5) 倾斜面测量时,不易做补偿半径,精度难以保证

1.4.2 曲面重构技术

曲面重构是逆向工程的关键环节,是后续产品结构设计、加工制造、快速成型、工程分析和产品再设计的基础。只有具备产品的 CAD 模型后,才可以利用现有的 CAD/CAM/CAE 技术对产品进行再设计和各种工程分析,进而产出产品。因此,如何进行快速、精确而且有利于下游修改设计的曲面重构,成为逆向工程中最关键的一环。

对于存在复杂曲面的实体模型来说,实体模型是在自由曲面模型经过一定的计算演变得到的,只有建立产品的自由曲面模型才能建立实体模型。同时由于复杂曲面重建问题具有相当的难度和复杂度,因而国内外学者高度重视这一问题并进行了大量的研究。

逆向工程的目标就是建立能够被 CAD 系统接受的曲面模型并便于后续数据处理,因此曲面重构算法一直是逆向工程领域国内外学者研究的重点。目前,测量数据的曲面重建研究按重建后曲面的不同表示形式可大体分为两类:一类是建立由众多小三角平面片组成的分片线性的三角网格曲面模型;另一类是建立分片连续的参数曲面模型。前者由点云数据重构出三角网格模型,由于三角网格曲面模型表示简单灵活,边界适应性好,在真实感图形显示、快速原型、医学图像成型等方面具有明显优势。但三角网格模型存在存储量大、光滑性较差、不易修改等缺点。另外,由于三角域的曲面与通用的 CAD 系统中的曲面表示形式不兼容,因而其应用受到了限制。后者考虑到 CAD 系统中的曲面表示形式是 NURBS 曲面(非均匀有理 B 样条曲面),为了产生与普通 CAD 系统兼容一致的数字化模型,以使重建后的模型能像普通CAD模型一样进行交互修改、数控编程等,同时也为了满足连续性、光顺性的要求,采用样条曲面对几何模型进行重构。

1. 曲线的构建

曲线拟合的方法有两种:插值法和近似法。插值法与点数据的误差为零,但是受点数据的质量影响较大,曲线的平滑性不好。近似法拟合曲线,首先必须指定一个误差允许值,并设定控制点的数目,用最小二乘法来求出一个曲线。显然,曲线的控制点影响着曲线的拟合精度。要得到质量比较好的曲线,需要注意以下几点。

(1) 相邻曲线间隔/重合不大于0.01mm。

(2) 特征曲线要光顺、饱满,同时要与造型的表达相一致。

(3) 曲线的方向性要一致,才可以保证后续的曲线构造出的曲面不会出现剧烈的扭曲现象,这一点在曲线曲面设计中尤为重要,用于构造四边域曲面的四条边界线的参数最好要统一。

(4) 当创建用于构面的横截面曲线(cross section)时,取曲线拟合公差为所要求面公差的1/4,因为后续对曲线进行"清洁(clean)"和"光滑(smooth)"操作时,还会损失精确度,所以提高曲线的拟合精度有利于保证后续曲面的精度。

(5) 确定每一条曲线不超过20~40个控制点。如果横截面形状过长,则分割线至多段。

(6) 在满足精度的前提下控制点越少越好,为保证曲面之间光滑拼接,曲线间要建立连续的约束关系,为便于曲线编辑调整和减少产生波动的可能性,曲线阶数一般不超过3次。但在某些情况下,如曲面重建要求曲率连续,要用到5~7阶曲线。

2. 曲面的构建

按造型方式,目前常用的两种曲面构建方法为:①先将测量点拟合成曲线,再通过CAD/CAM造型软件提供的拉伸、扫描、放样等曲面造型的方式将曲线构建成曲面,这种方式适用于构造规则曲面和曲率变化平缓的曲面;②直接对测量点云数据进行拟合,并生成曲面,最终经过对曲面的过渡、拼接、裁剪等操作完成曲面模型的构建。在实际应用中,往往要根据具体情况,两种方法结合使用。对于形状比较规则曲面,边界曲线比较明显,使用第一种构造方法效果较好。对于一些形状比较不规则的曲面,很难用规则曲线进行描绘,此时使用第二种方法,通过勾勒出曲面边界轮廓,然后对测量数据点直接进行拟合,可以较准确地表达出曲面形状,精度较高。

直接对测量点云数据进行曲面构建,可分为插值和逼近两种方法。插值曲面就是重构出来的目标曲面必须通过所有的采样点,包括型值点、边界及曲面内部法矢等信息;逼近曲面只是对采样点进行有权逼近,它不一定要求所有的采样点都落在目标曲面上,而只需要重构曲面满足用户的逆向设计要求即可。通常插值曲面的精度较高,能够反映曲面的所有原始特征信息,但是曲面的表面质量一般不是很好;逼近曲面虽然比插值曲面的精度低,但是其表面质量却大大提高了,而且逼近曲面会过滤掉那些无用的数据点。因此,在实际的逆向工程CAD建模过程中,要求根据不同的实际问题和应用背景来确定是采用插值方法还是选择逼近方法。所以说要想得到较高的精度而不要求很好的光顺度,可选用插值的方法；而如果为了得到好的光顺度而精度要求不是很高时，可以选用逼近的方法。

对于由多张曲面复合而成的复杂曲面模型，还存在以下一些典型问题。

(1) 对具有复杂特征的点云数据直接进行拟合，曲面上不同特征间的结合处误差较大，且曲面节点过多过密，不易操作。

(2) 为了追求局部性能，仅对点云关键部位拟合，曲面间用桥接、圆角等方法过渡。由于过渡曲面由原曲面边界处的性质决定，而不是根据点云拟合决定，故精度将难以保证，且形状不易控制，容易出现畸变。

(3) 由于曲面的拟合存在误差，有时为了保证曲面的光顺性，不得不适当降低曲面的段数和阶数，导致拟合的精度有所放宽，在曲面拟合的相交边界处，这种误差还会被放大，拟合曲面相交形成的特征线与点云上的特征线不一致，特征线也被称为曲面的棱线或流线，是保证产品整体造型效果的重要内容，特征曲线处的点云往往比较杂乱，曲率变化比较大，往往是曲面重构的难点。

(4) 高精度与高质量是构建曲面追求的两大目标，但大多数情况下两者又相互矛盾。通常，只要误差在容许范围内，更侧重高质量的曲面。高质量曲线是构建曲面的基础，曲面连续分为位置连续、切线连续和曲率连续。切线连续的曲面已经能够符合大多数工业上的要求，曲率连续的曲面较难构建，多用于特殊产品。

曲面重构的最优结果就是A级曲面，A级曲面首先用于汽车行业，近年来在消费类产品中(小家电、手机、洗衣机、卫生设备等)渐增，它也是美学的需要。

在整个汽车开发的流程中，有一工程段被称为Class A Engineering，重点是确定曲面的质量可以符合A级曲面的要求。

所谓A级曲面，是指必须满足相邻曲面间的间隙在0.005mm以下(有些汽车厂甚至要求到0.001mm)，切率改变(tangency change)在0.16°以下，曲率改变(curvature change)在0.005°以下，符合这样的标准才能确保钣件的环境反射不会有问题。如图1-12所示，在三维软件中完成的A级曲面生产出产品后，还需要在专业实验室中检验其质量。

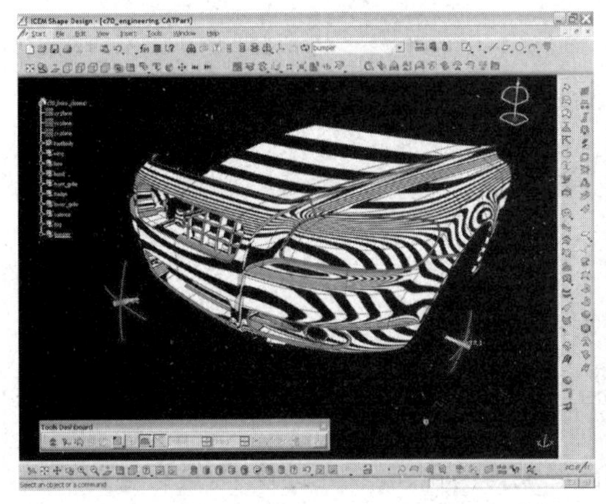
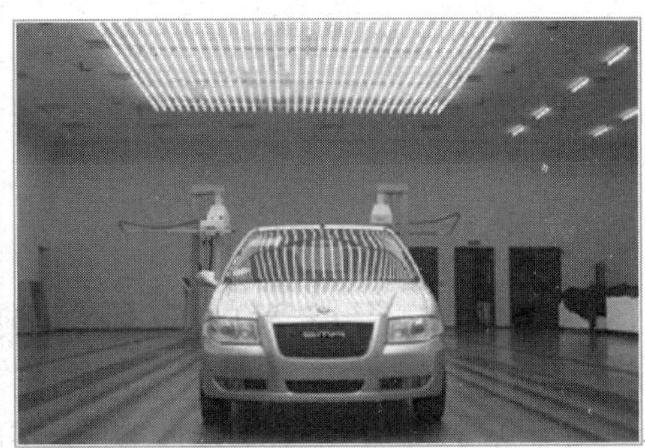

图1-12　A级曲面效果

在传统的汽车业有这样一种分类法：A面，车身外表面，白车身；B面，不重要表面，比如内饰表面；C面，不可见表面。这其实就是A级曲面的基础。但是现在随着美学和舒适性的要求日益提高，对汽车内饰表面也达到了A级的要求，因此分类随之简化，A面，可见(甚至是可触摸)表面；B面，不可见表面。

A级包括多方面评测标准，比如说反射是否好看、美观等。当然，G2可以说是一个基本要求，因为G2以上才有光顺的反射效果。但是，即使G3了，也未必是A级，也就是说有时虽然连续，但是面之间出现褶皱，此时就不是A级。通俗一点说，A级必须是G2以上连接，而G3连续的面不一定是A级曲面。

关于曲面相接，根据边界连接分类常用的有G0、G1、G2三种情况。

(1) 点连续G0：曲线(面)上存在尖点(折断点)，在它的两边的斜率和曲率都有跳跃，这种曲线(曲面)只是共同相接于同一边界，如图1-13所示。

(2) 切线连续G1：曲线(面)上存在切点，在它的两边的斜率是相同的，但曲率有跳跃。这种曲线(曲面)光滑，也就是一阶导数相同，这种曲面共同相切于同一边界，斜率连续(曲率不一定连续)，如图1-14所示。

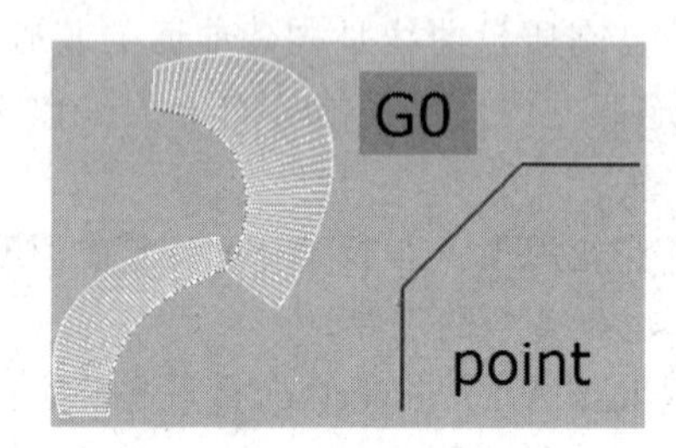

图1-13　G0连续

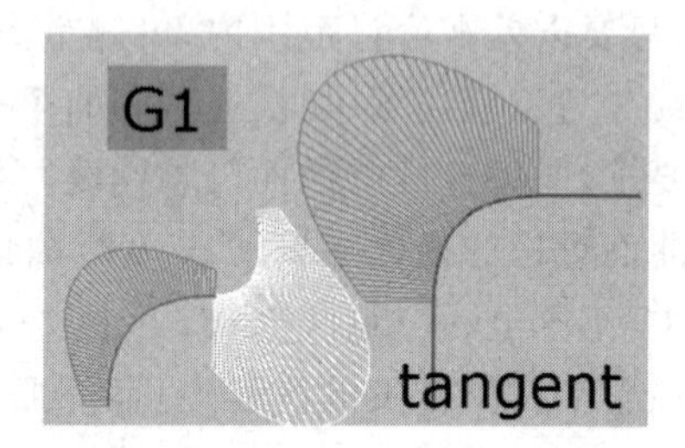

图1-14　G1连续

(3) 曲率连续G2：曲线(面)上的各个点的曲率都是连续变化的，在共同相接的边界曲率相同，也就是二阶导数相同，如图1-15所示。

G3连续如图1-16所示。

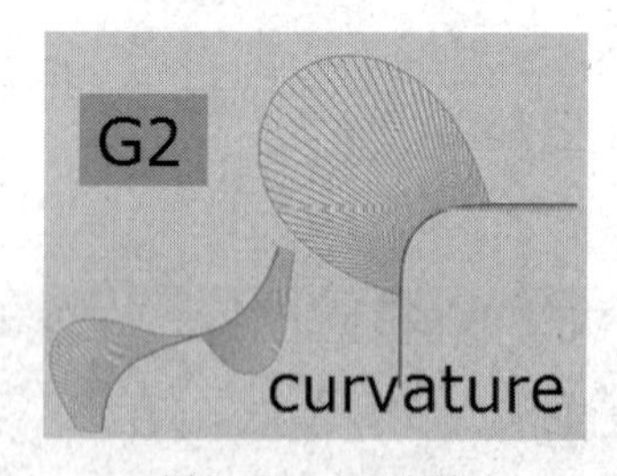

图1-15　G2连续

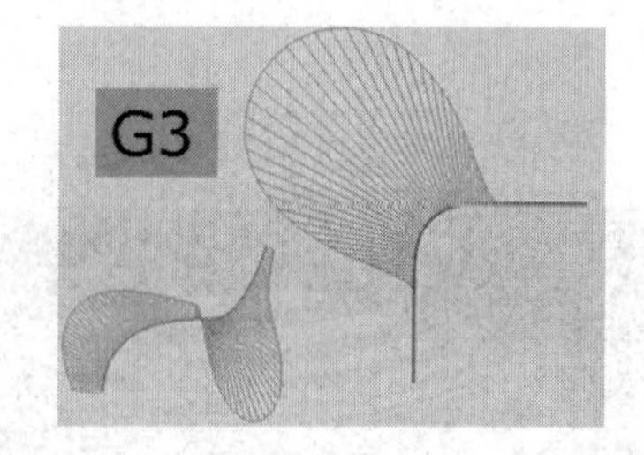

图1-16　G3连续

1.5　逆向工程技术的应用领域

随着新技术的不断发展，逆向工程技术已经成为消化、吸收先进技术，进行创新开发，实现产品快速开发的重要技术手段。作为一种新的设计方法和理念，其应用主要表现在以下几个方面。

(1) 新产品开发。在飞机、汽车、轮船、摩托车、家用电器等新产品开发中,对产品的空气动力学性能和美学设计要求越来越高,首先由工业设计造型师制作木质或黏土全尺寸比例模型,然后利用逆向工程技术得到产品表面的数字化模型,并利用计算机辅助分析(CAE)、计算机辅助制造(CAM)等先进技术,进行产品创新设计,如图 1-17 和图 1-18 所示。

图 1-17 汽车新产品开发

图 1-18 鼠标新产品开发

(2) 没有原始图纸的产品改型。由于工艺、美观、使用效果、客户要求等方面的原因,原有产品的外形或性能已经不能满足客户要求,必须通过市场调查分析对该产品进行再工程设计。在缺乏原始设计参数和二维设计图纸的情况下,利用逆向工程技术将产品实物转化为三维数字化模型,对模型进行重新工程设计以后重新进行加工,将显著提高生产效率,如图 1-19～图 1-21 所示。

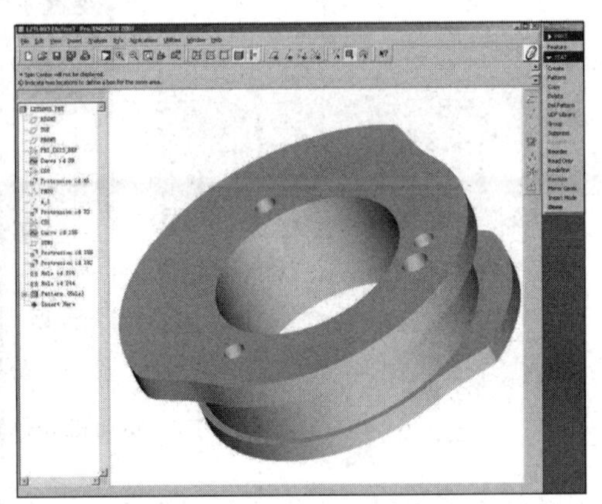

图 1-19 凸轮逆向设计

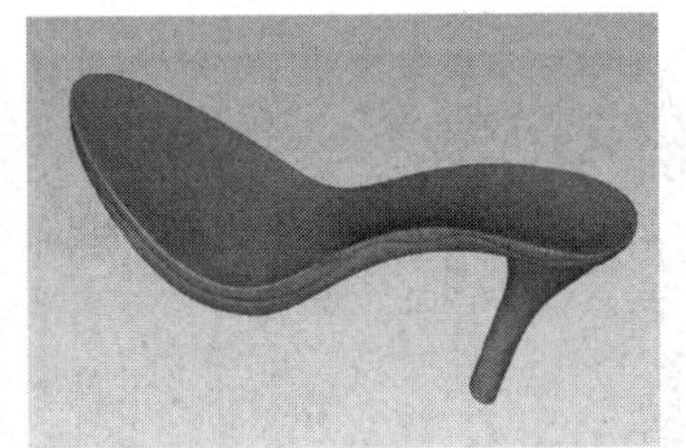

图 1-20 高跟鞋逆向设计

(3) 设备配件修复。某些大型设备,如航空发动机、汽轮机组等,经常因为某一零部件的损坏而停止运行,通过逆向工程手段,可以快速生产这些零件的替代零件,从而提高设备的利用率和使用寿命,如图 1-22 和图 1-23 所示。

图 1-21　头盔逆向设计

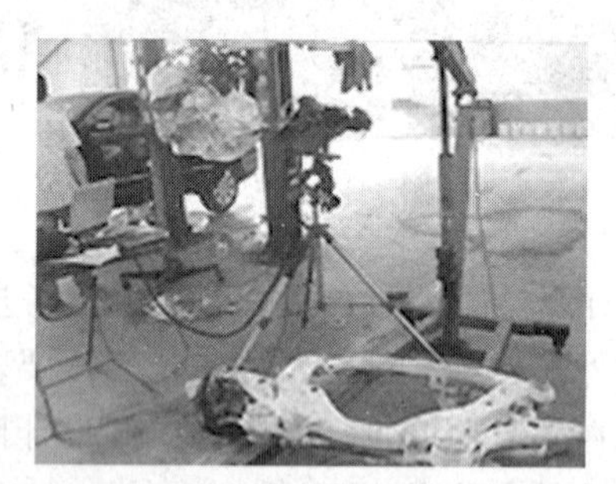

图 1-22　轿车发动机总成扫描和轿车发动机分解扫描

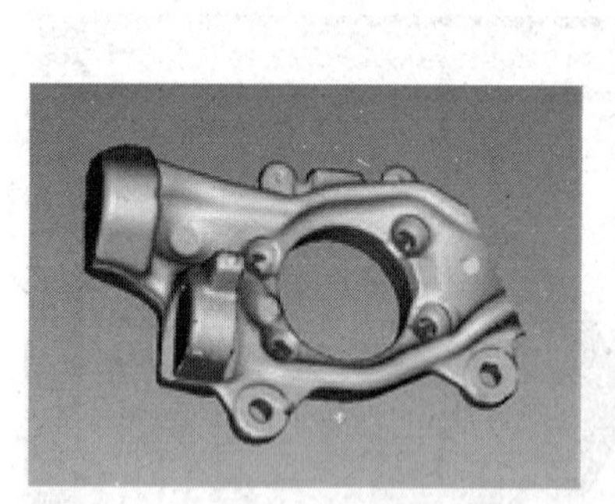
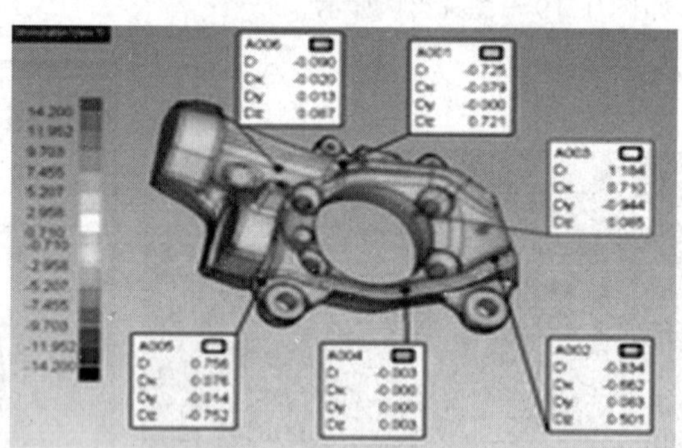

图 1-23　发动机壳体逆向及质量检测

(4) 医疗生物领域。在人体骨骼和关节的复制、假肢制造等医学领域，由于其表面形状的特殊性，必须用逆向工程技术将实物转化为数字化模型，如图 1-24 和图 1-25 所示。

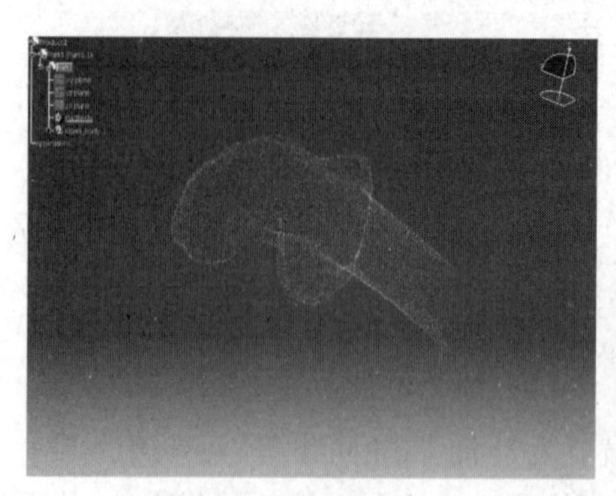

图 1-24　人体腿骨关节修复

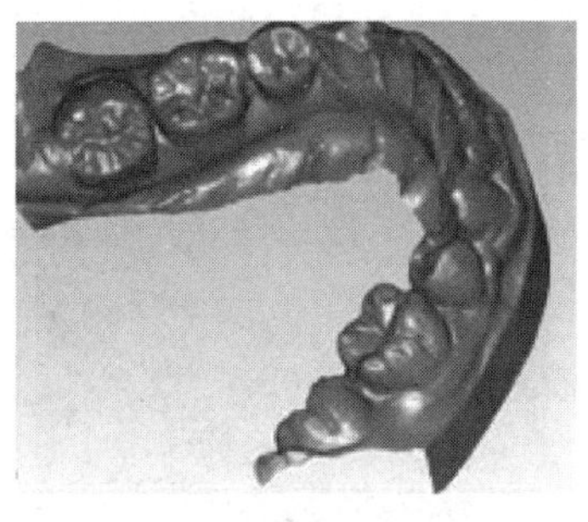
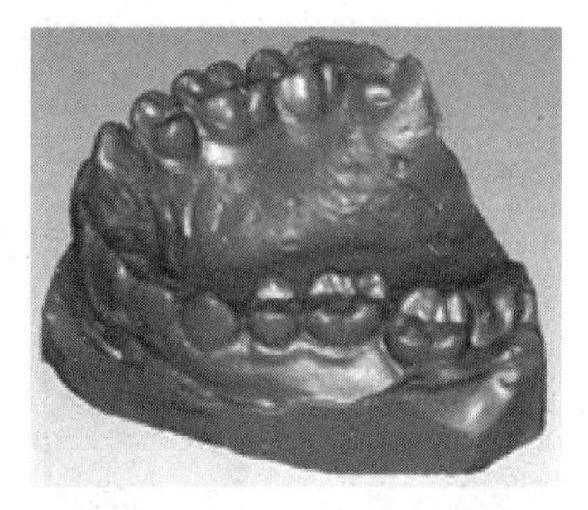

图 1-25　假牙修复

(5) 文物数字化。对珍贵艺术品、考古文物等具有重大价值的物品,可以通过逆向工程技术将这些珍贵文物数字化,以便于进行文物修复和永久保存,如图 1-26～图 1-28 所示。

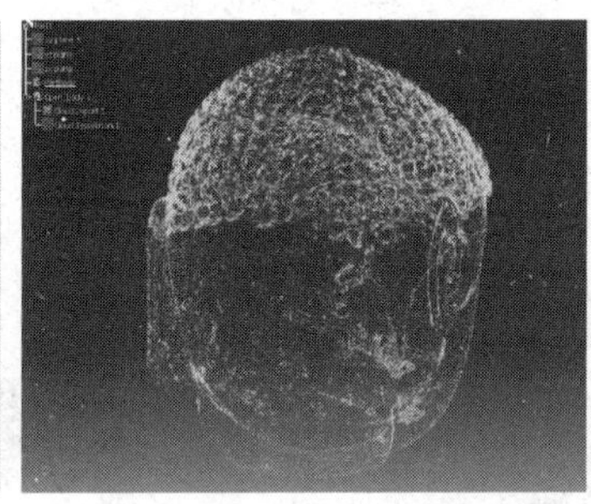

图 1-26　龙门石窟佛像模型数字化

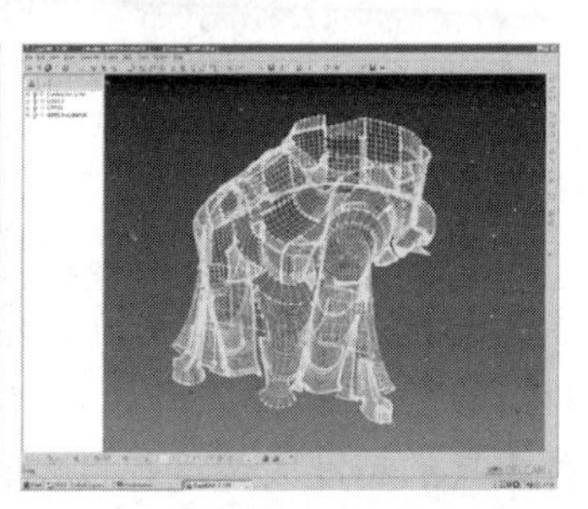
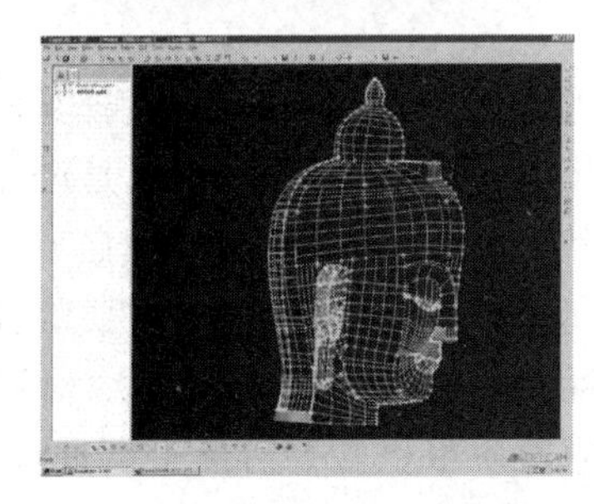
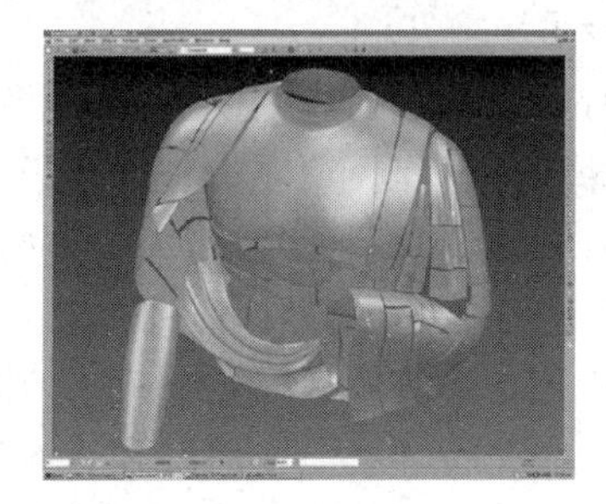

图 1-27　珍贵文物修复

(6) 产品质量控制。利用工业 CT 技术,逆向工程不仅可以检测物体的外部轮廓形状,而且可以快速发现并准确定位物体的内部缺陷,从而成为工业生产中对产品进行无损探伤检测的重要手段。也可以用三维扫描仪对物体进行全方位扫描,得到三维点云,配合

图 1-28　珍贵艺术品数字化

Geomagic Qualify 等软件,可对零件进行全尺寸质量检测,并自动生成质检报表。尤其擅长检测用传统手段无法完成的检测任务,如图 1-29 所示。

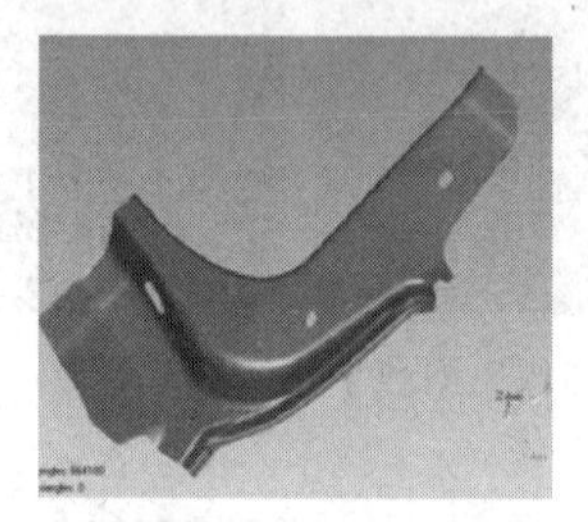

(a) 实测钣金点云的STL文件

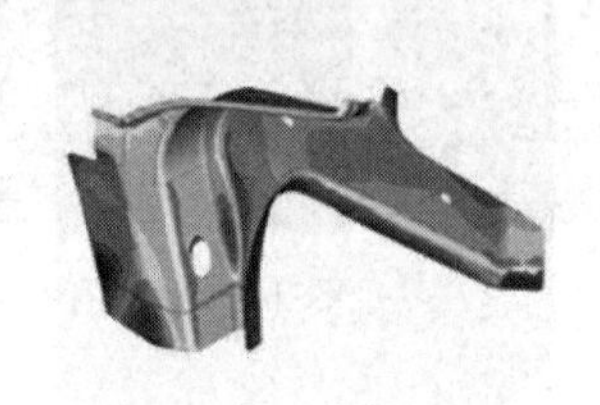

(b) 点云与CAD数据的比对结果

图 1-29　产品质量检测

(7) 逆向工程在模具工业中的意义。模具设计和制造是一个高技术、高产出、技术资金密集型的工业过程。为确保零部件的精度,对模具的要求也越来越高,由于计算机和数控机床的发展,国外采用 CAD/CAE/CAM 和各种数控机床及三坐标测量仪直接相连,使零件模具的精度大幅度提高,模具寿命延长 2 倍以上,模具开发制造周期缩短为原来的 1/3,模具开发制造的成功率在 95%以上。

模具的设计与生产过程一般都是经过主模型、工艺模型、模具设计、模具制造、模具质量检验,然后经试模、人工修改等过程。数字模型既是设计与制造的原始依据,又是产品检验的主要依据。逆向工程的方法,即将主模型的实物模型经过三坐标数据扫描,然后进行计算机 3D 几何模型的重建的过程,成为目前许多工业设计与生产过程中最重要的环节之一。根据逆向工程所生成的计算机 3D 模型,可以利用现有的先进的 CAD/CAM 技术,进行新车型的产品设计、工艺设计、模具设计、模具制造及质量检验等后续生产过程。所以,建立与整个 CAD/CAM 系统相协调的逆向工程系统具有十分重要的意义,如图 1-30 所示。

我国制造业目前处在发展的初级阶段,无论新品设计,还是产品仿制,与发达国家还存在很大的差距,而重要覆盖件的模具更是依赖于进口。一些空间曲面形状复杂的零件

图 1-30　模具修复

对尺寸精度和表面质量均有很高的要求。因此，在原有的 CAD/CAM 系统基础上，利用已有的实物建立起完善的逆向工程系统，在引进国外先进的覆盖件模具制造技术的同时吸收与消化，并逐步形成自主设计与生产覆盖件模具的能力，必将提高模具设计的自主生产水平，大大缩短现有的模具生产周期。

项 目 2

基于常规测量方式的零件三维建模

项目目的

(1) 熟悉常用的计量器具的结构、读数原理及操作方法；

(2) 掌握典型零件的基本测量方法、操作步骤及测量数据的计算处理；

(3) 为后续建模项目提供必要的测量数据；

(4) 培养学生独立分析和解决实际问题的实践能力；

(5) 培养学生组织协调能力和团队合作能力。

项目内容

(1) 常规测量中常用的测量器具，包括游标卡尺、高度游标卡尺、千分尺、万能角度尺、90°宽座角尺、半径规、平板、量块、塞尺等的结构、读数原理与方法；

(2) 测量项目，包括长度、高度、圆弧半径、角度等的常规测量方法；

(3) 按实训的教学要求，熟练操作测量工具对计算机机箱塑料支架进行测量。

课时分配

本项目共 4 节，参考课时为 6 学时。

2.1 常规测量工具及其使用方法

2.1.1 游标卡尺

游标卡尺是机械制造业中最常用的量具之一。它的优点是构造简单，使用方便，测量范围大，用途广泛。游标卡尺可在其测量范围内测量工件的内、外尺寸(如长度、宽度、内径和外径)，孔距、深度和高度等。但由于结构上的不完善(不符合阿贝原则)，它的精度和测量准确度较低，只能作为一般精度的测量工具。游标卡尺的常用规格有 0～125mm、0～150mm、0～200mm、0～300mm。游标卡尺如图 2-1 所示。

阿贝原则是仪器设计中一个非常重要的设计原则。阿贝原则是指被测量轴线只有与标准量的测量轴线重合或在其延长线上时，测量才会得到精确的结果。

(1) 读数原理。游标卡尺是利用主尺与游标尺之间的刻线间距差进行读数的。例如，测量范围为 0～125mm(分度值为 0.02mm)的游标卡尺：$a=1\text{mm}$，$b=0.98\text{mm}$，$n=50$ 格。即主尺上的 49 格(49mm)与游标尺上的 50 格的长度相等，即分度值为 0.02mm。

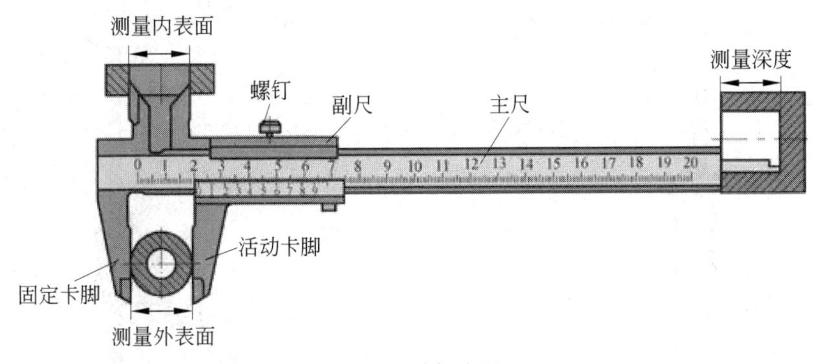

图 2-1 游标卡尺

(2) 读数示例。如图 2-2 所示,读数结果为 8+0.72=8.72(mm)。

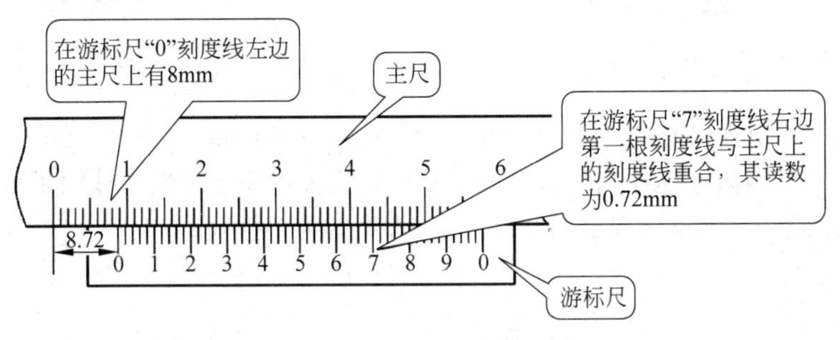

图 2-2 游标卡尺读数示例

目前,随着电子技术的发展,电子数显游标卡尺(图 2-3)因读数直观、操作简便而逐渐得到广泛的应用。电子数显游标卡尺的用途、功能与游标卡尺大致相同,结构上进行了相应的改进,使其具有防溅水、防尘、抗干扰能力强、工作稳定等特点。电子数显游标卡尺是一种读数直观、工作稳定且能进行米制、英制转换的长度测量器具。电子数显游标卡尺除能进行绝对测量外,还可进行相对测量,其测量方法、操作步骤可参考游标卡尺。

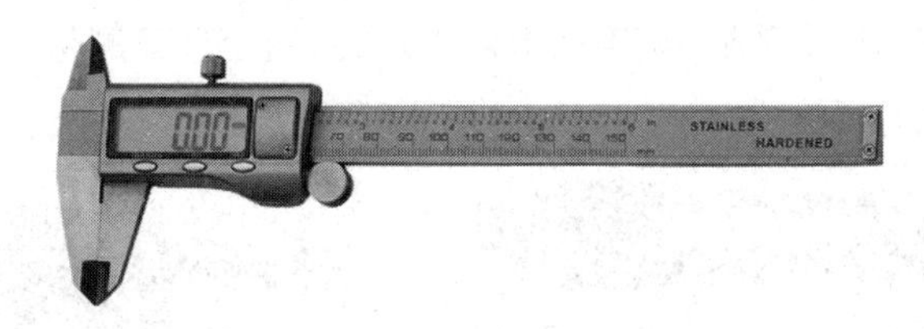

图 2-3 电子数显游标卡尺

2.1.2 高度游标卡尺

高度游标卡尺简称高度尺。它的主要用途是测量工件的高度,另外经常用于测量形状和位置公差尺寸,有时也用于画线。根据读数形式的不同,高度游标卡尺可分为普通游标式(图 2-4)和电子数显式(图 2-5)两大类。

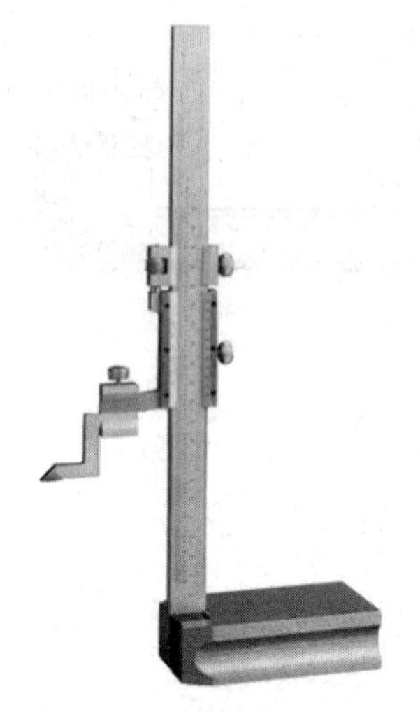

图 2-4　普通游标式卡尺

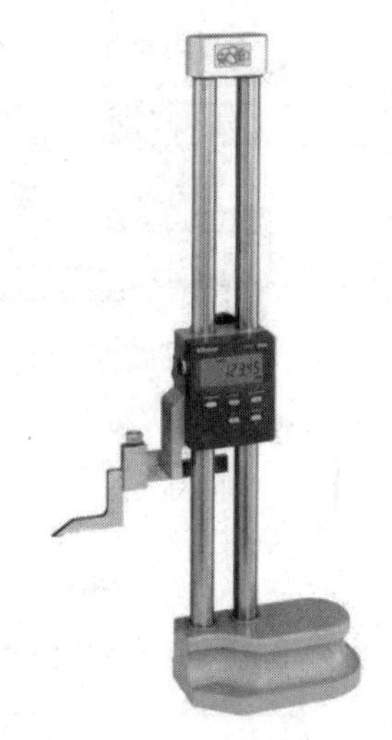

图 2-5　电子数显式游标卡尺

高度尺的常用规格有 0～300mm、0～500mm、0～1000mm、0～1500mm、0～2000mm。根据使用的情况不同有单柱式与双柱式。双柱式主要应用于较精密或测量范围较大的场合，0～300mm、0～500mm 规格的高度尺中，常见的为单柱式。

2.1.3　千分尺

1. 外径千分尺

千分尺(micrometer)又称螺旋测微器，是比游标卡尺更精密的测量长度的工具，用它测长度可以精确到 0.01mm，测量范围为几厘米。

螺旋测微器分为机械式外径千分尺和电子外径千分尺两类。

(1) 机械式外径千分尺(图 2-6)，是利用精密螺纹副原理测长度的手携式通用长度测量工具。它的规格主要有 0～25mm、25～50mm、50～75mm和 75～100mm 四种。

(2) 电子外径千分尺(图 2-7)，也叫数显外径千分尺，测量系统中应用了光栅测长技术和集成电路等。它是 20 世纪 70 年代中期出现的，用于外径测量。

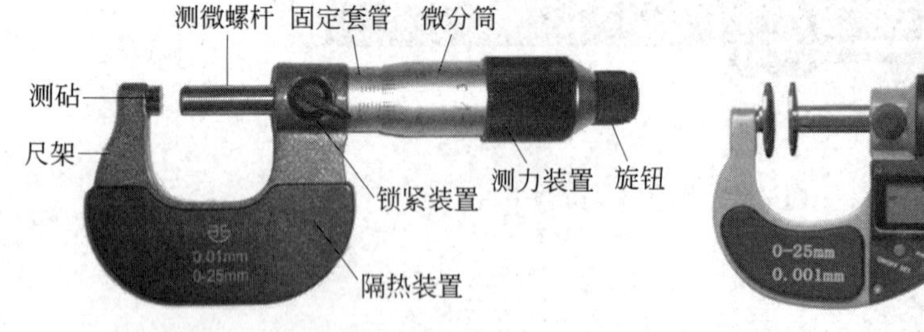

图 2-6　机械式外径千分尺

图 2-7　电子外径千分尺

千分尺测杆的活动部分被加工成螺距为 0.5mm 的螺纹，当它在副轴的螺套中转动一周时将前进或后退 0.5mm，副轴尺周边等分成 50 个分格，每分格 0.01mm。测杆转动的整圈数由主轴尺上刻线去测量，不足一圈的部分由副轴周边的刻线去测量。所以用螺旋测微器测量长度时，读数分为以下四步。

(1) 从主轴前沿在副轴上的位置，读出整圈数×1mm(注意刻度线是否有露出)。

(2) 从主轴上的横线所对副轴上的分格数的位置，读出整数分格数×0.01mm。

(3) 从副轴上的横线所对应的主轴副刻度，读出分格数×0.001mm。

(4) 三者相加即为千分尺读数。

根据图2-8所示主轴和副轴放大图，读数说明如下。

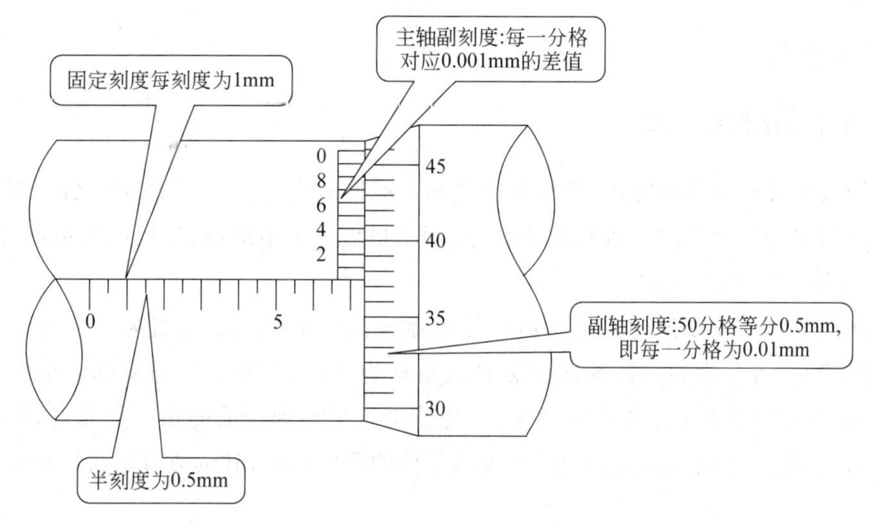

图2-8　外径千分尺读数示例

(1) 读取主轴整数刻度，如图2-8所示为7mm。

(2) 读取和主轴刻度基线重合的副轴刻度。在图中，主轴刻度基线对齐到副轴上的37和38之间位置，整数分格为37，读数为37×0.01=0.37(mm)。

(3) 副轴上的刻度线对齐主轴副刻度上的第3分格，读数为3×0.001=0.003(mm)。

(4) 把(1)、(2)和(3)的结果相加，就得到最终测量值是7+0.37+0.003=7.373(mm)。

所以图2-8所测物长度为7.373mm。

2. 内径千分尺

内径千分尺利用螺旋副原理对主体两端球形测量面间分隔的距离进行读数的通用内径尺寸测量工具。它的主要结构形式有两点接触和三点接触两种，如图2-9所示。

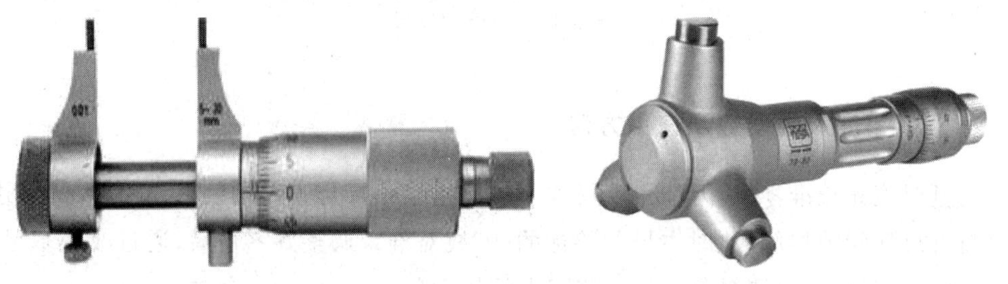

图2-9　内径千分尺

用内径千分尺测量孔时,将其测量触头测量面支撑在被测表面上,调整微分筒,使微分筒一侧的测量面在孔的径向截面内摆动,找出最小尺寸。然后拧紧固定螺钉取出并读数,也有不拧紧螺钉直接读数的。这样就存在着姿态测量问题。姿态测量:即测量时与使用时的一致性。为保证刚性,我国国家标准规定了内径千分尺的支承点要在(2/9)L处并在离端面200mm处,即测量时变化量最小,并将内径尺每转90°检测一次,其示值误差均不应超过要求。

2.1.4 万能角度尺

1. 万能角度尺的结构

万能角度尺又称为角度规、游标角度尺和万能量角器,它是利用游标读数原理来直接测量工件角或进行画线的一种角度量具,适用于机械加工中的内、外角度测量,可测0°～320°外角及40°～130°内角。

万能角度尺的读数机构是根据游标原理制成的。主尺刻线每格为1°。游标的刻线是取主尺的29°等分为30格,因此游标刻线角格为29°/30,即主尺与游标一格的差值为2′,也就是说万能角度尺读数准确度为2′,先读出游标零刻线前的角度是几度,再从游标上读出角度"分"的数值,两者相加就是被测零件的角度数值,其读数方法与游标卡尺完全相同。

万能角度尺由尺身、90°角尺、游标、制动器、基尺、直尺、卡块等组成。游标万能角度尺的结构形式有Ⅰ型和Ⅱ型两种,其测量范围分别为0°～320°和0°～360°,如图2-10所示。

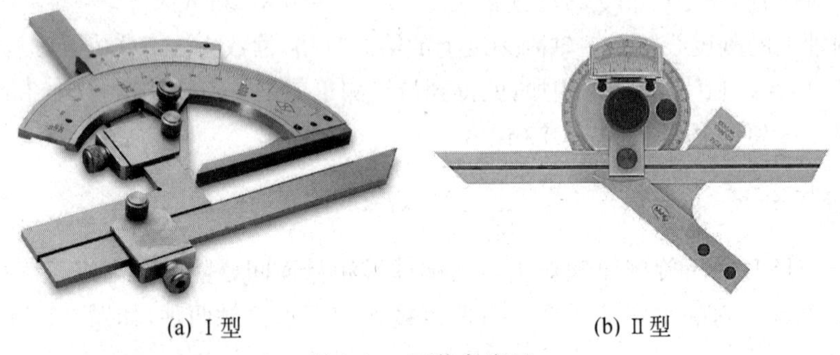

(a) Ⅰ型　　(b) Ⅱ型

图2-10　万能角度尺

2. 万能角度尺的读数及使用方法

测量时应先校准零位,万能角度尺的零位是指当角尺与直尺均装上,而角尺的底边及基尺与直尺无间隙接触,此时主尺与游标的"0"线对准。调整好零位后,通过改变基尺、角尺、直尺的相互位置可测量0°～320°范围内的任意角。

测量时,根据产品被测部位的情况,先调整好角尺或直尺的位置,用卡块上的螺钉把它们紧固住，再来调整基尺测量面与其他有关测量面之间的夹角。这时，要先松开制动头上的螺母，移动主尺作粗调整，然后再转动扇形板背面的微动装置做细调整，直到两个测量面与被测表面密切贴合为止。然后拧紧制动器上的螺母，把角度尺取下来进行读数。用万能角度尺测量零件角度时，应使基尺与零件角度的母线方向一致，且零件应与量角尺的两个测量面的全长上接触良好，以免产生测量误差。

（1）测量 0°～50°：角尺和直尺全都装上，产品的被测部位放在基尺各直尺的测量面之间进行测量，如图 2-11 所示。

（2）测量 50°～140°：可把角尺卸掉，把直尺装上去，使它与扇形板连在一起。工件的被测部位放在基尺和直尺的测量面之间进行测量。也可以不拆下角尺，只把直尺和卡块卸掉，再把角尺拉到下边来，直到角尺短边与长边的交线和基尺的尖棱对齐为止。把工件的被测部位放在基尺和角尺短边的测量面之间进行测量，如图 2-12 所示。

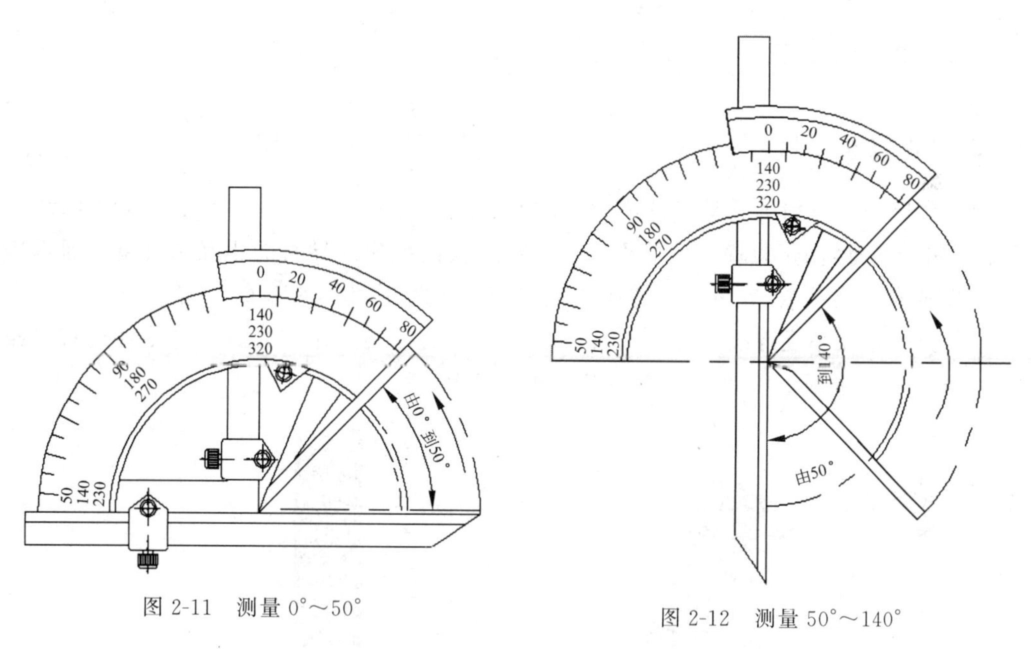

图 2-11　测量 0°～50°

图 2-12　测量 50°～140°

（3）测量 140°～230°：把直尺和卡块卸掉，只装角尺，但要把角尺推上去，直到角尺短边与长边的交线和基尺的尖棱对齐为止。把工件的被测部位放在基尺和角尺短边的测量面之间进行测量，如图 2-13 所示。

（4）测量 230°～320°：把角尺、直尺和卡块全部卸掉，只留下扇形板和主尺（带基尺）。把产品的被测部位放在基尺和扇形板的测量面之间进行测量，如图 2-14 所示。

3. 数显万能角度尺

目前，随着电子技术的发展，电子数显万能角度尺（图 2-15）逐渐得到广泛的应用。数显万能角度尺能方便测量所有角度并实现画线功能，能够转换相对测量和绝对测量，校正、清零操作简单，可以高精度水泡检测垂直和水平位置，实现任意角度都能锁定动尺。

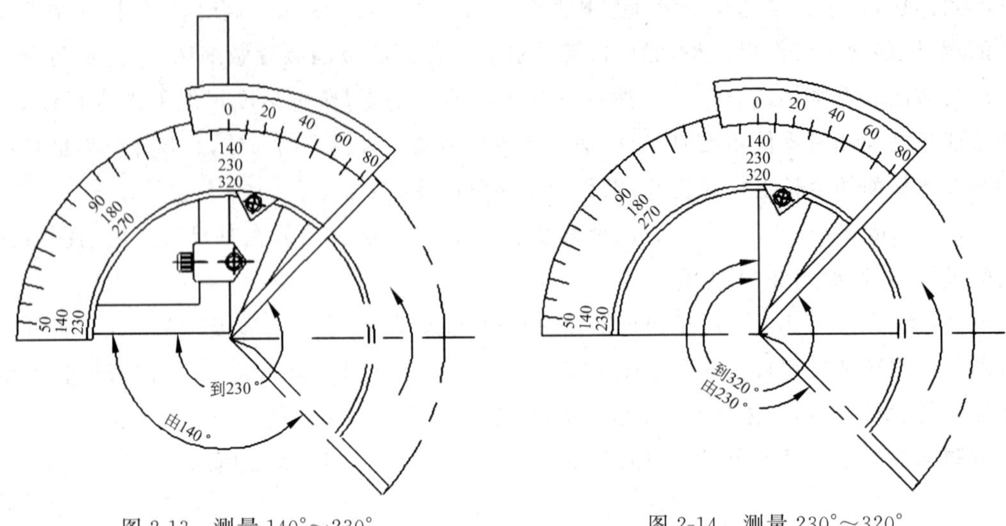

图 2-13　测量 140°～230°　　　图 2-14　测量 230°～320°

2.1.5　90°宽座角尺

90°宽座角尺可精确测量工件内角、外角的垂直偏差。90°宽座角尺是检验和画线工作中常用的量具，用于检验工件的垂直度或检定仪器纵横向导轨的相互垂直度。通常用铸铁、钢或花岗岩制成，允许制成整体式结构，但基面仍应为宽形基面。

90°宽座角尺精度等级分为0级、1级、2级，90°宽座角尺采用光隙法对零件进行直角测量，通常放于平板上使用。90°宽座角尺如图2-16所示。

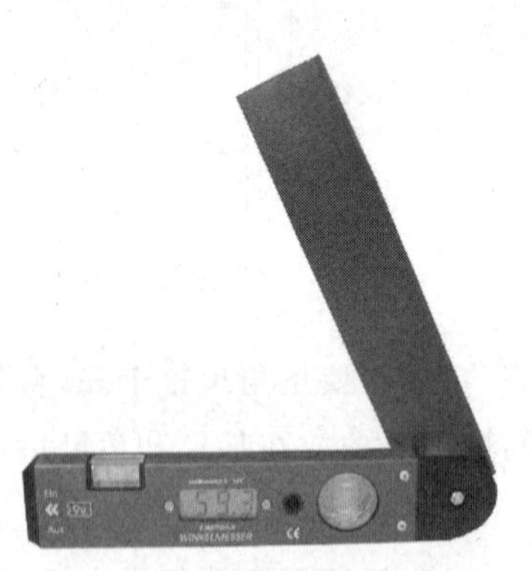

图 2-15　电子数显万能角度尺

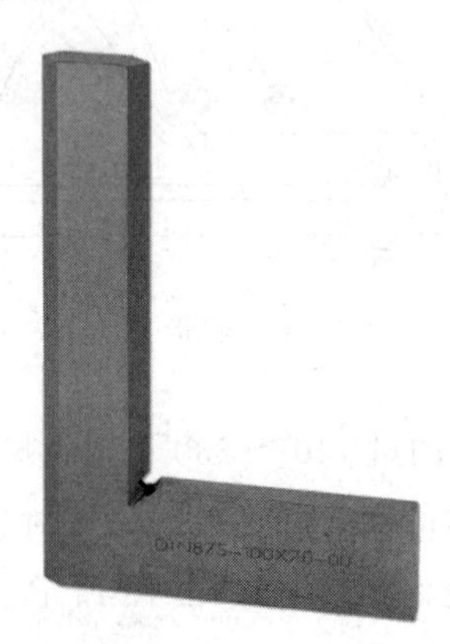

图 2-16　90°宽座角尺

2.1.6　半径规

半径规也称半径样板或R规，是一种测量半径小于25mm的零件圆弧半径的量具，将零件被测圆弧半径与半径样板进行比较，以确定一般精度被测零件圆弧半径值。半径规的技术规格主要有R1-6.5、R7-14.5、R15-25三种，见表2-1。

表 2-1　半径规规格

半径规型号	半径尺寸系列
R1-6.5	1.0 1.25 1.5 1.75 2.0 2.25 2.5 2.75 3.0 3.5 4.0 4.5 5.0 5.5 6.0 6.5
R7-14.5	7.0 7.5 8 8.5 9 9.5 10 10.5 11 11.5 12 12.5 13 13.5 14 14.5
R15-25	15.0 15.5 16.0 16.5 17.0 17.5 18.0 18.5 19.0 19.5 20.0 21 22 23 24 25

使用半径规测量或检验工件圆弧半径有两种方法：一是当已知被测工件的圆弧半径时，可选用相应尺寸的半径样板去检验；二是当不知道被测工件的圆弧半径时，则要用试测法进行检验。方法是：首先用目测估计被检工件的圆弧半径，依次选择半径样板去试测。当光隙位于圆弧的中间部分时，说明工件的圆弧半径 r 大于样板的圆弧半径 R，应换一片半径大一些的样板去检验。若光隙位于圆弧的两边，说明工件的半径 r 小于样板的半径 R，则换一片小一点的样板去检验，直到两者吻合 $r=R$，则此样板的半径就是被测工件的圆弧半径。

如果根据工件圆弧半径的公差选两片极限样板，对于凸面圆弧，用上限半径样板检验时，允许其两边沿漏光；用下限半径样板检验时，允许其中间漏光，均可确定该工件的圆弧半径在公差范围内。对于凹面圆弧，漏光情况则相反。

R 规是利用光隙法测量圆弧半径的工具。由于是目测，故准确度不是很高，只能做定性测量，如图 2-17 所示。

图 2-17　R 规

2.1.7　平板

平板是机械测量中最常用的基准定位器具，也称作平台，主要用于工件检测或画线。常用的材料有铸铁和岩石两种。根据其工作表面的不平整度数值的大小，平板的精度分为 5 级，即 00、0、1、2、3 级，数值越小，精度越高。其中，2 级以上为检验平板，3 级为画线平板。平板工作面常作为平面基准，用来校对和调整其他测器具或作为标准件与被测件进行比较，专门用于形位误差和测量，因此它是形位误差测量器具。

平板是平台测量工作的重要工具。在平台测量工作中，平板主要是作为工作台，在其工作面安放工件、方箱、正弦规、表架及其他辅助量具，并对被测工件进行测量。平台测量是利用一般通用量具量仪（卡尺、千分尺、千分表等）、量块、平尺、90°角尺、正弦规和量柱、心轴等在作为基准面的平板（平台）上进行测量的一种方法，用于尺寸、角度、对称性、斜孔位置、交点尺寸、空间相关尺寸等内容的测量，如图 2-18 所示。

图 2-18　平板

2.1.8　量块

量块是由两个相互平行的测量面之间的距离来确定其工作长度的高精度量具,量块的横截面为矩形或圆形,一对相互平行的测量面间具有准确尺寸的测量器具。量块采用特殊合金钢制成,具有线膨胀系数小、不易变形、硬度高、耐磨性好、工作面粗糙度小、研合性好、形状简单、量值稳定、使用方便等特点。除每块可单独作为特定的量值使用外,还可以组合成所需的各种不同尺寸使用,如图 2-19 所示。

图 2-19　量块

量块的用途:①作为长度标准,传递尺寸量值,作为长度尺寸传递的实物基准;②作为标准件,用比较法测量工件尺寸,或用来校准、调整测量器具的零位;③用于直接测量零件尺寸;④用于精密机床的调整和机械加工中的精密画线。

按《长度计量器具(量块部分)检定系统》JJG 2056—1990 的规定,量块的检定精度分为 1、2、3、4、5、6 等,其中 1 等最高,精度依次降低。量块的制造精度分为 00、0、K、1、2、3 级,其中 00 级精度最高,精度依次降低,3 级最低,K 级为校准级,主要用于校准 0、1、2 级量块。

2.1.9　塞尺

塞尺又称测微片或厚薄规,是用于检验间隙的测量器具之一,由一组具有不同厚度级差的薄钢片组成,如图 2-20 所示。塞尺用于测量间隙尺寸。在检验被测尺寸是否合格时,可以用通止法判断,也可由检验者根据塞尺与被测表面配合的松紧程度来判断。塞尺

图 2-20　塞尺

一般用不锈钢制造，最薄的为 0.02mm，最厚的为 3mm。范围为 0.02～0.1mm，各钢片的厚度级差为 0.01mm；范围为 0.1～1mm，各钢片的厚度级差一般为 0.05mm；1mm 以上，钢片的厚度级差为 1mm。

楔形塞尺（图 2-21）横截面为直角三角形，在斜边上有刻度，利用锐角正弦直接将短边的长度表示在斜边上，这样就可以直接读出缝的大小了。

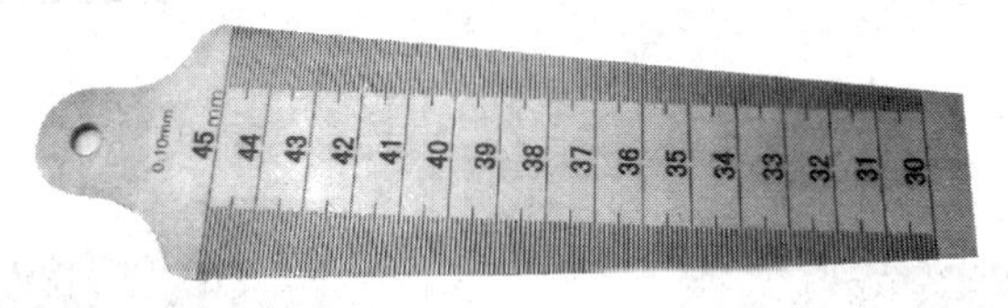

图 2-21　楔形塞尺

塞尺的使用方法如下。

(1) 用干净的布将塞尺测量表面擦拭干净，在塞尺不沾有油污或金属屑的情况下进行测量，否则将影响测量结果的准确性。

(2) 将塞尺插入被测间隙中，来回拉动塞尺，感到稍有阻力，说明该间隙值接近塞尺上所标出的数值；如果拉动时阻力过大或过小，则说明该间隙值小于或大于塞尺上标出的数值。

(3) 进行间隙的测量和调整时，先选择符合间隙规定的塞尺插入被测间隙中，然后一边调整，一边拉动塞尺，直到感觉稍有阻力时拧紧锁紧螺母，此时塞尺所标出的数值即为被测间隙值。

2.2　计算机机箱塑料支架的测量

2.2.1　计算机机箱塑料支架结构分析

计算机机箱塑料支架是在机箱没有安装光驱的情况下，安装在光驱安装孔的位置，来达到整齐、美观的效果。计算机机箱塑料支架外观如图 2-22 所示。该零件是一个对称结构。选取计算机机箱塑料支架的测量基准面为支架的上平面（图 2-23）。

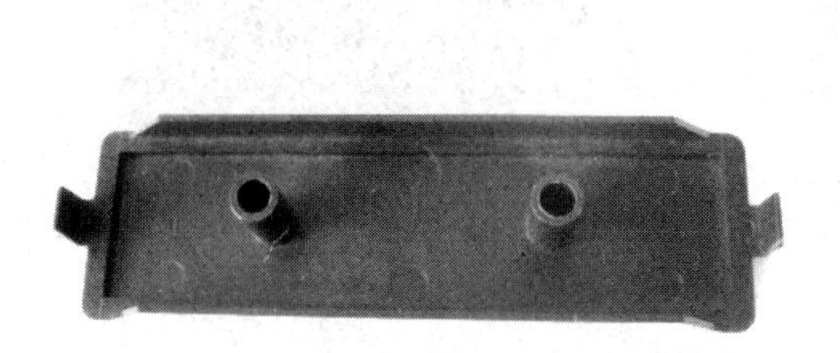

图 2-22　计算机机箱塑料支架外观

图 2-23　测量基准面

根据计算机机箱塑料支架的结构特点，将该产品特征分为以下五部分：外形轮廓特征、台阶特征、两端吊耳特征、安装孔特征和侧面板特征，如图 2-24 所示。

外形轮廓特征和台阶特征外形尺寸需要用游标卡尺测量，轮廓圆角需要用半径规测量，高度需要在平板上用高度游标卡尺测量，侧面板特征和两端吊耳特征上有角度，需要

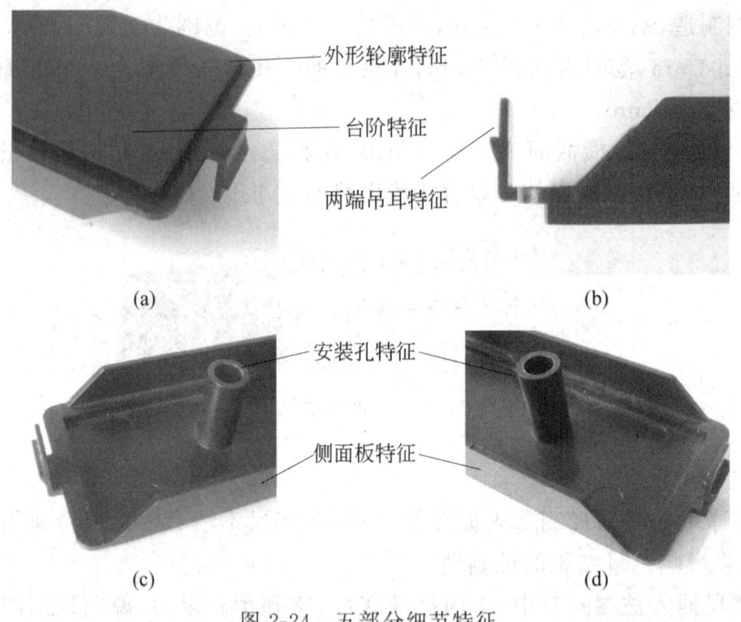

(a) (b)

(c) (d)

图 2-24 五部分细节特征

用万能角度尺测量,安装孔直径需要用千分尺测量,精度要求不高的话也可以用游标卡尺测量。

2.2.2 测量步骤与方法

1. 外形轮廓特征和台阶特征的测量

用电子数显卡尺测量前,必须先将外测爪(迎着光)贴合不漏光,按一下置零钮使显示屏读数为"0.00"后才能进行测量。

外轮廓特征外形尺寸测量如图 2-25 和图 2-26 所示,测得结果为:外轮廓特征长、宽尺寸分别为 144.34mm 和 43.02mm。

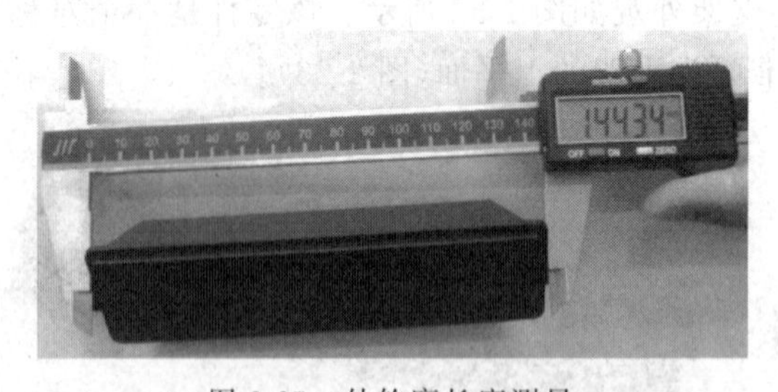

图 2-25 外轮廓长度测量

图 2-26 外轮廓宽度测量

台阶特征外形尺寸测量如图 2-27 和图 2-28 所示,测得结果为:台阶特征长、宽尺寸分别为 138.46mm 和 36.54mm。

外轮廓特征厚度测量如图 2-29 所示,测量结果为 2.06mm。台阶特征厚度测量如图 2-30 所示,测量结果为 4.47mm。由图片可知,此尺寸并不是台阶特征厚度尺寸,应减去外轮廓特征厚度 2.06mm,所以外轮廓特征厚度为 4.47−2.06=2.41(mm)。

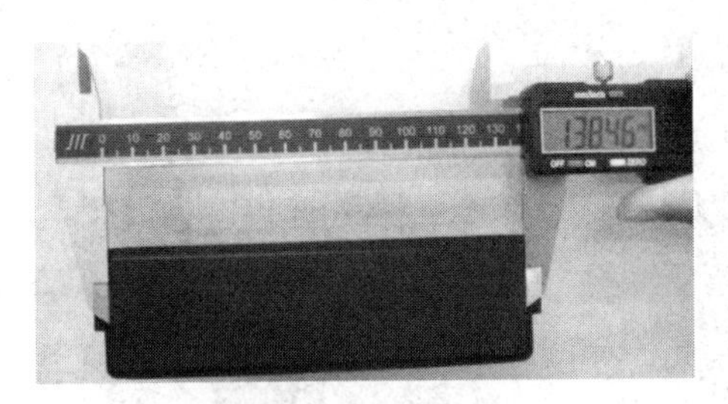

图 2-27　台阶长度测量

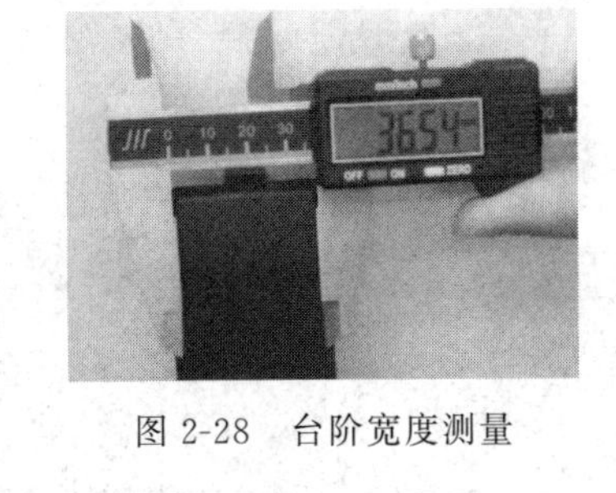

图 2-28　台阶宽度测量

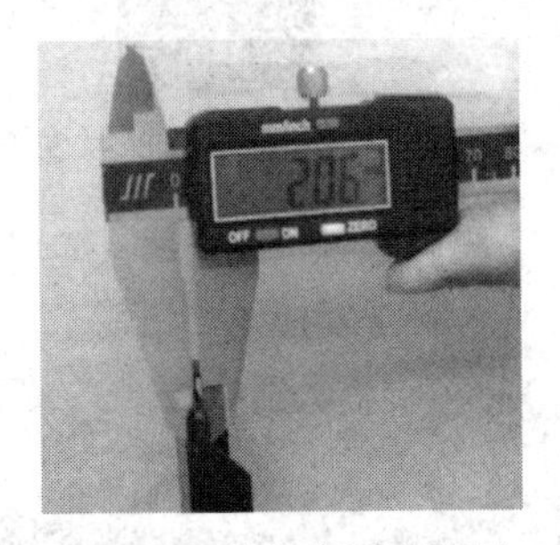

图 2-29　外轮廓厚度测量

图 2-30　台阶厚度测量

外轮廓特征圆角半径测量如图 2-31～图 2-33 所示，首先根据目测估计圆角半径范围为 $R4.5$～$R5$，先用 $R4.5$ 半径样板测量外轮廓圆角，如图 2-31 所示，光隙位于被测量圆弧的两边，说明工件的半径 r 小于样板的半径 R，则换一片小一点的样板 $R4$ 继续检验(图 2-32)，两者刚好吻合 $r=R$，所以此样板的半径 $R4$ 就是被测工件的圆弧半径，为验证测量结果的正确性，再用小一点的样板 $R3.5$ 继续检验(图 2-33)，光隙位于圆弧的中间部分，说明工件的圆弧半径 r 大于样板的圆弧半径 R，应换一片半径大一点的样板去检验。所以，测量结果为：外轮廓特征圆角半径为 $R4$mm。

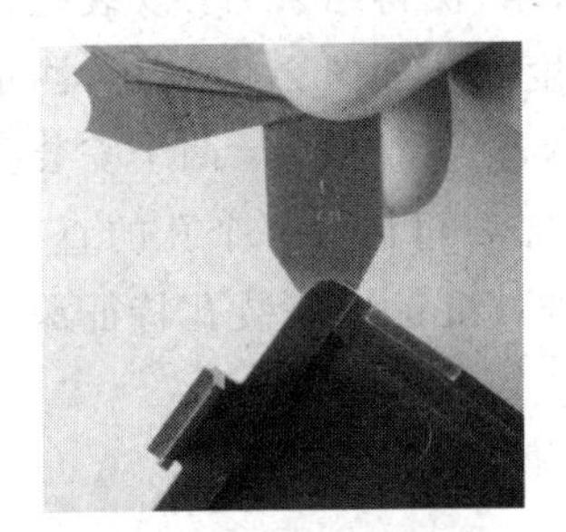

图 2-31　$R4.5$ 半径样板测量圆角

图 2-32　$R4$ 半径样板测量圆角

图 2-33　$R3.5$ 半径样板测量圆角

2. 侧面板特征的测量

侧面板特征长度测量如图 2-34 所示，测得结果为：侧面板特征长度为 129.10mm。侧面板特征厚度测量如图 2-35 所示，测量结果为：外轮廓特征厚度为 18.1mm。侧面板特征高度测量如图 2-36 所示，测量结果为 14.5mm。侧面板特征斜边角度测量如图 2-37 所示，测量结果为：侧面板特征斜边角度为 135°。

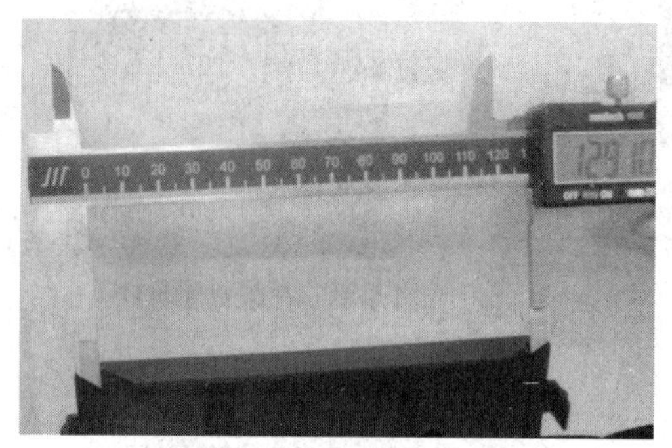

图 2-34 侧面板特征长度测量

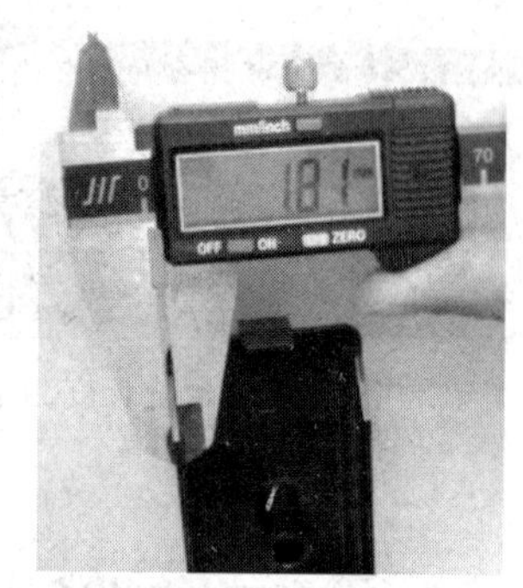

图 2-35 侧面板特征厚度测量

图 2-36 侧面板特征高度测量

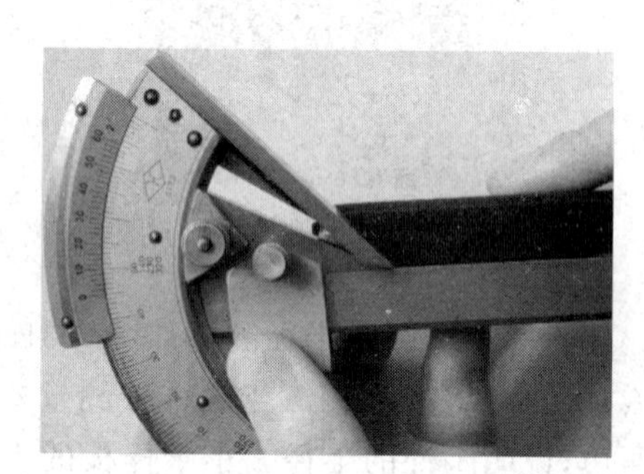

图 2-37 侧面板特征斜边角度测量

3. 安装孔特征测量

安装孔特征内、外径尺寸测量分别如图 2-38 和图 2-39 所示，测得结果为：安装孔特征内、外径尺寸分别为 6.87mm 和 10.00mm。安装孔特征高度测量如图 2-40 所示，测量结果为 22.99mm。两个安装孔特征中心距测量如图 2-41 所示，测量结果为：两个安装孔特征中心距为 53.37mm。由于测量的是孔边缘之间的距离，需要再加上一个孔的直径，所以，测量结果是两个安装孔特征中心距＝53.37＋6.87＝60.24(mm)。安装孔特征深度测量如图 2-42 所示，测量结果为 20.64mm。

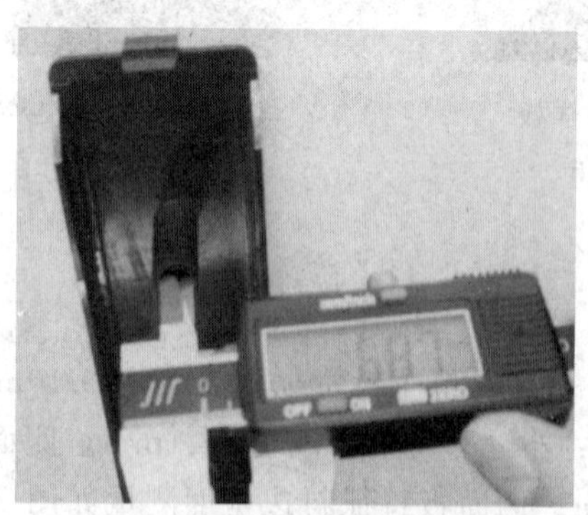

图 2-38 安装孔特征内径测量

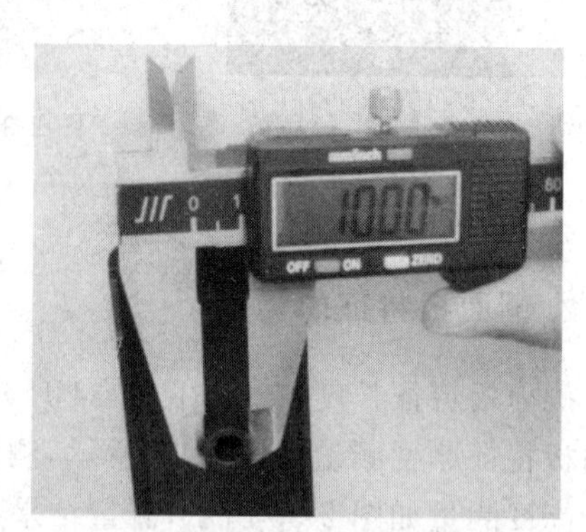

图 2-39 安装孔特征外径测量

图 2-40　安装孔特征高度测量

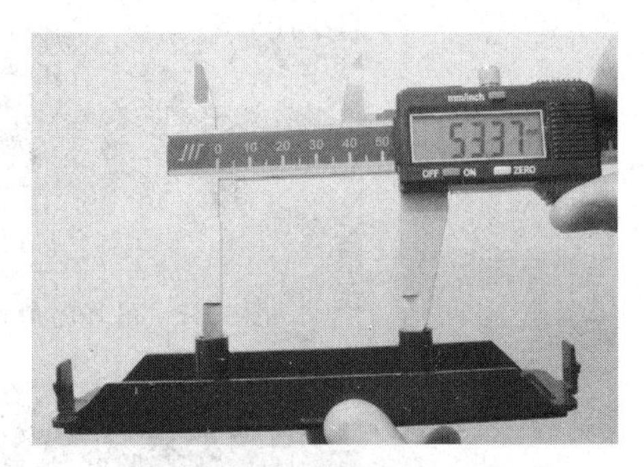

图 2-41　安装孔特征中心距测量

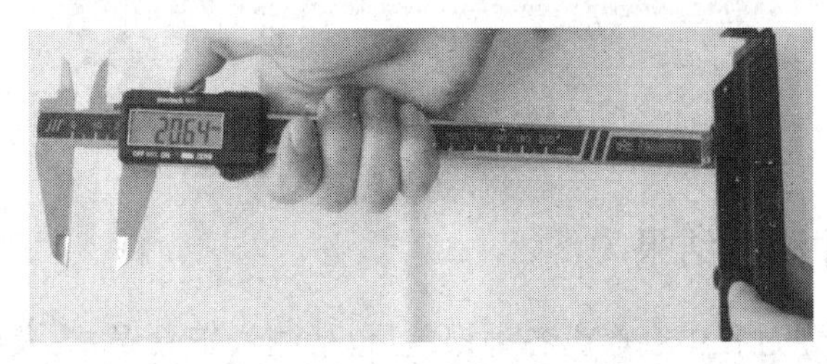

图 2-42　安装孔特征深度测量

4. 两端吊耳特征测量

两端吊耳特征宽度和厚度测量如图 2-43 和图 2-44 所示，测得结果分别为 10.53mm 和 1.36mm。两端吊耳斜角角度测量如图 2-45 所示，测量结果为 159.86°。两端吊耳特征高度测量如图 2-46 所示，测量结果为 13.84mm。吊耳斜角到顶面距离测量和吊耳斜角高度测量如图 2-47 和图 2-48 所示，测量结果分别为 5.41mm 和 1.18mm。

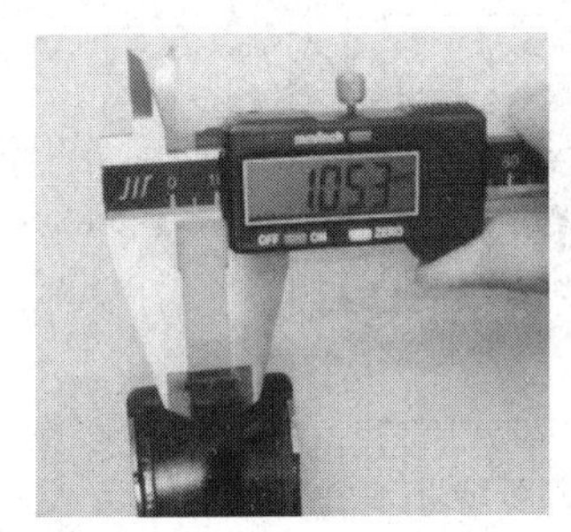

图 2-43　两端吊耳特征宽度测量

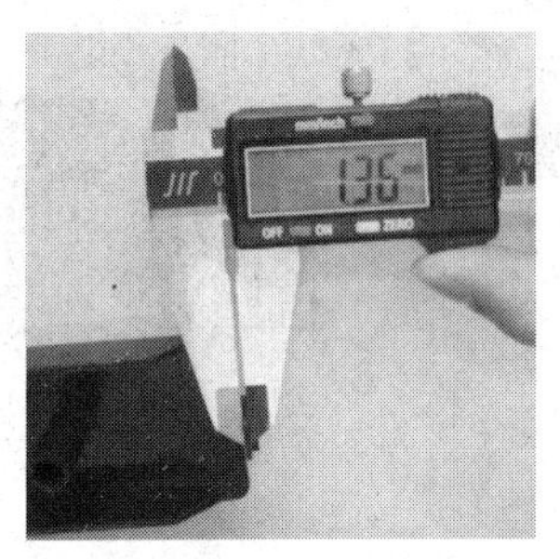

图 2-44　两端吊耳特征厚度测量

图 2-45　两端吊耳斜角角度测量

图 2-46　两端吊耳特征高度测量

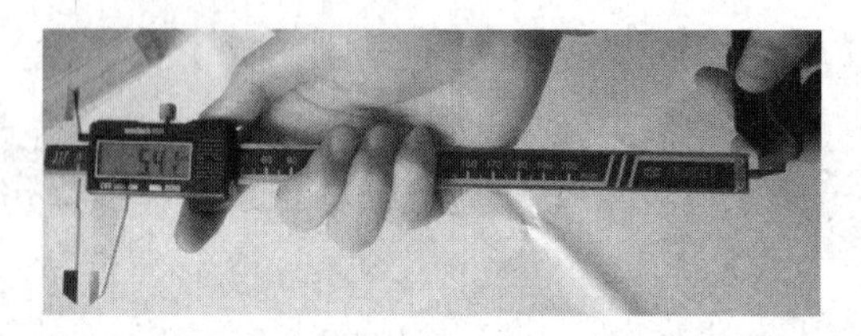

图 2-47 吊耳斜角到顶面距离测量

图 2-48 吊耳斜角高度测量

2.2.3 产品各尺寸测量结果

由于在实际的测量过程中会产生各种误差,包括测量工具误差、人员操作误差、测量方法误差、环境误差等,以及产品在生产过程中的机械加工误差、模具生产误差等,都会对产品的最终尺寸产生一定的影响。所以,在根据常规测量方法进行产品逆向设计的过程中,对于产品精度要求不高的部分尺寸,需要根据实际测量的结果进行四舍五入取整数,使其更符合原始设计意图,也便于后续的相关操作,对于有配合要求的尺寸,应严格按照测量结果进行,并且需要多次测量取平均值。部分测量如图 2-49 和图 2-50 所示,其余尺寸详见测量过程。

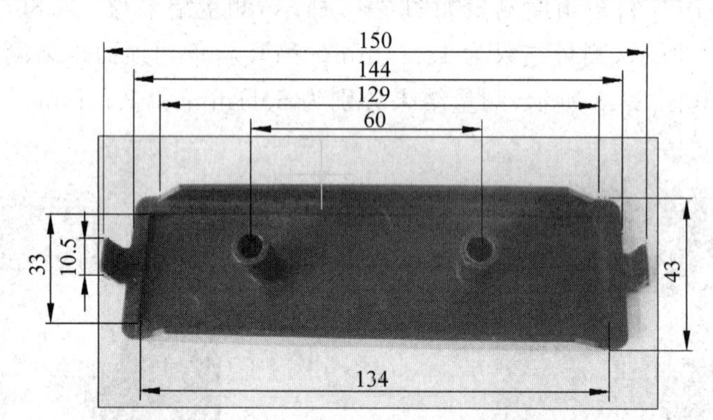

图 2-49 计算机机箱塑料支架测量结果

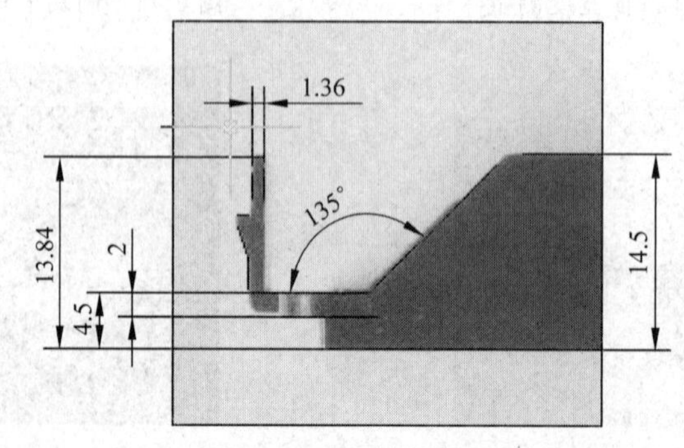

图 2-50 吊耳特征测量

2.3 计算机机箱塑料支架实体造型设计

根据2.2测量得到的计算机机箱塑料支架的尺寸，就可以在UG软件中完成该产品的实体造型设计。

2.3.1 新建支架模型文件

(1) 双击桌面上的NX 10.0图标或单击“开始”→“所有程序”→Siemens NX 10.0→NX 10.0命令，即可启动NX，进入如图2-51所示的Siemens NX 10.0的软件界面。

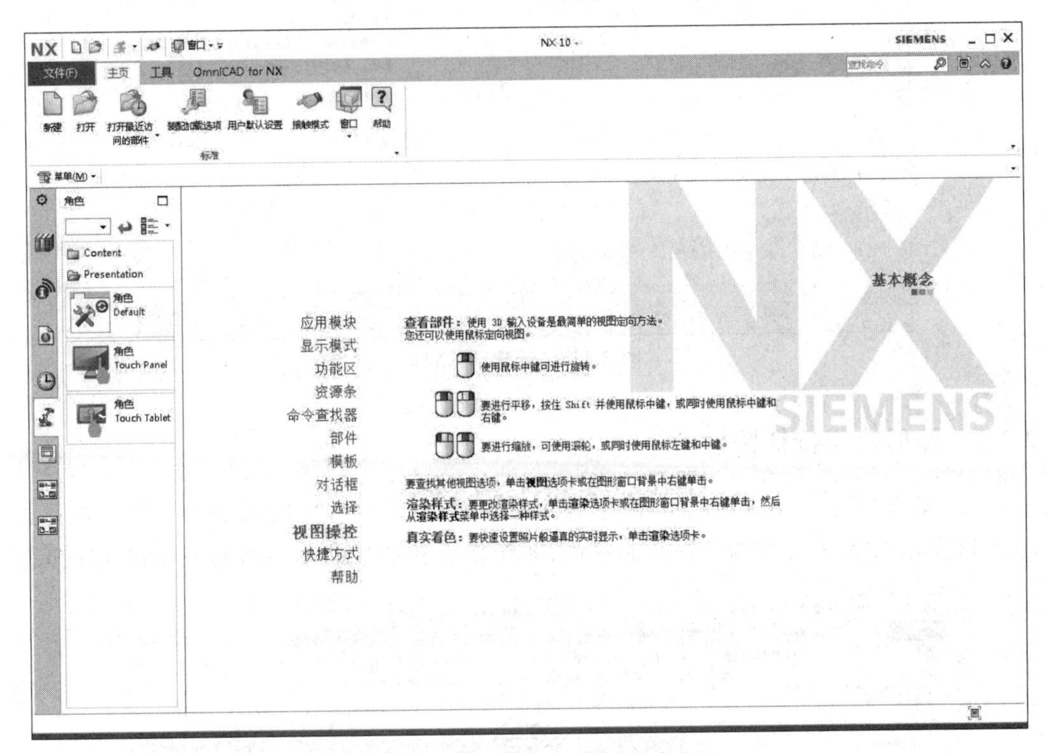

图2-51 Siemens NX 10.0的软件界面

提示：启动NX后，首先进入的是基本环境模块。对于初次使用NX软件的用户来说，建议仔细地阅读Siemens NX 10.0的基本概念，将鼠标指针移到基本概念栏中的概念上时，该概念显示为红色，此时视图右侧显示的是该概念的解释。

(2) 单击“文件”→“新建”命令，或者直接单击“标准”工具条上的“新建”图标，出现如图2-52所示的“新建”对话框。

(3) 在“模板”选项卡中选择“模型”文件类型，单位选择“毫米”。

(4) 在“名称”栏中输入新建文件的文件名称zhijia.prt。

(5) 单击“文件夹”栏右侧的命令图标来定义文件存放路径E:\。

(6) 单击“确定”按钮。

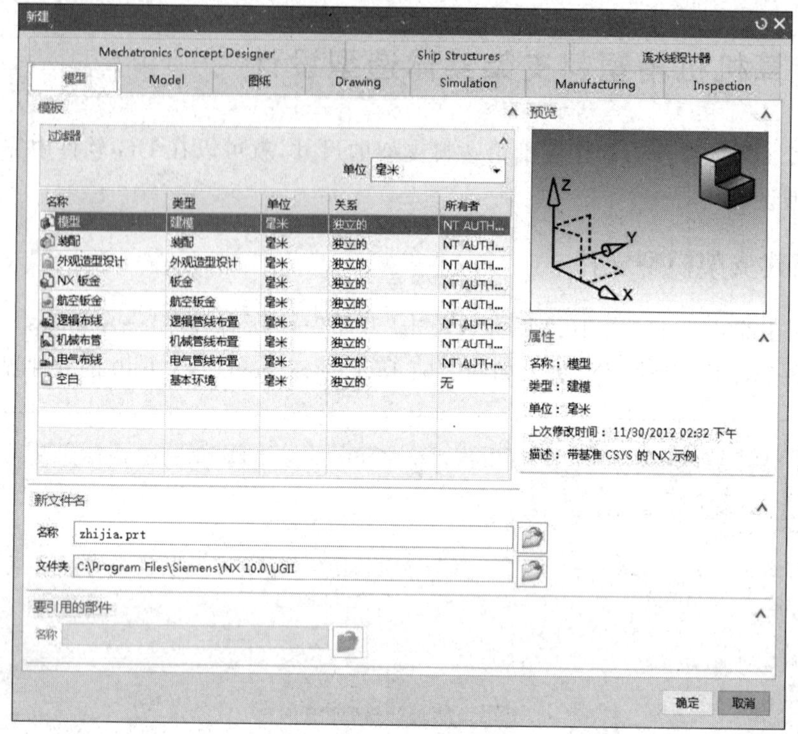

图 2-52 “新建”对话框

2.3.2 外形轮廓特征构建

(1) 单击“特征工具条”中的“草图”命令按钮，系统弹出“创建草图”对话框，选择如图 2-53 所示的 X-Y 面作为草图绘制平面，系统依据新选择的草图绘制平面建立新坐标

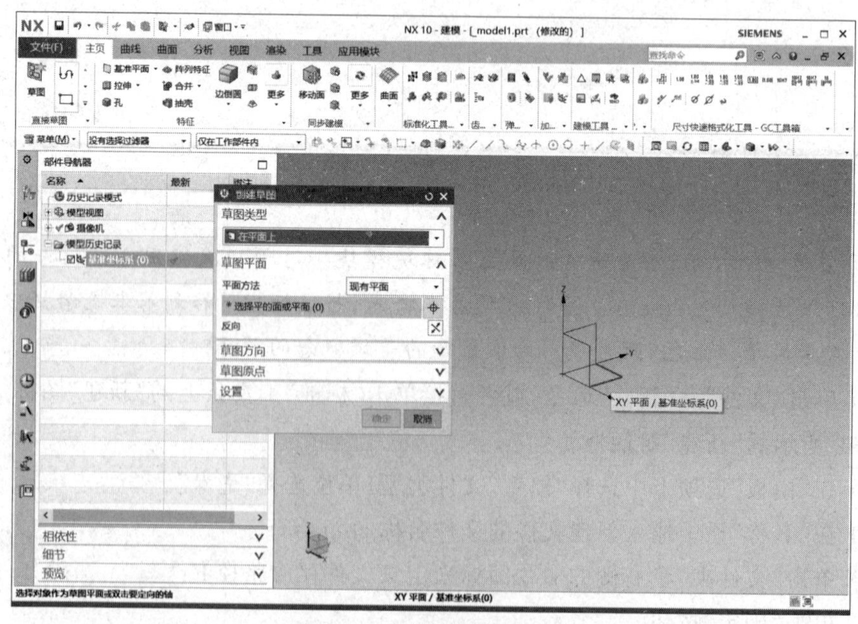

图 2-53 选择草图绘制平面

系，单击对话框中“确定”按钮进入绘制草图界面。选择“草图工具条”中的“矩形”命令，绘制长方形，图形绘制好以后进行尺寸约束，如图 2-54 所示。完成后单击“草图生成器”中的“完成草图”命令。

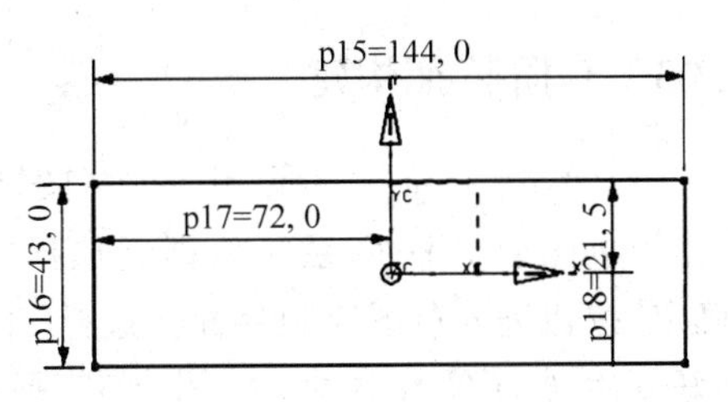

图 2-54　绘制矩形草图

(2) 选择“特性”工具条中的“拉伸”命令，系统弹出“拉伸”对话框，选择刚刚绘制好的长方形草图，在“拉伸”对话框中“限制”选项中设置拉伸方式为“值”，修改结束“距离”为 2mm，如图 2-55 所示，单击“确定”按钮，生成实体。

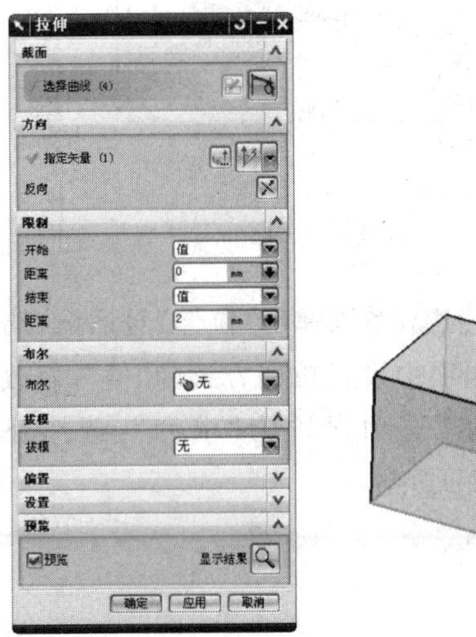

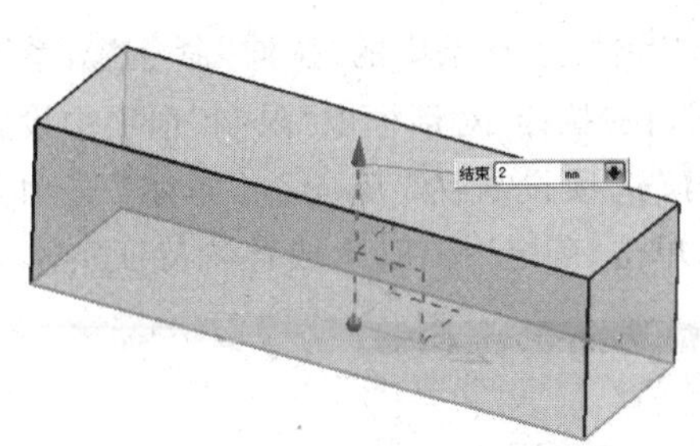

图 2-55　拉伸生成外轮廓特征实体

(3) 单击“特征操作”工具条中的“边倒圆”命令，系统弹出“边倒圆”对话框，在对话框中的 Radius 1 里输入 4mm，选择四条棱边倒圆角如图 2-56 所示，单击“确定”按钮，完成圆角的创建。

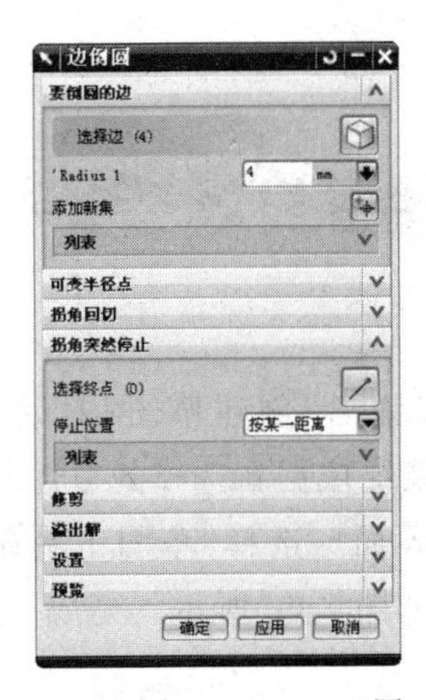

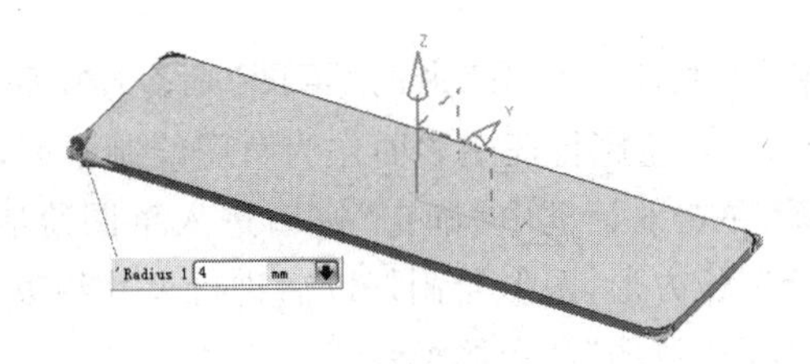

图 2-56　选择四条棱边倒圆角

2.3.3 台阶特征构建

(1) 单击"特征工具条"中的"草图"命令,系统弹出"创建草图"对话框,选择 X-Y 面作为草图绘制平面,系统依据新选择的草图绘制平面建立新坐标系,单击对话框中的"确定"按钮进入草图绘制界面。选择"草图工具条"中的"矩形"命令,绘制长方形,图形绘制好以后进行尺寸约束,如图 2-57 所示。完成后单击"草图生成器"中"完成草图"命令。

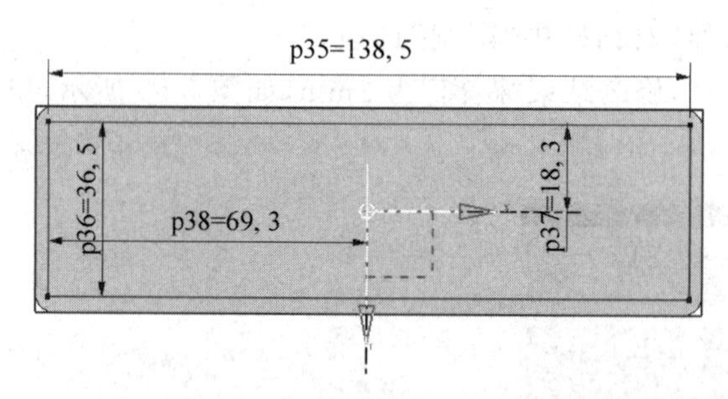

图 2-57 绘制台阶特征草图

(2) 选择"特性"工具条中的"拉伸"命令,系统弹出"拉伸"对话框,选择刚刚绘制好的长方形草图,在"拉伸"对话框中"限制"选项中设置拉伸方式为"值",修改结束"距离"为 2.5mm,"方向"选项设置为"反向","布尔"选项设置为"求和",选择外轮廓特征,如图 2-58 所示,单击"确定"按钮,生成台阶特征实体。

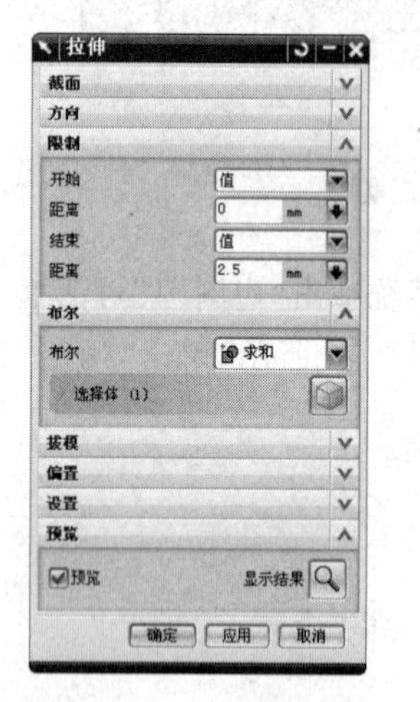

图 2-58 拉伸生成台阶特征实体

(3) 单击"特征工具条"中的"草图"命令,系统弹出"创建草图"对话框,选择如图 2-59 所示的外轮廓特征上表面作为草图绘制平面,系统依据新选择的草图绘制平面建立新坐标系,单击对话框中"确定"按钮进入草图绘制界面。选择"草图工具条"中的"矩形"命令,绘制长方形,图形绘制好以后进行尺寸约束,如图 2-60 所示。完成后单击"草图生成器"中"完成草图"命令。

(4) 选择"特性"工具条中的"拉伸"命令,系统弹出"拉伸"对话框,选择刚刚绘制好

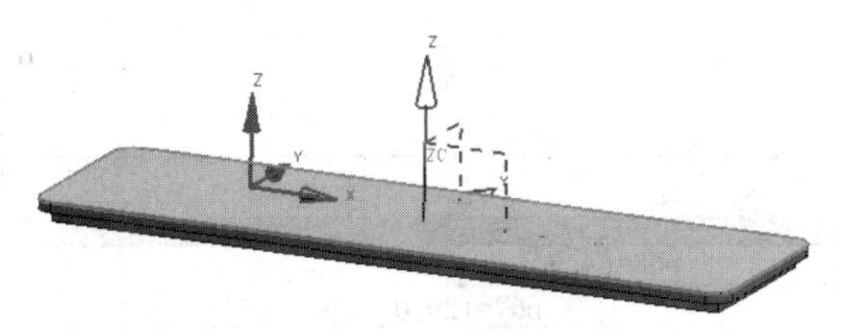

图 2-59 选择绘图平面

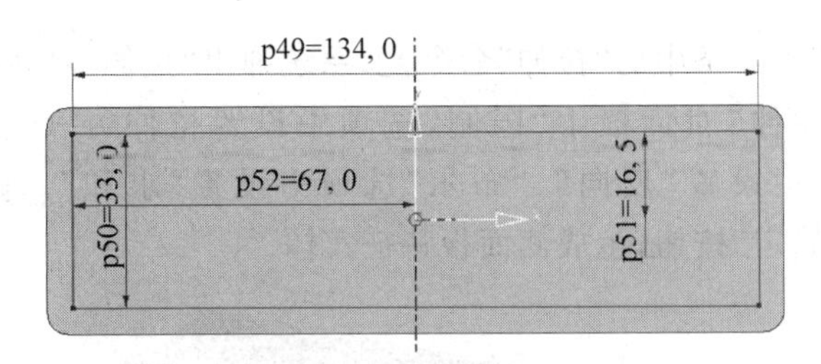

图 2-60 绘制凹坑特征草图

的长方形草图，在“拉伸”对话框中“限制”选项中设置“拉伸”方式为“值”，修改“距离”为2.5mm，“方向”选项设置为“反向”，“布尔”选项设置为“求差”，选择外轮廓特征，如图 2-61 所示。单击“确定”按钮，生成凹坑特征实体。

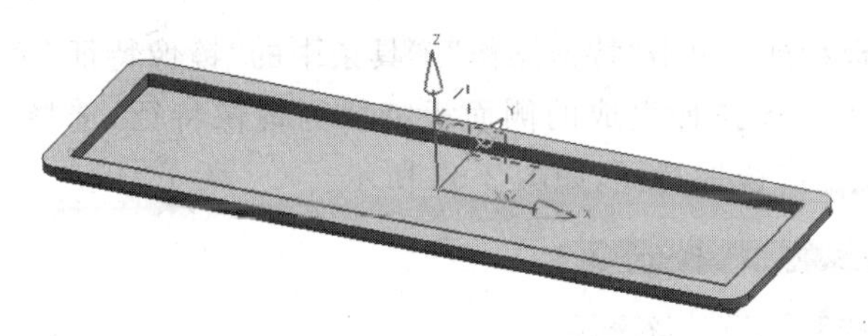

图 2-61 拉伸生成凹坑特征实体

2.3.4 侧面板特征构建

（1）单击“特征工具条”中的“草图”命令，系统弹出“创建草图”对话框，选择如图 2-62 所示的外轮廓特征侧面作为草图绘制平面，系统依据新选择的草图绘制平面建立新坐标系，单击对话框中的“确定”按钮进入草图绘制界面。选择“草图工具条”中的“直线”命令，绘制图形并进行尺寸约束，如图 2-63 所示。完成后单击“草图生成器”中“完成草图”命令。

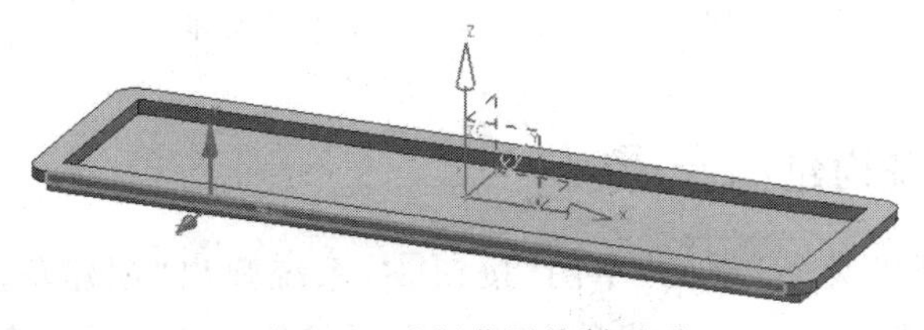

图 2-62 选择草图绘制平面

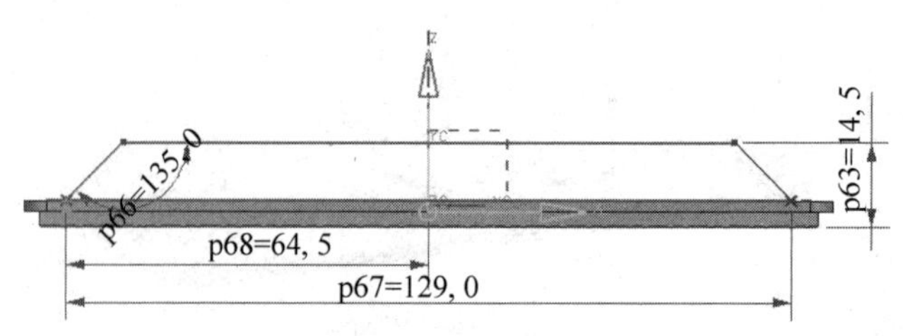

图 2-63 绘制侧面板特征草图

(2) 选择"特性"工具条中的"拉伸"命令,系统弹出"拉伸"对话框,选择刚刚绘制好的长方形草图,在"拉伸"对话框中"限制"选项中设置拉伸方式为"值",修改距离为1.8mm,"方向"选项中设置"反向","布尔"选项中设置"求和",选择外轮廓特征,如图 2-64 所示,单击"确定"按钮,生成侧面板特征实体。

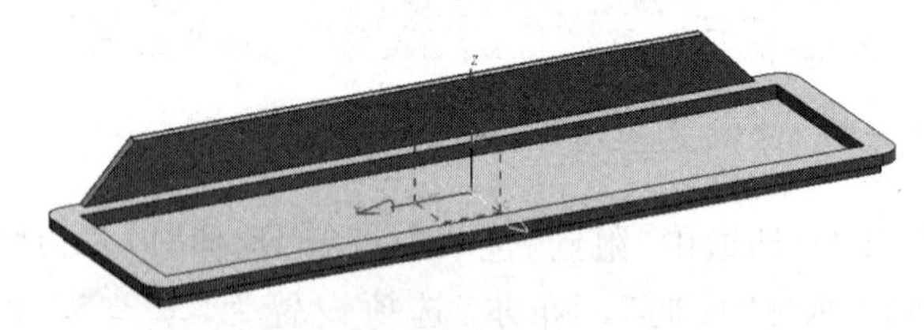

图 2-64 拉伸生成侧面板特征实体

(3) 镜像侧面板特征:单击"特征操作"工具条中的"镜像特征"命令,系统弹出"镜像特征"对话框,选择上一步拉伸生成的侧面板特征为镜像特征,选择 *X-Z* 平面为镜像平面,单击"确定"按钮生成镜像特征,如图 2-65 所示。

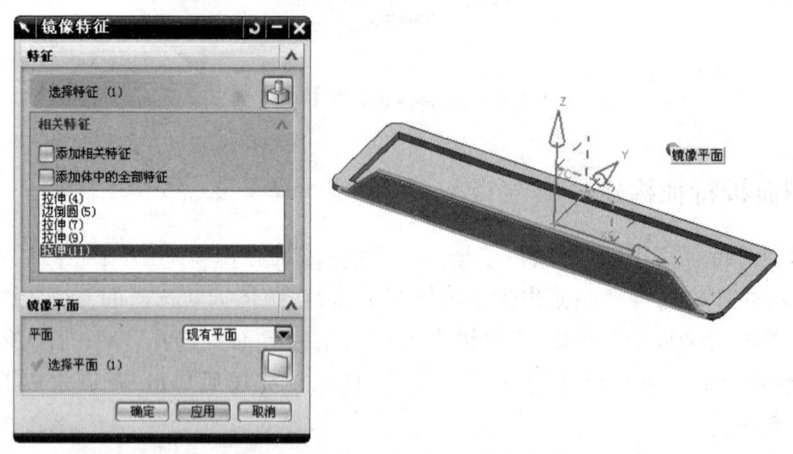

图 2-65 镜像生成侧面板特征实体

2.3.5 安装孔特征构建

(1) 单击"特征工具条"中的"草图"按钮,系统弹出"创建草图"对话框,选择如图 2-66 所示的凹坑特征底面作为草图绘制平面,系统依据新选择的草图绘制平面建立新坐标系,单击对话框中"确定"按钮进入草图绘制界面。选择"草图工具条"中的"圆"命令,绘制图形并进行尺寸约束，如图 2-67 所示。完成后单击“草图生成器”中“完成草图”按钮 完成草图 。

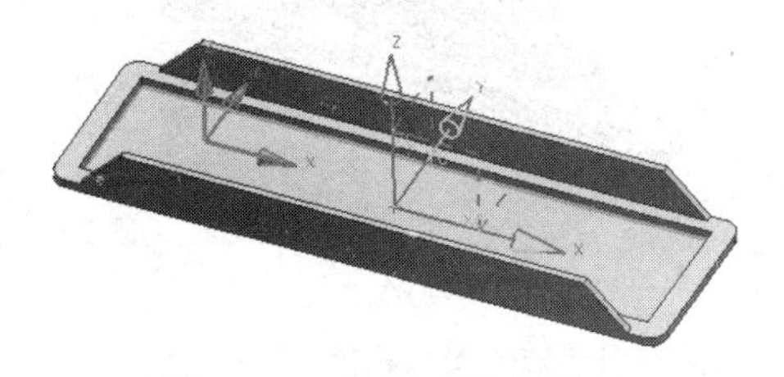

图 2-66　选择草图绘制平面

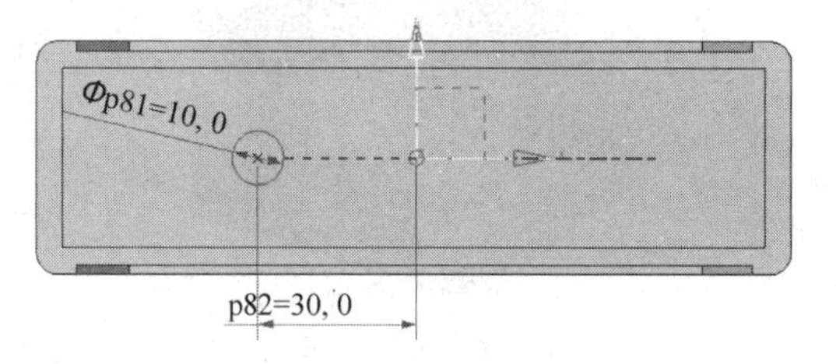

图 2-67　绘制安装孔特征草图

（2）选择“特性”工具条中的“拉伸”命令，系统弹出“拉伸”对话框，选择刚刚绘制好的长方形草图，在“拉伸”对话框中“限制”选项中设置拉伸方式为“值”，修改“距离”为 21mm，“布尔”选项中设置“求和”，选择外轮廓特征，如图 2-68 所示，单击“确定”按钮，生成安装孔特征实体。

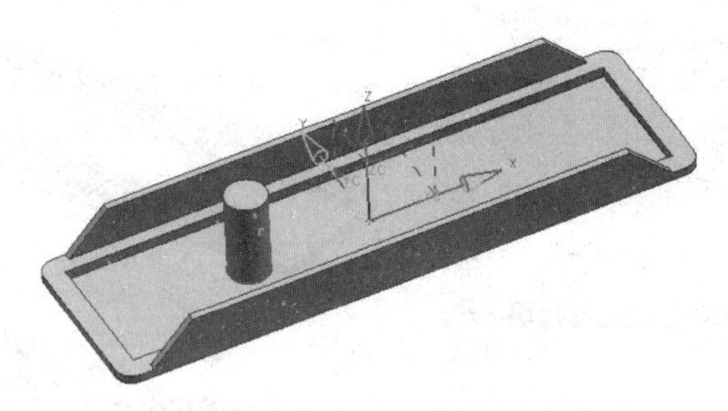

图 2-68　拉伸生成安装孔特征实体

（3）孔特征绘制。单击“特征”工具条中的 “孔”命令，系统弹出“孔”对话框，设置孔参数如图 2-69 所示，孔形状设置为“简单”，直径设置为 6.87mm，深度设置为 20.64mm，尖角设置为 0deg，选择上一步生成的圆柱特征上表面为孔放置面，选择圆柱上表面圆的圆心为孔位置点，如图 2-70 所示，孔成形预览如图 2-71 所示，单击“确定”按钮完成孔操作。

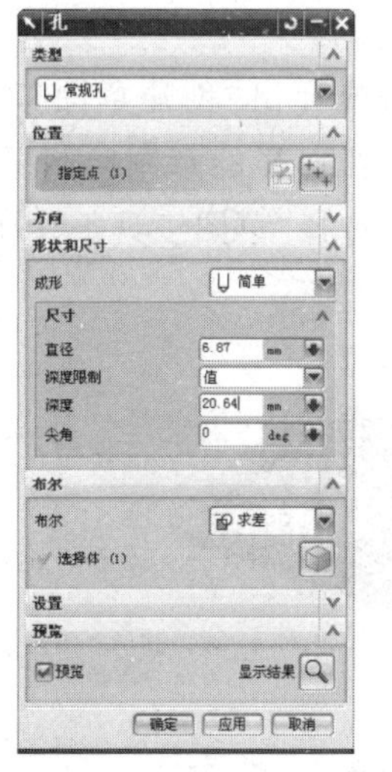

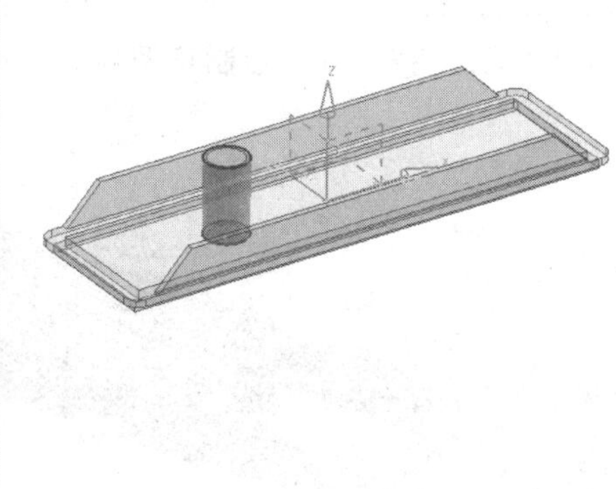

图 2-69　设置孔参数

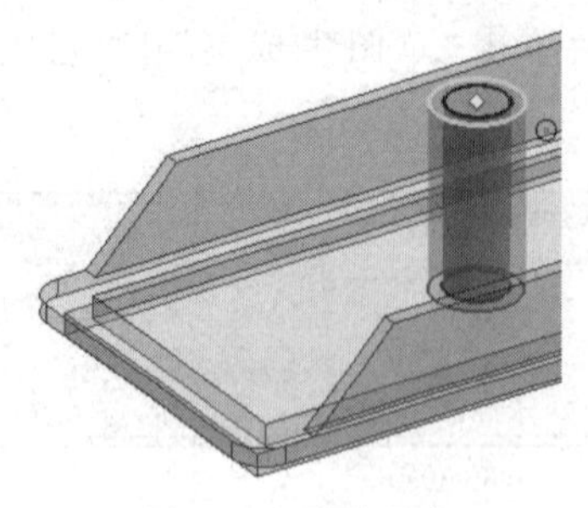
图 2-70　孔位置点

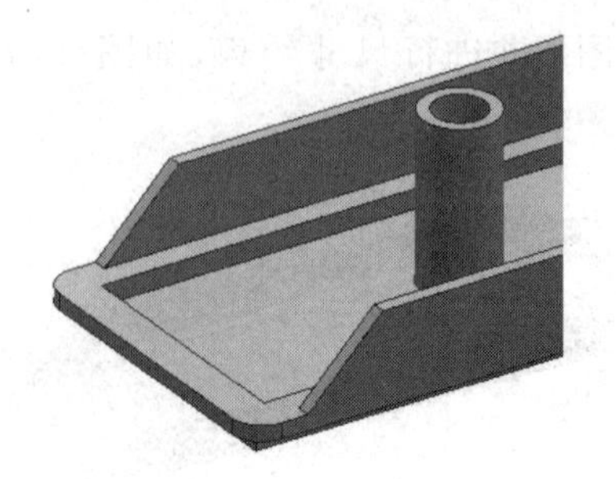
图 2-71　安装孔特征实体

(4) 镜像安装孔特征：单击“特征操作”工具条中的“镜像特征”命令，系统弹出“镜像特征”对话框，选择上一步拉伸生成的圆柱和孔特征为镜像特征，选择 Y-Z 平面为镜像平面，单击“确定”按钮生成镜像特征如图 2-72 所示。

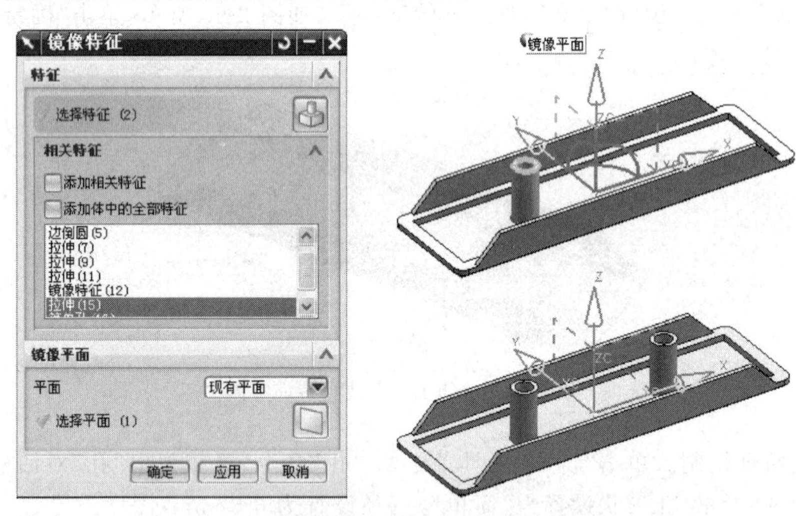

图 2-72　镜像生成安装孔特征实体

2.3.6　两端吊耳特征构建

(1) 单击“特征工具条”中的“草图”按钮，系统弹出“创建草图”对话框，选择如图 2-73 所示的 X-Z 面作为草图绘制平面，系统依据新选择的草图绘制平面建立新坐标系，单击对话框中的“确定”按钮进入绘制草图界面。选择“草图工具条”中的“矩形”命令，

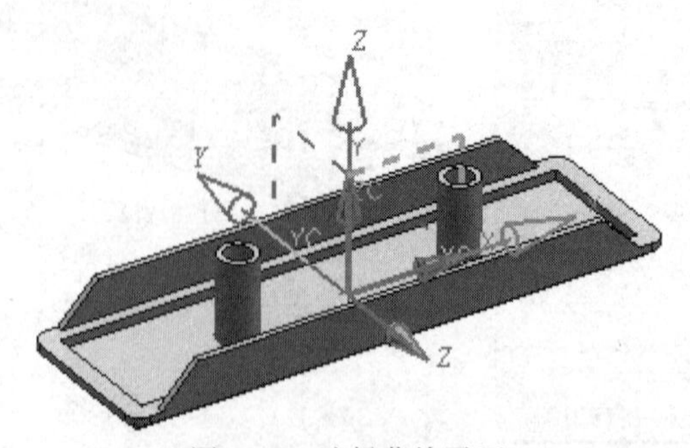
图 2-73　选择草绘平面

绘制长方形，图形绘制好以后进行尺寸约束，如图 2-74 所示。完成后单击“草图生成器”中“完成草图”按钮。

p200=75, 0
p201=1, 4
p203=1, 2
p202=160, 0
p205:13, 8
p204=5, 4
Rp206=1, 0

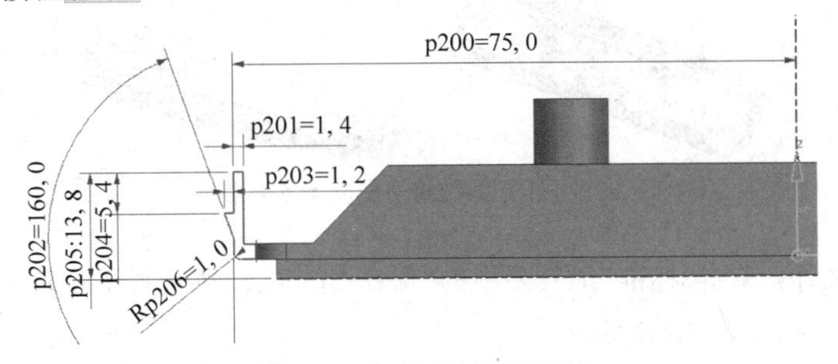

图 2-74　绘制吊耳特征草图

（2）选择“特性”工具条中的“拉伸”命令，系统弹出“拉伸”对话框，选择刚刚绘制好的长方形草图，在“拉伸”对话框中“限制”选项中设置拉伸方式为“对称”，修改距离为 5.25mm，如图 2-75 所示，单击“确定”按钮，生成实体。

（3）单击“特征操作”工具条中的“镜像特征”命令，系统弹出“镜像特征”对话框，选择上一步拉伸吊耳特征为镜像特征，选择 *Y-Z* 平面为镜像平面，单击“确定”按钮，生成镜像特征，如图 2-76 所示。

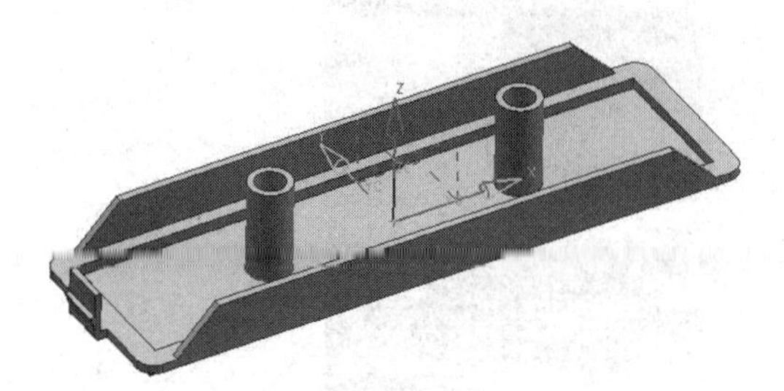

图 2-75　拉伸生成吊耳特征实体

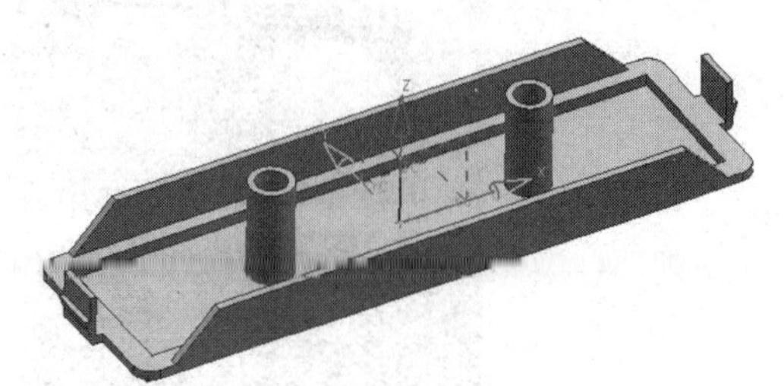

图 2-76　镜像生成吊耳特征实体

（4）选择“菜单”中的“编辑”弹出下拉菜单（图 2-77），在这个菜单里可以对视图中的图素进行隐藏和显示操作，单击“显示和隐藏”项，系统弹出“显示和隐藏”对话框（图 2-78），选择要隐藏的类型，隐藏“草图”和“坐标系”，使视图界面更清晰地表达构建的实体特征。

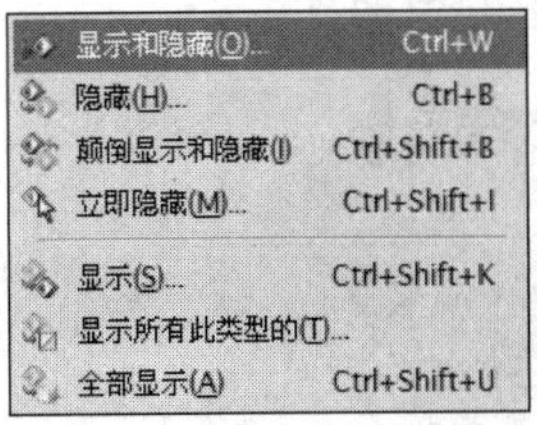

显示和隐藏(O)... Ctrl+W
隐藏(H)... Ctrl+B
颠倒显示和隐藏(I) Ctrl+Shift+B
立即隐藏(M)... Ctrl+Shift+I
显示(S)... Ctrl+Shift+K
显示所有此类型的(T)...
全部显示(A) Ctrl+Shift+U

图 2-77　“编辑”下拉菜单

显示和隐藏
类型
显示
隐藏
全部
几何体
体
实体
小平面化的体
草图
基准
坐标系
关闭

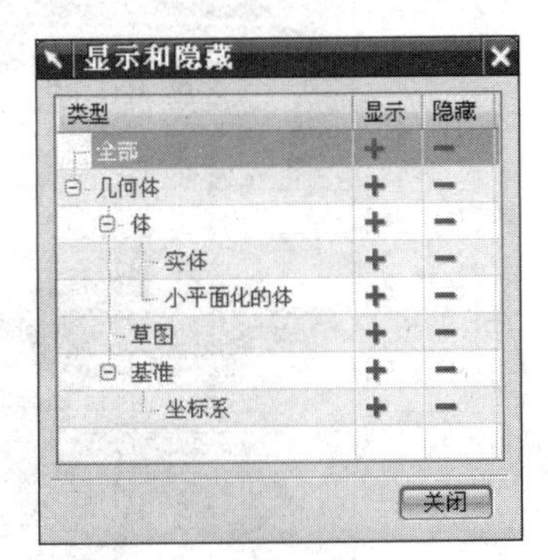

图 2-78　“显示和隐藏”对话框

(5) 最终完成的计算机机箱塑料支架如图 2-79 所示。

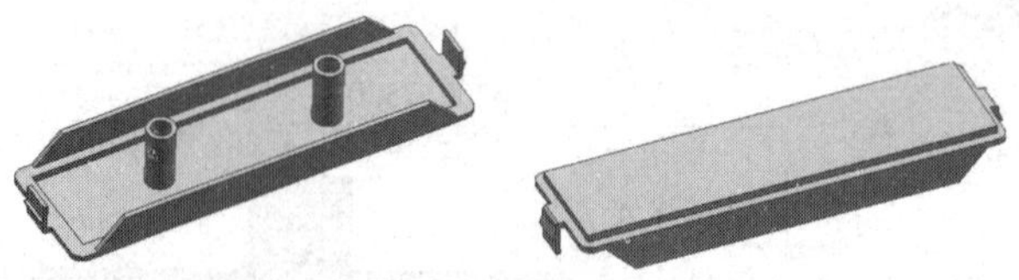

图 2-79　计算机机箱塑料支架实体模型

(6) 保存文件：单击“标准”工具栏中的“保存”按钮，或选择下拉菜单“文件”→“保存”命令，或者按 Ctrl＋S 组合键。

2.4　拓展训练

根据提供的塑料盖子的实物，利用常规测量方法和常用的测量工具测量其外形尺寸，并根据测量结果在 UG 软件中完成塑料盖子的三维造型，如图 2-80 所示。

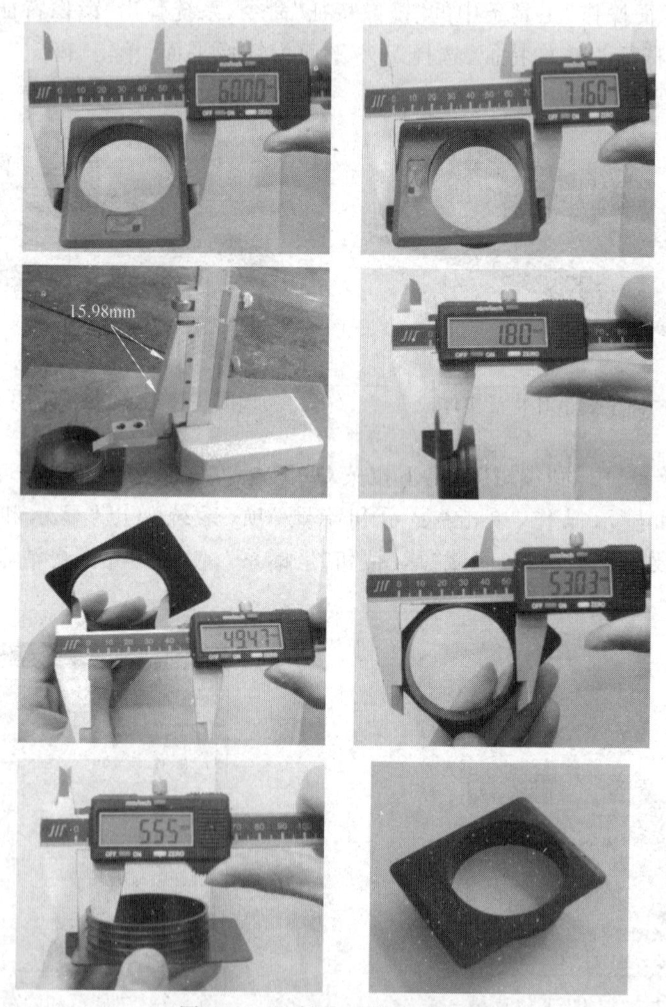

图 2-80　塑料盖子测量尺寸图

项 目 3

基于三坐标测量技术的数据采集

项目目的

(1) 使学生了解三坐标测量技术的相关概念;
(2) 掌握三坐标测量机的基本测量设置、操作步骤及测量数据的处理;
(3) 为后续建模项目提供必要的点云测量数据;
(4) 培养学生独立分析和解决实际问题的实践能力;
(5) 培养学生组织协调能力和团队合作能力;
(6) 培养学生独立思考和创新设计的能力。

项目内容

(1) 三坐标测量机的测量原理及组成结构;
(2) 三坐标测量机基础测量方法及操作步骤;
(3) 按实训的教学要求,熟练操作三坐标测量机对肥皂盒进行测量;
(4) 根据测量的点云数据完成肥皂盒的逆向造型设计。

课时分配

本项目共5节,参考课时为20学时。

3.1 三坐标测量机简介

3.1.1 三坐标测量机的历史与发展

三坐标测量机可分为三代。

第一代:世界上第一台测量机是英国的Ferranti公司于1959年研制成功的,当时测量方式是测头接触工作后,靠脚踏板来记录当前坐标值,然后使用计算器来计算元素间的位置关系。1964年,瑞士SIP公司开始使用软件来计算两点间的距离,开始了利用软件进行测量数据计算的时代。20世纪70年代初,德国Zeiss公司使用计算机辅助工件坐标系代替机械对准,从此测量机具备了对工件基本几何元素尺寸、形位公差的检测功能。

第二代:随着计算机的飞速发展,测量机技术进入了CNC数字控制机床时代,完成了复杂机械零件的测量和空间自由曲线曲面的测量,测量模式增加和完善了自学习功能,改善了人机界面,使用专门测量语言,提高了测量程序效率。

第三代:从20世纪90年代开始,随着工业制造行业向集成化、柔性化和信息化发展,产品的设计、制造和检测趋向一体化,这就对作为检测设备的三坐标测量机提出了更高的要求,从而提出了第三代测量机的概念。其特点:①具有与外界设备通信的功能;②具有与CAD系统直接对话的标准数据协议格式;③硬件电路趋于集成化,并以计算机扩展卡的形式,成为计算机的大型外部设备。

美国的Brown&Sharp公司,先后兼并德国Letiz公司和中国青岛前哨英柯发,成为第一集团,其代表产品为Xcel、Scirocco、PMM等。德国Zeiss公司合并了Mauser以及美国Numerex公司,成为第二集团,代表产品为VAST、C400、Eclipse等。第三集团为日本三丰,代表产品为Bright、KN-810等。

国内三坐标测量机研制工作始于20世纪70年代中期,并由北京航空精密机械研究所率先推出第一台商品化CMM,1978年在西飞172厂、哈飞公司先后投入使用;80年代中国开始引进国外技术,并对国外先进技术消化吸收。到目前为止,国内测量机生产基地有:北京航空精密机械研究所、成都工具研究所、北京立科等。

3.1.2 三坐标测量机的测量原理

三坐标测量机(coordinate measuring machine,CMM)是典型的接触式三维数据采集设备,是逆向工程应用初期样件表面三维数据采集的主要手段。

简单地说,三坐标测量机就是在三个相互垂直的方向上有导向机构、测长原件、数显装置,有一个能够放置工件的工作台(大型和巨型不一定有),测头可以以手动或机动方式轻快地移动到被测点上,由读数设备和数显装置把测点的坐标值显示出来的一种测量设备。显然,这是最简单、最原始的测量机。有了这种测量机后,在测量容积里任意一点的坐标值都可通过读数装置和数显装置显示出来,如图3-1所示。

图3-1 三坐标测量机

测量机的采点发讯装置是测头,在沿X、Y、Z三个轴的方向装有光栅尺和读数头。其测量过程就是当测头接触工件发出采点信号时,由控制系统去采集当前机床三轴坐标相对于机床原点的坐标值,再由计算机系统数据进行处理和输出。因此测量机可以用来测量直接尺寸,还可以获得间接尺寸和形位公差及各种相关关系,还可以实现全面扫描和一定的数据处理功能,可以为加工提供数据并处理加工测量结果。

在进行逐点式扫描测量时,将探头在横向以等速或等间距逐点移动,再以等间隔量取工件在Z轴的坐标。但当工件轮廓有明显起伏变化时,需要增加测量点来提高分辨率,最简单的方式是取($\Delta X+\Delta Z$)为常数,ΔX和ΔZ分别是X轴和Z轴的分辨率。当ΔZ变大时,ΔX应变小,测量点将更加密集。即当工件斜率变大时,测量速度减慢。

应用CMM进行三维点数据获取时,测量人员可用人工规划测量路径的方式逐点测量，也可以用 CNN 做辅助，沿着曲面的外形接触被测样件获取数据。

三坐标测量机的优点是精度高、噪声低、测量结果重复性好等；其缺点是对物体细微特征的测量有限制（图 3-2），由于测头直接和样件接触，不适合于对易碎、软性材料的物体表面进行测量，并且探头具有一定的直径，摩擦力和弹性变形容易引起被测物体的变形而产生测量误差，测量数据需要进行测头半径补偿。如果工件形状复杂且有突变，要将工件分成不同的区域，使用不同的参数进行扫描，比较耗时。该设备可广泛用于工业中的首件检测、质量检验、夹具检验、生产过程质量控制以及逆向工程。

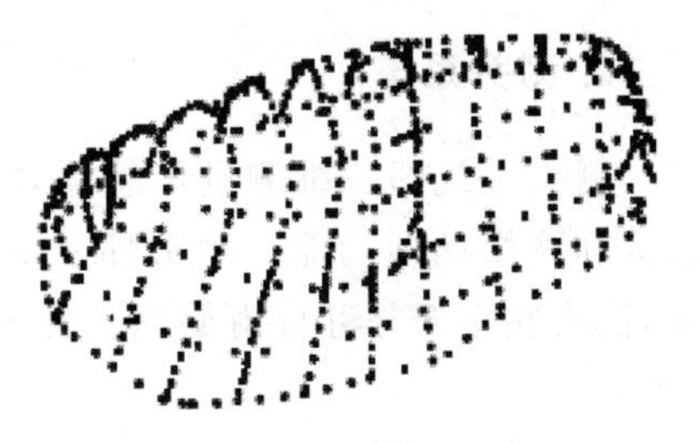

图 3-2　CMM 测量的点云

3.1.3　三坐标测量机的组成和结构

尽管三坐标测量机种类繁多，结构形式、机器性能各异，但所有三坐标测量机的主要工作机理均是将被测量与标准量比较，经计算机处理后得到三维的测量数据。因此，三坐标测量机通常具有三个方向的标准器（标尺），在控制与驱动系统的指挥驱动下，使三维测头系统能与被测物体沿具有标尺的导轨做相对运动，从而实现检测或扫描，并将测量数据处理后输出。

由以上工作机理得知，三坐标测量机均由主机床身（含具有标尺的导轨）、测头系统和控制与驱动系统三大部分组成，控制系统又包括计算机系统和电控柜，如图 3-3 所示。

1. 主机

主机能放置被测物体并使测头系统能平稳地沿导轨运动。主机主要由框架结构的床身、X 轴、移动桥架（Y 轴）、中央滑块、Z 轴、工作台、测头及附件组成，如图 3-4 所示。

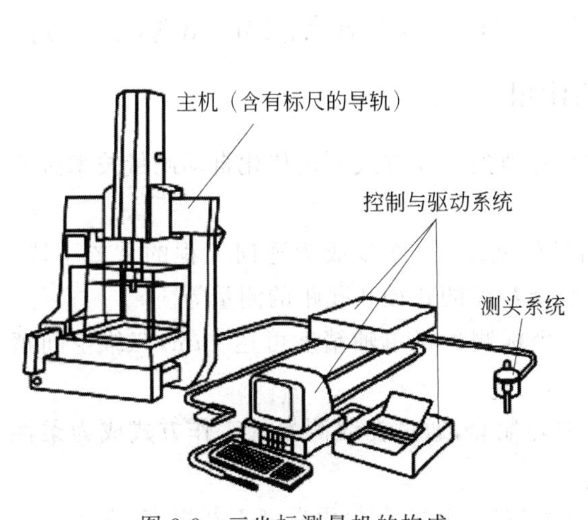

图 3-3　三坐标测量机的构成

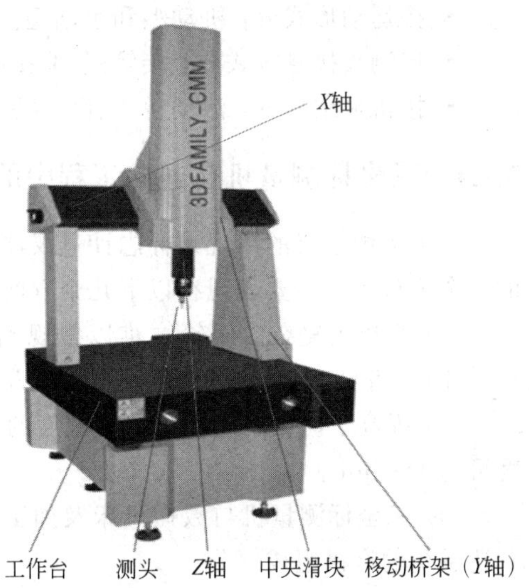

图 3-4　三坐标测量机主机的构成

2. 测头系统

测头系统即三维测量传感器,它可在三个方向上感受瞄准信号和微小位移,以实现瞄准和测微两项功能。测头部分主要用于检测被测物体,采集数据。为了便于检测物体,测头底座部分可自由旋转。测头系统主要由测头底座、加长杆、传感器和探针组成(图3-5)。

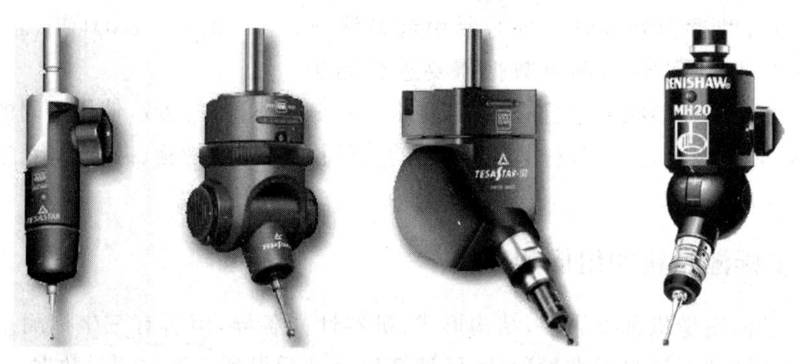

图3-5 三坐标测量机的测头

3. 控制与驱动系统

控制与驱动系统是测量机的核心,主要用于控制测量机的运动,并对测头系统采集的数据进行处理以及实现数据和图形的输出。控制与驱动系统主要由电路控制部分、计算机硬件部分、测量机软件及打印与绘图装置等组成。

测量机种类繁多,其分类方式也有多种。

- 按精度分:生产型、精密型、计量型。
- 按采点方式分:点位采样型、连续采样型。
- 按运动形式分:机动型和手动型。
- 按测头接触方式分:接触式、非接触式等。
- 按机械结构分:活动桥式、固定桥式、高架桥式、水平臂式、关节臂式等(图3-6)。

3.1.4 三坐标测量机在逆向工程中的作用

三坐标测量机的出现是标志计量仪器从古典的手动方式向现代化自动测量技术过渡的一个里程碑。主要表现在以下几个方面。

(1) 解决了复杂曲面轮廓难以常规测量的问题,并逐步成为逆向工程的重要手段。如对叶片、齿轮、汽车和飞机的外形轮廓及复杂箱体的孔径和孔距的测量等。

(2) 提高了测量精度。目前高精度的三坐标测量机单轴精度可达1μm,三维空间精度可达1～2μm。

(3) 三坐标测量机与数控机床及加工中心配套,通过在线测量的工作方式成为柔性制造系统的有机组成部分。

(4) 三坐标测量机提高了测量效率,促使产品检测的自动化程度不断提高,促进了三维测量技术的进步,大大提高了测量效率,强化了逆向工程数字建模的技术功能。

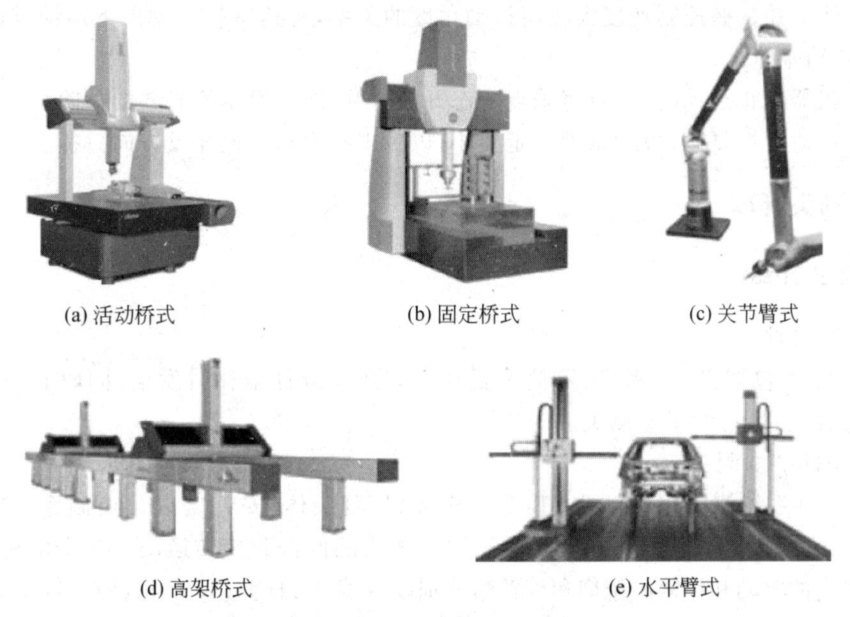

(a) 活动桥式　(b) 固定桥式　(c) 关节臂式

(d) 高架桥式　(e) 水平臂式

图 3-6　按机械结构形式分类的三坐标测量机

3.2　三坐标测量机基础测量技能实训

3.2.1　测量机操作盒

TU01 操作盒是机动坐标测量的操作控制单元，如图 3-7 所示，其中有 4 个键功能没有设定。其他各应用键功能如下。

(1) 速度调节旋钮：调节采点速度大小和程序执行时速度快慢。

(2) 应急旋钮：用于紧急停止，恢复时需旋钮弹起。

(3) 左右使能按钮：所有操作必须在此键按下之后才能进行。

(4) 采点按钮：按下时红灯亮，测量机以低速运动进行采点。

(5) 碰撞恢复按钮：用于碰撞后恢复测量机的运动。

(6) 微动按钮：用于控制测头以微米级低速移动。

(7) 定位按钮：用于在自学习时采进定位点。

(8) 方向控制操作杆：控制 X、Y、Z 三个方向的运动。其大小由扳动的角度决定。

图 3-7　TU01 操作盒

使用测量机操作盒的注意事项如下。

(1) 掌握运动方向，避免误操作，尤其是 Z 轴上下方向。Z 轴的运动方向用右手法则判断：若四指握拳方向为 Z 轴运动控制旋钮方向，则大拇指竖起时的指向即为 Z 轴运动方向。

(2) 体会并掌握控制速度大小与扳动角度的关系,尤其注意 Z 轴向下运动较快,避免测头及 Z 轴碰撞。

(3) 机器停止运动时,注意将采点状态开关打开,防止发生不必要的危险。

(4) 碰撞后恢复时,扳动角度一定要小,以免出乎意料地向相反方向碰撞。

3.2.2 测头管理

1. 测头介绍

(1) TF6 测头

TF6 测头包括测尖、测杆、发信装置和安装座。测杆偏移时发信,同时有声光电信号。为方便测量,可配星形测尖。

(2) PH9/10 测头

PH9/10 系统测头包括测尖、TP2 发信装置、测头体、安装座以及控制盒。PH9/10 测头体含两个转台和三个电机,转台分别用于测头的俯仰和旋转运动。三个电机分别用于两个方向的驱动和锁紧。俯仰和旋转角分别以 A 角(PITCH)和 B 角(ROLL)表示,角度间隔 7.5°。转动时角度是 7.5 的倍数。A 角范围为 0°~105°,B 角范围为-180°~+180°。

测头如图 3-8 所示。

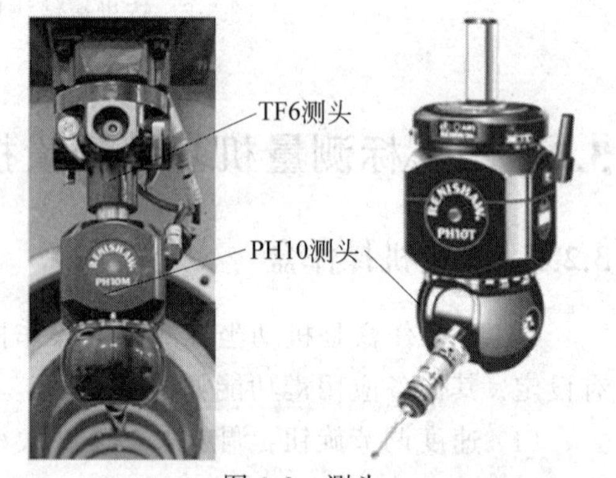

图 3-8 测头

2. 测头约定

为统一使用,测头的安装座及测尖都有固定编号。

安装座编号(HEAD NUMBER)是固定的,沿 $-Z$ 方向的安装头编号为 1,沿 $+Y$ 方向的安装头编号为 2,逆时针方向依次为 3、4、5。

测尖编号(TIP NUMBER),安装头为 $-Z$ 方向时的测尖编号是最常用的,需要牢记,沿 $-Z$ 方向的测尖编号为 1,沿 $+X$ 方向的测尖编号为 2,逆时针方向依次为 3、4、5。安装头在其他方向时测尖编号由表格查出。

在编程时会用到 PROBE(Headnum,Tipnum)命令来指定测头,其参数对 TF6 和 PH9/10 是不同的。对于 TF6 来说,Headnum 和 Tipnum 分别指安装头编号和测尖编号,其数值为 1~5;对于 PH9/10 来说,Headnum 和 Tipnum 分别指位置编号和测尖编号,其数值为 1~30 和 1~5(一般为 1,星形测尖可以到 5)。

3. 标定及校正

在对工件进行实际检测之前,首先要对测量过程中用到的探针进行校准。因为对于不同尺寸的测量,需要沿不同方向进行。系统记录的是探针中心的坐标,而不是接触点的坐标。为了获得接触点的坐标,必须对探针半径进行补偿,因此,首先必须对探针进行校准,一般使用校准球来校准探针。校准球是一个已知直径的标准球。校准探针的过程实际上就是测量这个已知标准球直径的过程。该球的测量值等于校准球的直径加探针的直径，这样就可以确定探针的半径。系统用这个值就可以对测量结果进行补偿，具体操作步骤如下。

(1) 将探针正确地安装在三坐标测量机的主轴上。

(2) 将探针在工件表面上移动，看是否均能测到，检查探针是否清洁，一旦探针的位置发生改变，就必须重新校准。

(3) 将校准球装在工作台上，要确保不用移动校准球，并在球上打点，测量点个数最少为5个。

(4) 测完给定的点数后，就可以由测量得到校准球的位置、直径、形状偏差，由此就可以得到探针的半径值。

测头每次安装都要进行标定(Calibration)及校正(Qualification)才能使用，原因在于其本身不知道测尖的具体位置及测头半径，也就无法确定测量点相对于原点的坐标。

标定及校正都是对标准球进行的。标定过程结束，标定结果自动保存。校正是针对标定的测头进行的。它得到的是当前测头相对标定测头的偏置。因此，标定的测头是一个公共基准，在所有的标定校正过程中，标定的只能是一个测尖，校正的是其他测尖。

有时无法用一个标准球校正全部测尖，可以使用其他的标准球2或3。此时可以选定任意已校正的测尖对标准球2或3进行标定，再对标准球1无法校正的其余测尖进行校正。

标定的目的有以下三个。

(1) 获得标准球球心的坐标(X,Y,Z)。

(2) 获得要校正测尖的公共基准。

(3) 获得测尖的动态半径R，动态半径的概念和测头的实际静态半径不同。

校正的目的有以下两个。

(1) 获得所测的球心的相对位置(X,Y,Z)。

(2) 获得测尖的动态半径R。

测量过程中所有要用到的探针都要进行校准，而且一旦探针改变位置，或者取下后再次使用时，要重新进行校准。因此，非接触式测量在探针的校准方面要用去大量的时间。为解决这一问题，有的三坐标测量机上配有测头库和测头自动交换装置。测头库中的测头经过一次校准后可重复交换使用，而无须重新校准。

4. 测尖的保存、调用和删除

当一组测头标定、校正后，可以将其数据以文件的形式保存在磁盘上，只要保证其不被碰撞或卸掉，当下次开机后，可以直接调用上次标定、校正后保存在磁盘上的数据，直接进入测量状态，从而省去了标定、校正的操作。当一组测头中的某个测尖不再需要时，可以单击删除按钮选择相应的测尖。

3.2.3　测量坐标系

在测量零件之前，必须建立精确的测量坐标系，便于零件测量及后续的数据处理。

三坐标测量机测量与传统测量方法的主要区别在于测量空间大、精度高、通用性强和测量效率高。测量效率高主要来源于两个方面：一方面是配备的测量软件能够对数据进行自动处理;另一方面是待测零件易于安装定位,测量软件可以辅助自动找正,而无须向传统测量仪器那样需要找正。

工件在工作台上的搁置方式一般有两种:一种是通过专用夹具或自动装卸装置将工件放在工作台上的某一固定位置。这样,通过一次工件找正,在以后测量同批工件时由于工件位置基本上是确定的,无须再对工件进行找正,就可以直接进行测量;另一种是通过肉眼的观察直接将工件放在工作台的某一合适位置,这种情况下,每测一个工件都必须首先在工作台上对其进行找正。

为便于测量找正和测量数据的转换处理,在三坐标测量软件中一般采用三个坐标系,分别为机器坐标系、基准坐标系和工件坐标系。

1. 机器坐标系

以机器开机时测头所在的位置为原点,以 X、Y、Z 三个导轨方向为坐标轴所构成的直角坐标系,称为机器坐标系。

2. 基准坐标系

基准坐标系又称绝对坐标系,它以三坐标测量机工作台面上某一固定点为原点,以通过该原点且平行 X、Y、Z 三个导轨方向为坐标轴所构成的直角坐标系,称为基准坐标系。当更换测头后,甚至在关机重新启动的情况下,仍能根据基准坐标系重新恢复各要素之间的相互位置关系。基准坐标系通常是通过测量一个固定在工作台上的标准球,并以它的球心为原点建立的坐标系。

3. 工件坐标系

建立在被测物体上的坐标系称为工件坐标系,工件坐标系便于直接测量处理工件的被测数据、尺寸。三坐标测量机有其本身的机器坐标系。在进行检测规划时,检测点数量及其分布的确定,以及检测路径的生成等,都是在CAD中工件坐标系下进行的。因此,在进行实际检测之前,首先要确定工件坐标系在三坐标测量机机器坐标系中的位置关系,即首先要在三坐标测量机机器坐标系中对工件进行找正,通常采用6点找正法,即3-2-1方法对工件找正。首先,通过在指定平面测量三点(1,2,3)或三点以上的点来校准基准面;其次,通过测量两点(4,5)或两点以上的点来校准基准轴;最后,再测一点(6)来计算原点。在以上3步操作中,检测点位置的确定都是依据工件坐标系来选择的。三坐标测量机软件允许测量中建立多个工件坐标系。

建立工件坐标系的具体步骤如下。

(1) 平面找正:确定测量基准平面。任何测量工作的第一步,都需要通过测量零件上的一个平面来找正被测零件,保证机器坐标系的 Z 轴总是垂直于该基准平面。若零件加工时是采用底平面作为加工基准的,可直接找正该底平面作为测量基准平面。注意:平面找正时必须至少取同一平面上的三个点,对于三个以上的点,系统会计算平均值确定找正平面。

(2) 轴线找正:确定已找正平面上一轴线的相位。如在精加工表面(与已找正平面平行)探测两个点,使其连成一条直线或通过两个孔中心连成一条直线后,将机器坐标系的一轴旋至与该直线重合，从而确定工件坐标系的 *XOY* 平面。取垂直该 *XOY* 平面的任一矢径为 *Z* 轴，并取背离测点方向为 *Z* 轴正向，至此工件坐标系的三轴方向均已确定。

(3) 原点找正：确定测量系统的基准原点。取被测零件上的任一点为工件坐标系 *Z* 轴的射线点，由射线点发出的射线与找正平面相交所得的点为工件坐标系的原点，相对该原点即确定 *X*、*Y* 轴的正向。

3.2.4　元素的测量和构造

1. 基本元素的测量

基本元素的测量是使用三坐标测量机的一个基础，必须牢固掌握。其中的难点在于：

(1) 点、线的测量及补偿。

(2) 三阶平面的测量。

测量元素的构造见表 3-1。

表 3-1　测量元素的构造

元素	采点方法	获得要素	备　　注
点	1点	坐标 *X*,*Y*,*Z*;*PR*,*PA*,*DS*	注意补偿方向
线	3点	贴合点 *X*,*Y*,*Z*;*CX*,*CY*,*CZ*	注意补偿方向
面	4点	贴合点 *X*,*Y*,*Z*;法矢量 *CX*,*CY*,*CZ*	
圆	4点	圆心 *X*,*Y*,*Z*;*DM*;*CX*,*CY*,*CZ*	二维元素，需要正确投影面
球	5点	球心 *X*,*Y*,*Z* 及 *DM*	
圆柱	8点(4+4)	贴合点 *X*,*Y*,*Z*,*CX*,*CY*,*CZ*,*DM*	轴线方向的应用
圆锥	7点(3+4)	锥顶 *X*,*Y*,*Z*,*CX*,*CY*,*CZ*,*ANG*	轴线方向的应用
二阶柱	8点(4+4)	*X*,*Y*,*Z*,*DM*,*DM*2,*CX*,*CY*,*CZ*	
圆槽	6点(顺序)	中心 *X*,*Y*,*Z*,*CX*,*CY*,*CZ*,*DM*,*DM*2	二维元素，注意测量点顺序
方槽	8点(顺序)	中心 *X*,*Y*,*Z*,*CX*,*CY*,*CZ*,*DM*,*DM*2	二维元素，注意测量点顺序
三阶面	3点	贴合点 *X*,*Y*,*Z*,法矢 *CX*,*CY*,*CZ*	输入距离与测点顺序的对应
空间圆	8点(4+4)	特征点 *X*,*Y*,*Z* 及 *CX*,*CY*,*CZ*,*DM*	先测投影面
椭圆	6点(顺序)	中心 *X*,*Y*,*Z* 及 *DM*,*DM*2,*CX*,*CY*,*CZ*	二维元素，需要正确投影面
抛物面	7点(3+4)	焦点 *X*,*Y*,*Z* 和 *DS*=*F* 及 *CZ*,*CY*,*CZ*	测两个截面
圆环	12点(4+4+4)	中心 *X*,*Y*,*Z* 和 *CX*,*CY*,*CZ*,*DM*,*DM*2	注意测量采点的两种方法

2. 点的测量

测点一般用于建坐标系，或测量沿某个轴线方向的长度。其点位所处的平面一般垂直于某一个坐标轴。手动采点后的补偿方向一般是沿着与采点方向最接近的坐标轴的方向进行的。这是隐含的补偿方向，当没有给定补偿方向的时候，机器自动采用这种方法补偿。

当点位处于不垂直于坐标轴方向的斜平面上或曲面上时，要得到点的真正位置，就要用补偿向量。补偿向量是测量点法矢量的反向量。因此要准确知道一个点的位置，其位置上的法矢量必须预先知道，如图 3-9 所示。

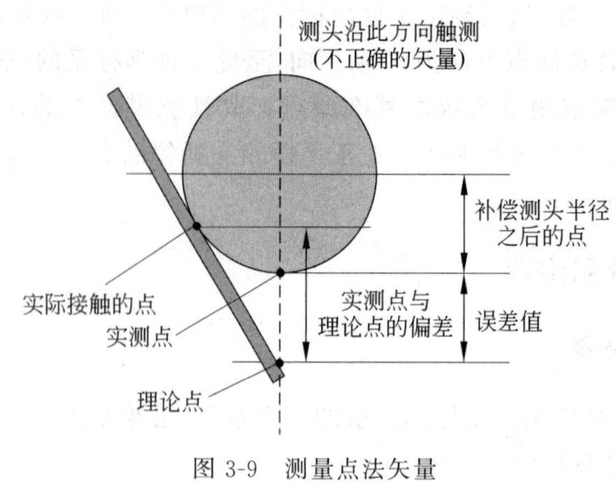

图 3-9　测量点法矢量

机器对点的补偿在不同的情况下是不同的。之所以必须进行补偿才能得到点的准确坐标,是因为测头都有半径数值。

关于点的测量的补偿,应该明确以下几点。

(1) 如果未设定补偿向量,而测量方向与某一坐标轴平行,则只有沿着采样方向的坐标能够得以正确补偿。这个隐含补偿方向,机器自动判断并补偿。如沿着 $+X$ 方向测量,则补偿向量为(1,0,0)。

(2) 如果给出补偿向量,则点的三个坐标都得到正确补偿。当然这种情况下台肩是倾斜的。

(3) 自动执行程序时,如果未给出补偿向量,则是按定位点到测量点的连线方向进行补偿,这样经常导致测量结果有 0.1～0.3mm 的误差。所以自动测量点的坐标时,更应注意给定补偿向量。

3. 线的测量

测线一般用于建坐标轴。在测量直线时有两种补偿方法。一般情况下按投影面进行补偿。在测量屏幕上选出测量线所在的平面,如 *X-Y* 平面等,测量之后系统会沿着平面法线方向进行补偿。这种补偿方法是选取与所选投影平面平行且与直线本身垂直的方向。

当线处于斜平面内的时候,其补偿要用到补偿向量。补偿向量的方向是平面法矢的反矢量。要补偿一条线,其斜面法矢必须预先设定。

4. 与坐标轴有关元素的测量

在测量圆、椭圆、圆槽、方槽时,由于这些元素属于平面元素,其测量必须在其投影平面内进行才能得到正确尺寸。其测量结果 *CX*、*CY*、*CZ* 是沿轴线的,尺寸计算也是沿着垂直轴线方向进行的。如第一轴,其方向垂直于元素的投影面。测量三阶平面时,要输入距离,其正负判断方法为:点到平面的方向与测量方向一致时为正,反之为负。

5. 其他元素的测量

除了点、线、圆、椭圆、圆槽、方槽之外的其他元素都是空间基本几何元素,在测量时不必人为地去考虑补偿方向的问题，系统在计算其相关几何参数时将自动补偿。

3.2.5 元素的相关关系

元素的关系包括：距离、相交、中间元素、投影、角度5个部分。

（1）距离：共有8个宏过程，列出了求距离的多种情形。其过程引导测量，然后自动求出结果。其中距离有二维、三维差别，二维是在所选投影面内求出的，三维是空间的。二维有点—点，点—线距离。二维测量时注意选择投影面。

（2）相交：共有14个宏过程，含义一目了然。最后3个线—线相交，寓意是分别求在*X-Y*、*Y-Z*、*Z-X*三个面内的交点及交角。求相交关系时，如果元素未相交，一般计算相距最近的两个点，分别存储在WM1、WM2中，如果线性元素未相交，则求出线上相距最近的两个点的中间点。

（3）中间元素：共有6个宏过程，主要是求对称点、对称线、对称面。其过程为点—点，线—线，面—面，点—线和点—面中点，线—面投影的中间线。

（4）投影：主要有3个宏过程，即点—线，点—面，线—面投影。

（5）角度：其宏过程有9个。角度关系是在自动进行相交或投影之后得到的交点及交角。4个线—线过程，即空间和交角计算处于*X-Y*、*Y-Z*、*Z-X*平面时的情形。另4个是线—面，面—面及用圆柱轴线代替直线时的线—线，线—面交点及交角，最后一个是两对圆心连线交点及交角。

在宏过程执行时，存储器和块号不可更改，被测元素测量及其关系结果存在最后10个寄存器中。用自由过程时，所有几何关系都在三维空间进行计算（尤其是距离），若用二维需选2D和pro.plane（投影平面）。

3.2.6 形位公差的设置

通过对形位公差的设置，可对被测零件形状公差和位置公差进行检测。形状公差指的是单一实际要素形状所允许的变动量，包括直线度、平面度、圆度（圆柱度、球度、圆锥度）、轮廓度等；位置公差是指关联实际要素的方向或位置对基准所允许的变动量，包括平行度、垂直度、倾斜度、同心度（同轴度）、对称度、位置度和跳动等。

平行度、垂直度、倾斜度3个形位公差均有16种情况，分别是被测元素是圆柱、圆锥、平面，直线和基准分别是圆柱、圆锥、平面直线时的组合。同轴同心度有6种情况，分别是4个同轴度，即圆柱和圆锥各做被测元素和基准时的组合，两个同心度，即圆同心和点同心。位置度有5种情况，一个圆时3个位置度，包括RFS、MMC、LMC及两个圆时的MMC、LMC。

3.2.7 测量数据的导入和导出

目前，大部分企业和行业中已经形成了各自的企业标准与行业标准。为了能够实现不同软件系统之间的数据转换，许多商品化的计算机辅助设计与制造系统都具备多个数据转换接口形式，常见的格式有IGES、STEP、STL、DXF、SET、ECAD等多种输入、输出数据转换格式。其中IGES格式是通常数据转换采用的格式，此种格式的数据由一系列产品的几何信息、结构信息和其他信息组成，大部分信息可以通过计算机辅助设计与制造系统来处理,该格式是可用来处理产品几何模型信息的现代图形交互标准格式之一。

三坐标测量机用于测量时可以直接将测量数据以IGES格式导出,但用于零件的检测数据应该与理论值进行比较才能知道正确与否。传统的方法是将检测数据输出,与图纸或零件数据表进行比较,以判断其正确与否。现代的三坐标测量机采用数据模型(理论数据)作为判断检测数据是否正确的依据,可以直接将数据模型导入,在零件的数据模型上单击所要测量的元素作为理论数据,将测得的实际数据与其比较得出判断结论。

3.3 肥皂盒三坐标测量

3.3.1 实物分析及测量方案制订

1. 规划测量方案

测量规划的目的是精确而又高效地采集数据。精确是指所采集的数据足够反映样件的特征,而不会产生误解;高效是指在能够正确表示产品特性的情况下,所采集的数据尽量少,所走过的路径尽量短,所花费的时间尽量少。采集产品数据有一条基本的原则:沿着特征方向走,顺着法向方向采集。就好比火车,沿着轨道走,顺着枕木采集数据信息。这是一般原则,实践中应根据具体产品和逆向工程软件来定。主要有下面两种方法。

(1) 规则形状的数据采集规划。对于规则形状,诸如点、直线、圆弧、平面、圆柱、球等,也包括扩展的规则形状,如双曲线、螺旋线、齿轮、凸轮等,数据采集多用精度高的接触式式探头,依据数学上定义这些元素所需的点信息进行测量规划。虽然一些产品的形状可归结为某种特征,但现实产品不可能是理论形状,加工、使用、环境的不同也影响产品的形状。作为逆向工程的测量规划,就不能仅停留在"特征"的抽取上,更应考虑产品的变化趋势,即分析形位公差。

(2) 自由曲面的数据采集规划。对于自由曲面,多采用非接触式探头或接触式与非接触式相结合的方法来测量。原则上,要描述自由形状的产品,只要记录足够的数据点信息即可,但很难评判数据点是否足够;在实际数据采集规划中,多依据工件的整体和流向,顺着特征走。法向特征的数据采集规划,对局部变化较大的地方,仍采用这一原则进行分块补充。

图3-10为本课题要测量的肥皂盒实物模型,最大轮廓外形尺寸约为145mm×100mm×35mm。肥皂盒实物模型结构左右完全对称,在工件坐标系建立准确的情况下,可只测量二分之一外形轮廓,导入CAD造型设计软件系统后再对三维数字模型作镜像处理即可。另外,由于产品壁厚均匀,且背部特征比较多,可以只测量产品背部特征轮廓,在CAD造型设计软件中构建出产品背部曲面后,直接增厚即可重构出外表面,这样可以减少测量的特征数量,同时大大提高测量速度。

肥皂盒模型由若干个具有不同几何特征的自由曲面组成,测量时将考虑在模型上分成几个区域分别进行扫描测量。测量区域的划分,既要便于测量,又要便于今后建立数学模型。观察和分析后发现，肥皂盒模型大致可分为以下几个区域：①外轮廓特征；②圆角特征；③凹坑特征；④底面特征；⑤漏水孔特征；⑥圆柱特征；⑦加强筋特征。各区域分布如图 3-10 所示。

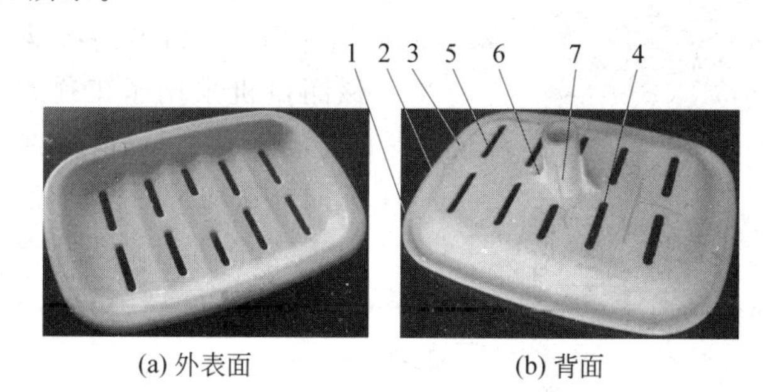

(a) 外表面　　(b) 背面

图 3-10　肥皂盒实物模型

1—外轮廓特征；2—圆角特征；3—凹坑特征；4—底面特征；5—漏水孔特征；6—圆柱特征；7—加强筋特征

测量时将按上述编号顺序分别对这几部分区域进行逐一扫描，对其中相连的曲面，如 2、3、4、7 部分可以当成一个整体进行连续扫描，而针对两个曲面的交接处曲率变化较大的现象，可在设置扫描测量方法的参数中加以考虑。

2. 确定测量基准

为了在对产品模型进行重复及连续测量时，有统一的参照系统，应首先在模型上确定可作为基准的特征。基准的选择通常考虑以下因素。

(1) 基准元素要能最大限度地包含需要测量的元素特征，以确保每个测量元素受坐标系基准的影响最小。

(2) 应尽量使设计基准、制造基准和测量基准统一。

(3) 作为基准的平面必须是精加工面，因为粗糙的表面会影响测量精度，导致测量累积误差和基准误差加大。

经过对肥皂盒模型进行分析，肥皂盒模型的底面除了中间的波浪过渡曲面外，基本曲面是一个大平面，因此，确定肥皂盒模型底平面作为测量基准 1，测量如图 3-11 所示的三角形位置附近 3 个以上的点即可确定该平面；左右两侧的漏水孔是平面并且左右对称，如图 3-11 中圆形位置所示，将最靠近边缘的其中两个漏水孔的圆角处构建整圆，两个圆心的连线作为测量基准 2，将中间圆柱的上表面圆作为测量基准 3，如图 3-11 所示。

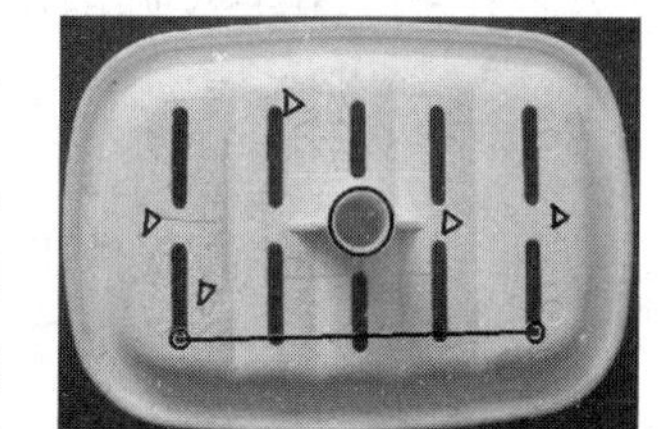

图 3-11　肥皂盒测量基准

3.3.2　测量系统构成

1. 测量硬件

本小节采用的测量机是由北京航空精密机械研究所公司生产的 PEARL 型三坐标测

量机(图3-12)。PEARL型三坐标测量机三轴均采用天然花岗岩导轨,灵活的配置和高速控制系统的应用保证了精度的长期稳定性,扫描功能和点测功能的完美结合使之成为中小型零部件检测的最优选择。该机型的特点如下。

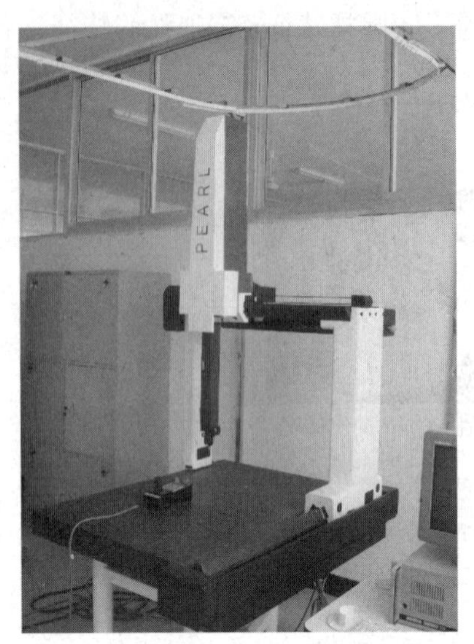

图3-12　PEARL型三坐标测量机

(1) 该测量机采用了工作台固定、龙门运动式结构,保证了测量时平稳、精确的运动。

(2) 三向导轨均采用性能稳定的花岗岩材料。

(3) 内置式平衡汽缸采用气压平衡 Z 轴的重量,结构简单,性能可靠、稳定,且测量机的外形小巧、美观。

(4) X、Y、Z 三向空气轴承均为"全封闭"气垫设计,极大地提高了整机的运动刚度,进而提高了测量机的测量精度,Y、Z 两向为全刚性气垫设计,提高了测量机的运动平稳性。

(5) 此型测量机的支撑部件采用"三点复式支撑方式",提高了支撑的刚性及稳定性,保证了测量机运动的平稳性。

(6) 三个轴均采用英国Renishaw公司光栅检测系统。

(7) 独特的气垫设计,精密气垫配以小孔节流技术,合理的气室和导气槽,使得测量机运动平稳、重复性高。

(8) 以一流的精密加工、超精密加工技术为保证,使零部件达到较高的精度。

(9) 检测结果的快速处理使得测量任务可以快速变换。

(10) 便于进行手动工件的装夹,可选配自动工件上下料系统,因此测量机也可以集成为自动化生产线的组成部分。

(11) 最优化的设计理念,保证了更长的使用寿命和无故障操作。

(12) 简捷、用户友好的操作。

2. 测量软件

测量系统配备的软件PC-DMIS是一种交互式图形测量软件包,可与市面上任何CAD系统相连接。使用功能上,操作者可利用原始设计数据产生在线及脱机检测程序,或由实物模型产生CAD三维数字模型。同时,PC-DMIS软件所具有的CAD编译器(DCT)选项,使PC-DMIS软件能针对CATIA、Pro/E和UG等CAD系统提供直接CAD编译器功能。这种功能使得系统对测量得到的三维数据的转换、传输工作变得更加方便和直接。

具备强大CAD功能的通用计量与检测软件PC-DMIS,为几何量测量的需要提供了完美的解决方案。从简单的箱体类工件一直到复杂的轮廓和曲面,PC-DMIS软件使测量过程始终以高速、高效率和高精度进行。这一完善的测量软件,通过简捷的用户界面,引导使用者进行零件编程、参数设置和工件检测。同时,利用其一体化的图形功能,能够将检测数据生成可视化的图形报告。

3.3.3　新建测量程序

启动PC-DMIS测量软件，弹出PC-DMIS系统运行界面(图3-13)，如果有以前创建的测量程序，可从对话框中直接加载。如果要新建程序，选择“文件→新建”命令，在文件列表栏中输入新建的文件名，“接口”项目栏选择“联机”，“测量单位”选择“毫米”，单击“确定”按钮后，生成新的程序文件，如图3-14所示。

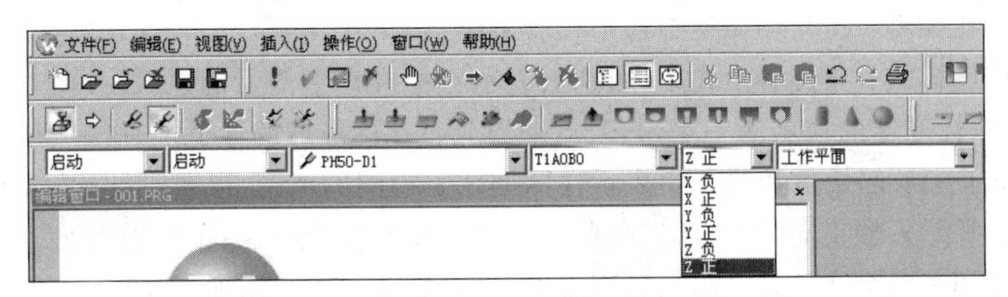

图3-13　PC-DMIS系统运行界面

3.3.4　定义测头文件

如前所述，根据测量对象定义测头文件名为“肥皂盒模型”。定义测头文件中的测头角度时，须考虑满足对肥皂盒模型进行各个方向扫描的需要。根据以上对肥皂盒模型的实物分析，已获知需要设定的角度为A0B0、A45B180、A45B90、A45B-90。设置的方式为在菜单中选择“插入”→“硬件定义”→“测头”命令，弹出“测头功能”对话框，如图3-15所示。

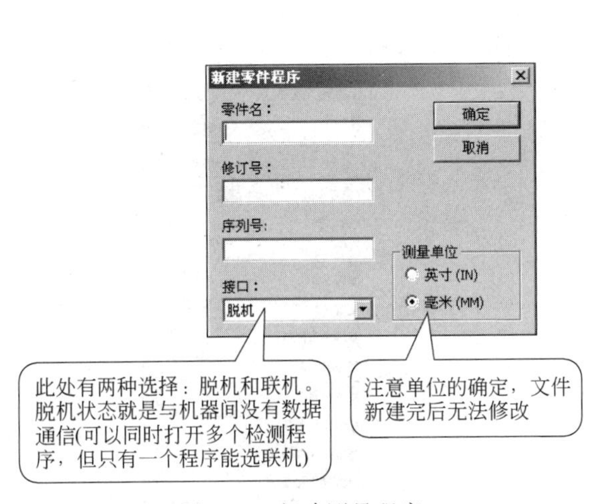

图3-14　新建测量程序

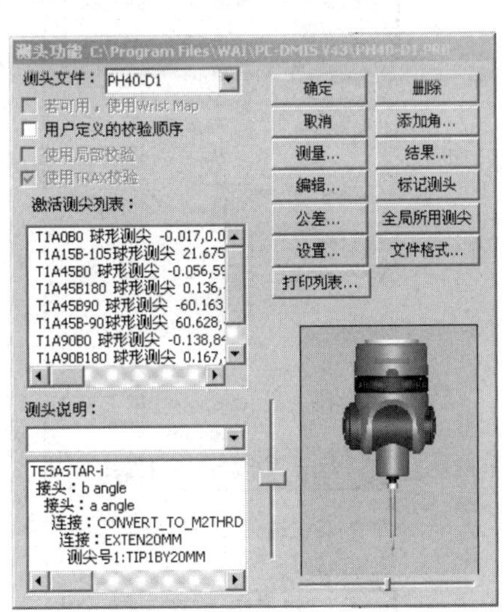

图3-15　“测头功能”对话框

在“测头文件”栏里输入PH40-D1，在左侧的说明栏里添加目前测量机上现有的测头。在“测头功能”对话框中单击“添加角”按钮，打开“添加新角”功能对话框，在各个角的数据一栏中，显示默认值A0B0。输入A45、B180，再单击“添加角”按钮，在新角列表中出现A45B180；同样输入A45、B90，出现A45B90。同理，设置其他角度，然后单击“确定”按钮。在“测头功能”对话框左侧的活动测尖列表中即可看到刚设置好的不同角度的需要标定的测头角度。

单击“测量”按钮,进入“校验测头”对话框,对需要的测头角度进行校验,如图3-16所示。

(1) 测量点数:在测量点数栏里输入在标准球上测量的点数,最少输入5点。

(2) 逼近/回退距离:逼近/回退距离表示测头测点时的逼近和回退距离;移动速度和接触速度输入的是默认运动速度的百分比。移动速度一般选择在20%～30%,接触速度小于3%。

(3) 操作类型:在操作类型中选中校验测尖。

(4) 校验模式:在校验模式中,级别数表示在标准球上测量的层数,在默认模式下一般取2,即在标准球的顶点测一点,其余点平均分布在标准球的赤道上。

(5) 起止角:起始角和终止角表示在标准球上检测的范围,沿逆时针旋转,水平X轴正向为0°,垂直Y轴正向为+90°。在默认模式下起始角为0°,终止角为+90°。

(6) 可用工具列表:在可用工具列表中,可对标准球进行添加、删除和编辑。

单击“编辑”工具,出现“编辑工具”对话框,如图3-17所示。

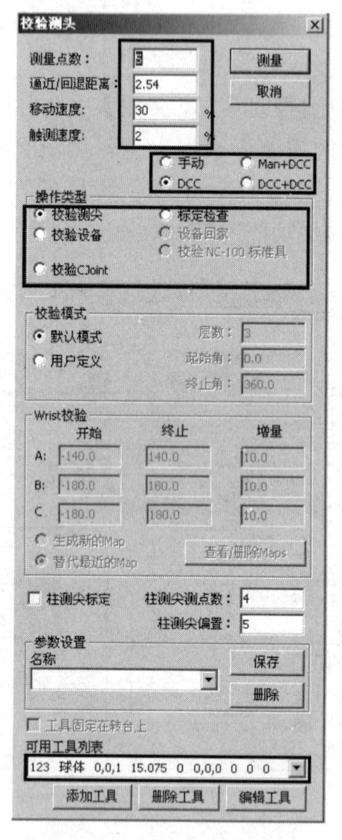

图3-16 测头参数设定图

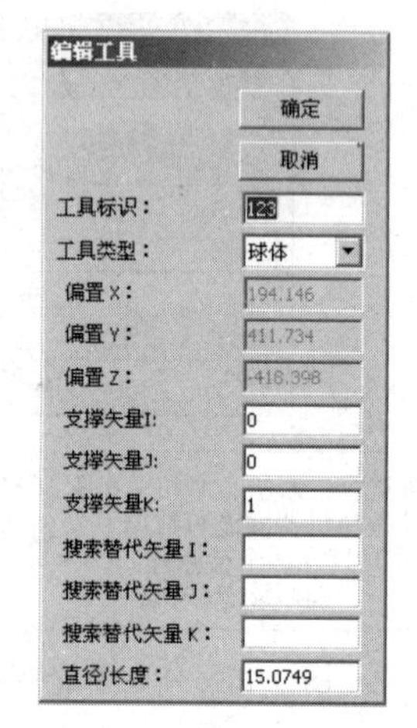

图3-17 “编辑工具”对话框

(1) 工具标识:在工具标识中输入名称。

(2) 工具类型:在“工具类型”栏中,根据所使用的类型选择,一般使用球体。

(3) 支撑矢量:支撑矢量是指通过标准球支撑杆的轴线并通过标准球的方向。

(4) 在“直径/长度”栏里,键入已选标准球的直径,单击“确定”按钮。

完成以上设定后，按图 3-18 提示选"是否要测量所有测头尖"。

完成以上设定后，PC-DMIS 系统将询问标定工具是否移动过(图 3-19)。

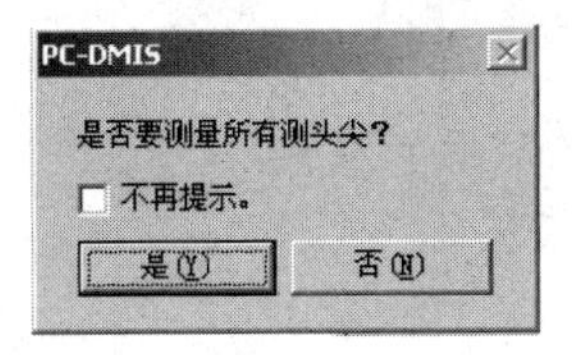

图 3-18 "是否要测量所有测头尖?"对话框

图 3-19 "标定工具是否被移动"对话框

(1) 若是首次校验或标准球被移动过，即回答"是"。

若选择手动方式，在提示下校验测头。

若选择自动方式，要求手动在标准球的垂直方向上测一点，对应 A0B0 方向的测头，需要在标准球的顶部测一点，然后进行自动校验。

(2) 如果标准球未动过，则回答"否"，测量机将按照前次校验的位置进行自动校验。校验完毕后，可单击"测头功能"对话框中的"结果"按钮，打开"校验结果"对话框(图 3-20)，查看测头校验的结果，根据这个结果判断校验的精度。

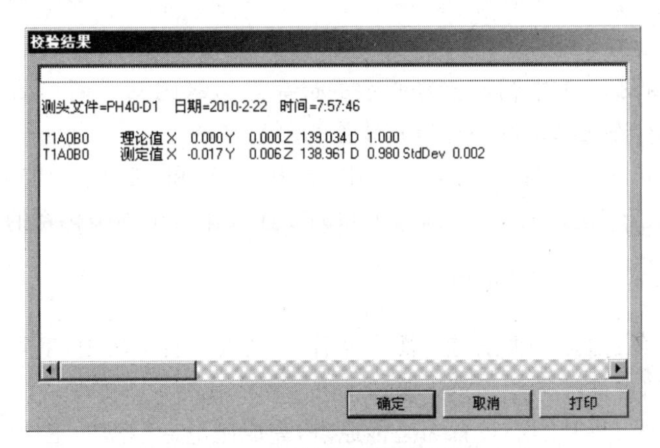

图 3-20 "校验结果"对话框

3.3.5 构造测量基准并建立工件坐标系

在实物分析及测量方案制订中，已针对肥皂盒模型进行相应的基准分析与选择，确定肥皂盒模型底平面、两个漏水孔的圆角处两个圆心的连线和中间圆柱的上表面圆作为测量基准。

下面采用 6 点找正法，即 3-2-1 方法对工件找正，建立肥皂盒模型工件测量坐标系。

1. 确定 *Z* 轴(*X-Y* 平面)

(1) 在肥皂盒模型底平面用手动方式检测 3 点以上的点，测量如图 3-11 所示的三角形位置附近 3 个以上的点即可确定该平面，得到测量基准平面 1。选择"插入"→"坐标系"→"新建"命令，弹出"坐标系功能"操作界面，如图 3-21 所示，选择"平面 1"，设置第一坐标轴为 *Z* 轴，方向向上为正。

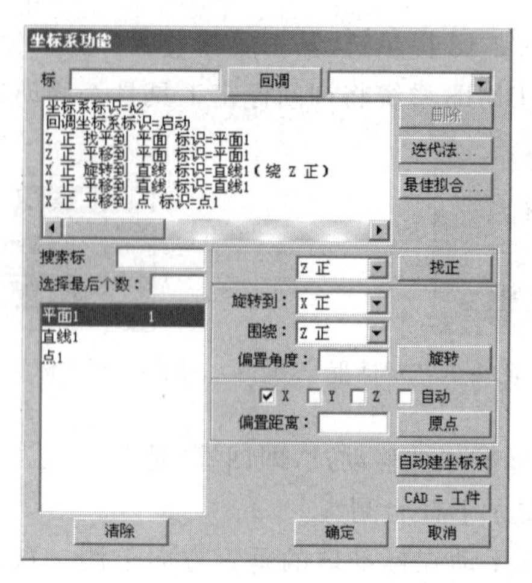

图 3-21 “坐标系功能”对话框

(2) 单击“找正”按钮，确定第一轴的正向，再选“平面 1”，作为 Z 方向的水平原点，单击“确定”按钮，系统将以垂直平面 1 为 Z 轴的方向，水平原点向上为 Z 轴的正向。

2. 构造 X 轴

(1) 分别在如图 3-11 中圆形位置所示的最靠近边缘的其中两个漏水孔的圆角处构建整圆圆 1 和圆 2，连接两个圆心构造直线作为测量基准。

(2) 在“坐标系功能”对话框(图 3-22)中，选中“圆 1”和“圆 2”，指定旋转到“X 正”，围绕“Z 正”，单击“旋转”按钮，系统将以圆 1 和圆 2 连线作为工件坐标系的 X 轴。

3. 确定 X 基准平面及坐标原点

(1) 在第一、第二轴(Z 轴、X 轴)被确定后，Y 轴根据右手法则，垂直于第一轴和第二轴组成的平面的轴也被唯一地确定下来。

(2) 选中“圆 1”，将其圆心设置为坐标原点，完成肥皂盒模型的工件坐标系的构建，如图 3-23 所示。

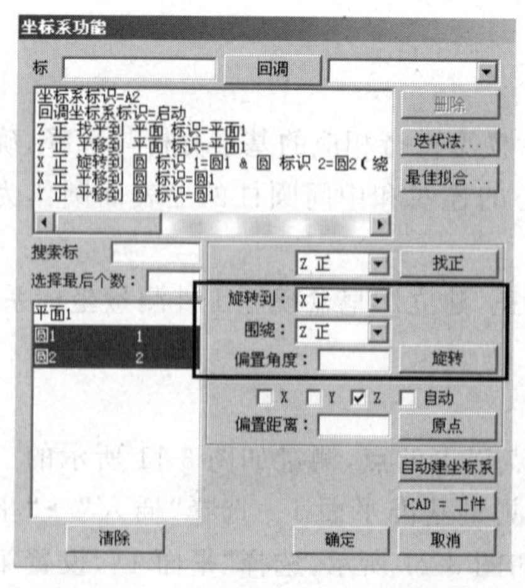

图 3-22 构造坐标系 X 轴

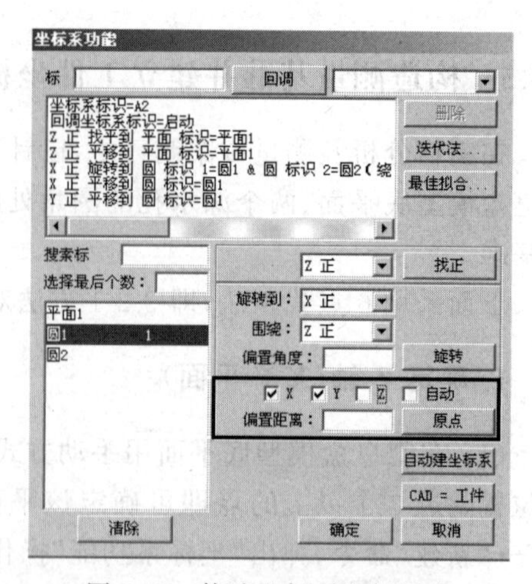

图 3-23 构造坐标系坐标原点

3.3.6　分区域测量

所谓零件扫描，是指用测头在零件上通过不同的触测方式，采集零件表面数据信息，用于零件精度分析或CAD建模。由于该肥皂盒零件比较简单，在三个方向分别测量几个截面即可，根据前面制定的测量方案进行测量(图3-24)。

首先锁定Y轴在零位，测量X-Z平面内的点云，也就是肥皂盒前后中心面的点云，包括圆角特征、凹坑特征、圆柱特征、加强筋特征，由于中间截面无法测量到底面的部分波纹状截面，所以移动Y轴到$Y=20$mm的位置，再测量一截面即可，测量结果如图3-25所示。

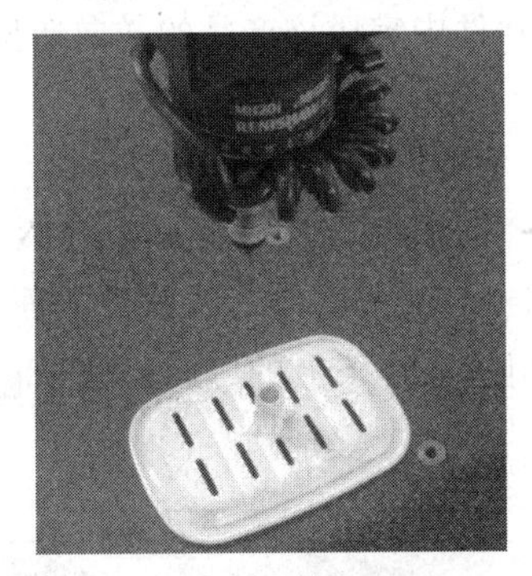

图3-24　肥皂盒测量

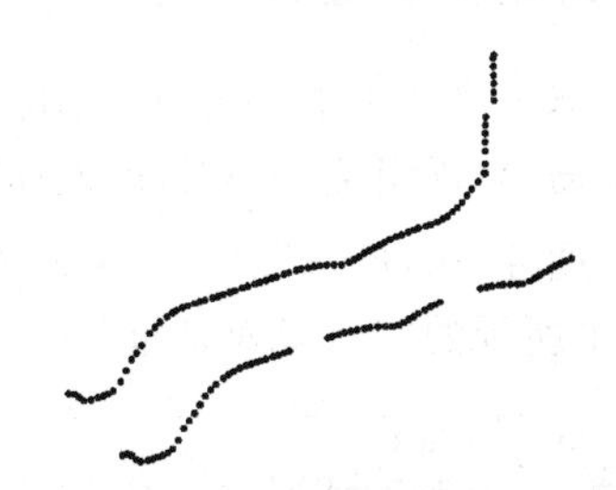

图3-25　X-Z截面点云

锁定X轴在零位，测量Y-Z平面内的点云，也就是肥皂盒左右中心面的点云，包括圆角特征、凹坑特征、圆柱特征、加强筋特征，测量结果如图3-26所示。

分别锁定Z轴在不同位置，测量X-Y截面的不同点云，也就是外轮廓的不同截面点云，测量结果如图3-27所示。圆柱特征可以直接在同一水平面测量3点构造整圆即可，漏水孔的截面点云测量结果如图3-28所示。最终得到的完整的肥皂盒点云如图3-29所示。

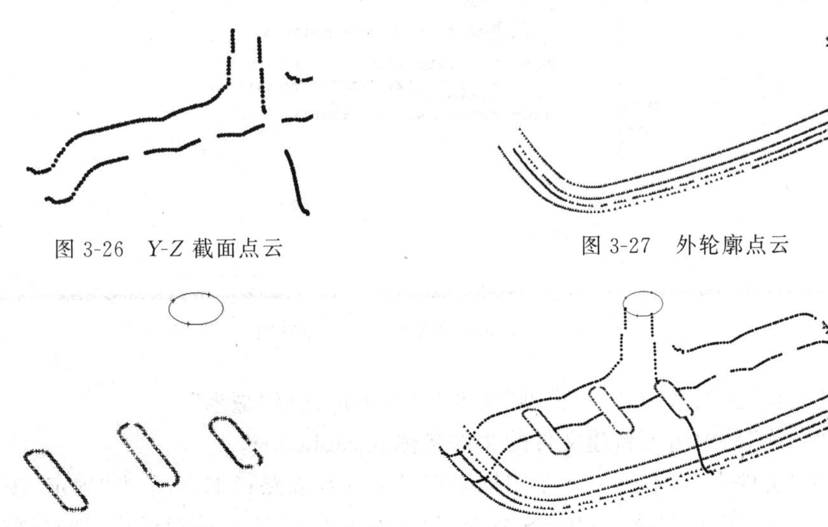

图3-26　Y-Z截面点云

图3-27　外轮廓点云

图3-28　漏水孔点云

图3-29　完整的肥皂盒点云

3.3.7 测量数据导出

肥皂盒模型扫描完成后,为了转入 CAD 软件中继续完成三维几何建模,需要把测量结果以合适的数据格式输出到指定的目录中。

单击“文件”→“导出”命令,弹出“导出数据”对话框,输入文件名 Feizaohe,目标文件夹在 E 盘,“数据格式”选择为“IGES 格式”。

3.4 肥皂盒逆向造型设计

根据第 3.3 节测量得到的肥皂盒点云,可以在 UG 软件中完成该产品的逆向造型设计。

3.4.1 新建肥皂盒模型文件

(1) 双击桌面上的 NX 10.0 图标或选择“开始”→“所有程序”→Siemens NX 10.0→NX 10.0 命令,即可启动 NX,进入如图 3-30 所示的 Siemens NX 10.0 的软件界面。

(2) 选择“文件”→“新建”命令,或者直接单击“标准”工具条上的“新建”图标,出现如图 3-31 所示的“新建”对话框。

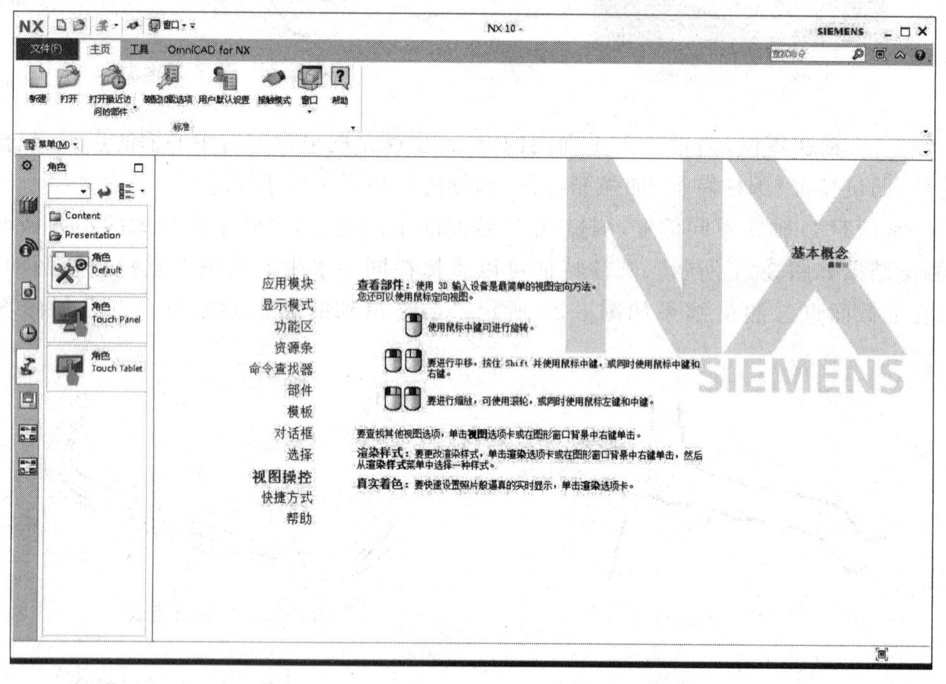

图 3-30 Siemens NX 6.0 的软件界面

(3) 在“模板”选项卡中选择“模型”文件类型,单位选择“毫米”。

(4) 在“名称”栏中输入新建文件的文件名称 feizaohe.prt。

(5) 单击“文件夹”栏右侧的命令图标来定义文件存放路径 E:\,单击“确定”按钮。

(6) 选择“文件”→“导入”→IGES 命令,弹出如图 3-32 所示的对话框,选择肥皂盒点云的位置,单击“确定”按钮即可将三坐标测量的点云导入 NX 软件,如图 3-33 所示。

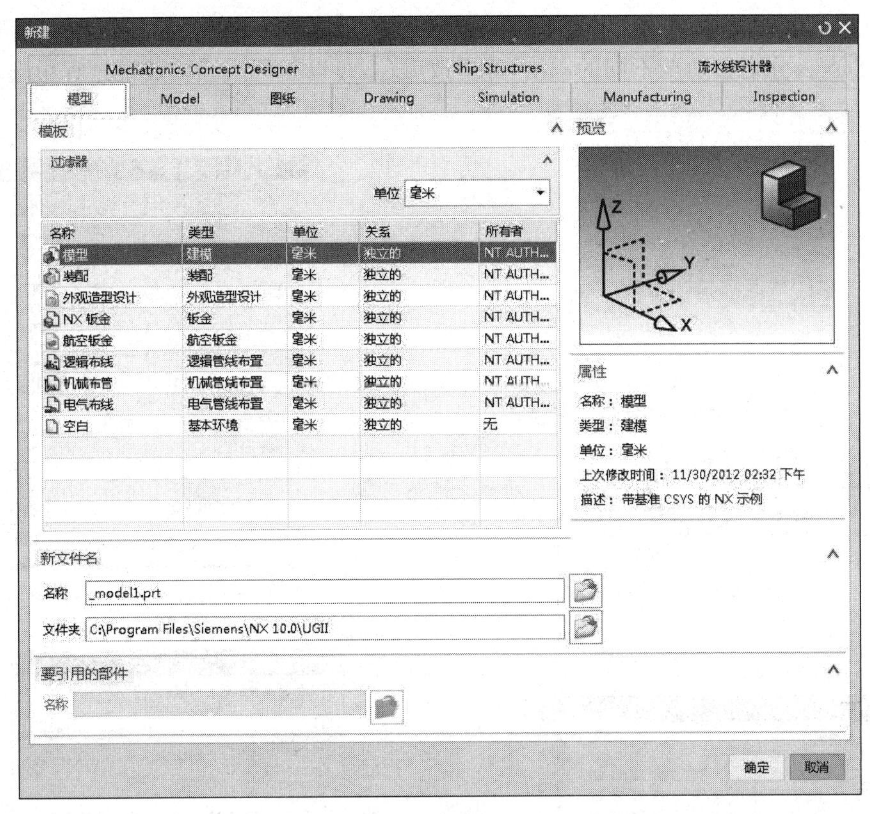

图 3-31　“新建”对话框

图 3-32　导入 IGES 对话框

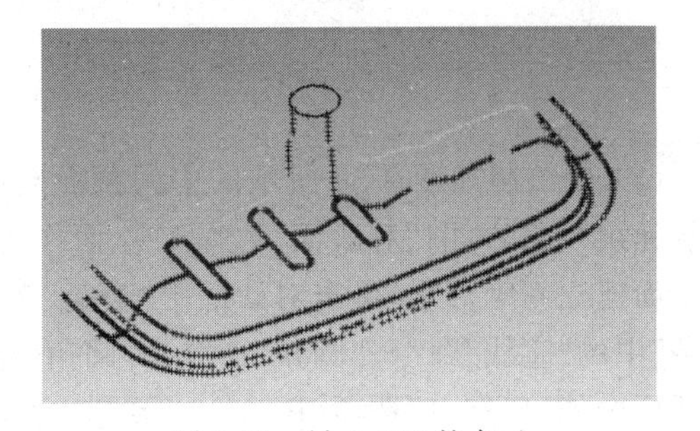

图 3-33　导入 NX 的点云

3.4.2　主体曲面特征构建

(1) 鼠标框选如图 3-34 所示的中间截面点云，选择“编辑”→“对象显示”命令，弹出如图 3-35 所示的“编辑对象显示”对话框，在“颜色”选项后单击，弹出如图 3-36 所示的“颜色”对话框，选择需要设置的颜色，单击“确定”按钮，完成点云颜色的更改，选择“格式”→“移动至图层”命令，弹出如图 3-37 所示的“图层移动”对话框，在“目标图层或类别”处输入

11,将所选点云移动至 11 层,单击“确定”按钮,完成点云图层的更改。同样的方法,将不同截面的点云分别移动至不同的图层,并更改颜色,可以方便后续的建模过程中选取和识别操作。

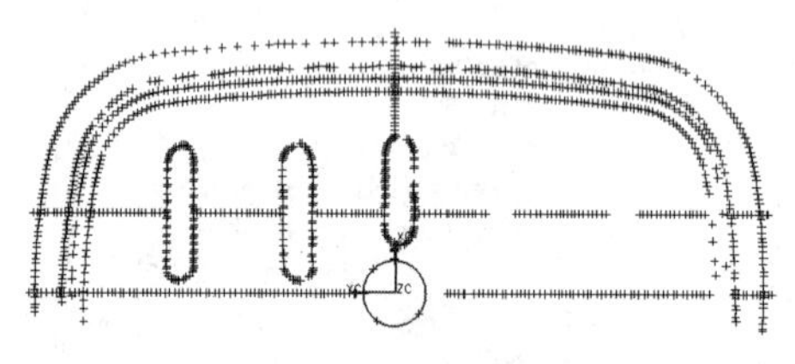

图 3-34 选取点云

图 3-35 “编辑对象显示”对话框

图 3-36 “颜色”对话框

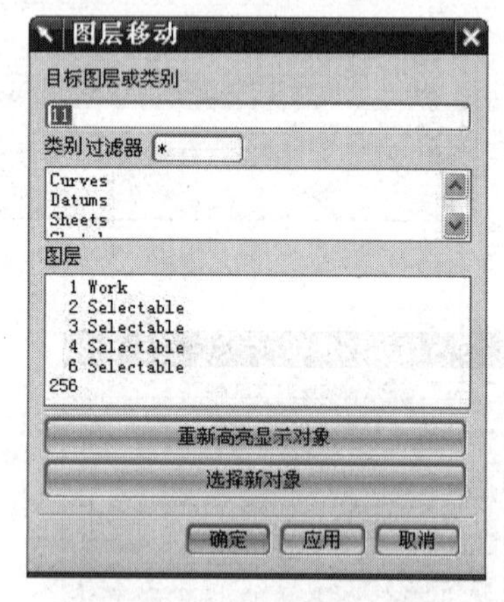

图 3-37 “图层移动”对话框

(2) 先绘制如图 3-38 所示的中间截面轮廓,单击“特征工具条”中的“草图”按钮,系统弹出“创建草图”对话框,选择 Y-Z 面作为草图绘制平面,系统依据新选择的草图绘制平面建立新坐标系,单击对话框中“确定”按钮,进入草图绘制界面。分别选择“草图工具条”中的“直线”命令、“圆弧”命令和“圆角”命令绘制图形,绘制过程中,打开“对象捕捉”对话框中的“现有点”选项(图 3-39),约束绘制的直线和圆弧在点云数据上,图形绘制好以后如图 3-40 所示。完成后单击“草图生成器”中“完成草图”按钮。

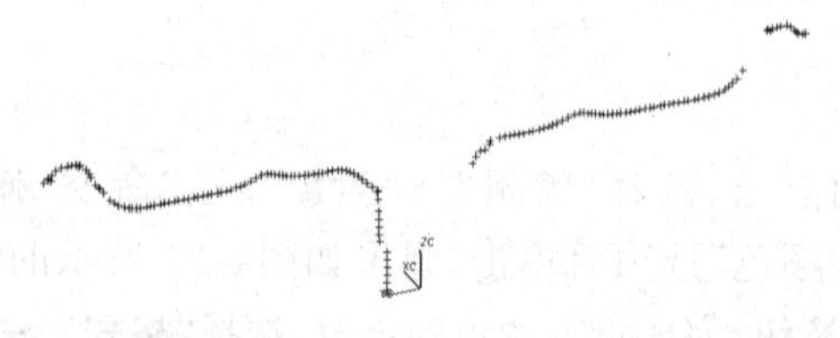

图 3-38 中间截面轮廓点云

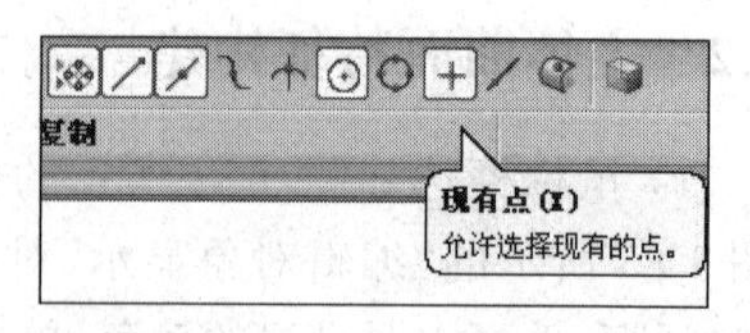

图 3-39 对象捕捉“现有点”

（3）选择“特性”工具条中的“拉伸”命令，系统弹出“拉伸”对话框，选择刚刚绘制好的中间截面轮廓草图，在“拉伸”对话框中“限制”选项中设置拉伸方式为“值”，修改距离为56mm，此处的拉伸数值只要根据点云超出外形轮廓即可，没有精确的数值，如图3-41所示，设置选项卡中“体类型”为“片体”，单击“确定”按钮，生成中间截面轮廓曲面。

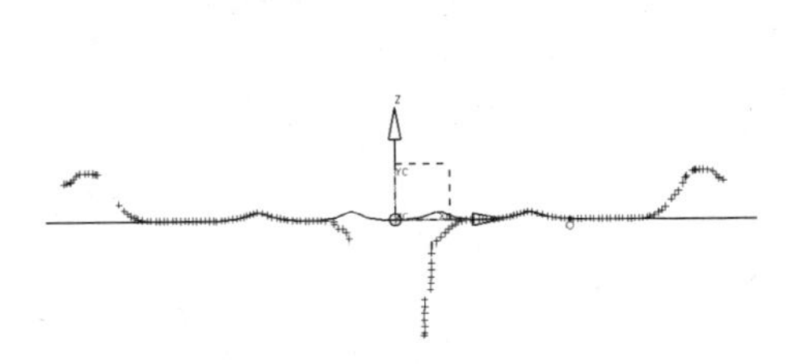

图3-40　绘制中间截面轮廓草图

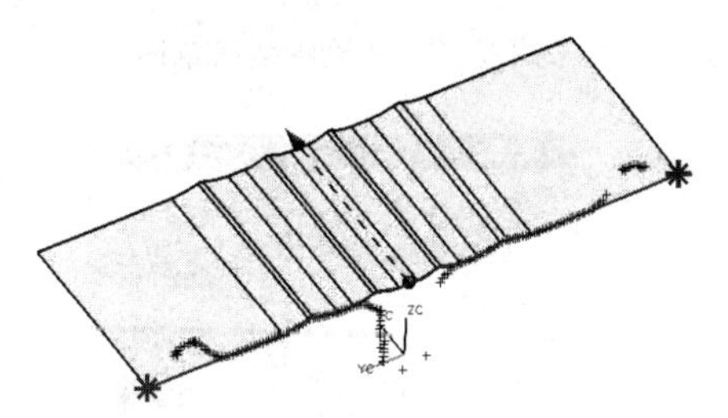

图3-41　拉伸中间截面轮廓曲面

（4）绘制如图3-43所示的外轮廓，首先在需要绘制轮廓的截面点云上选取3个点常见基准平面（图3-42），单击“特征”工具条中的“草图”按钮，系统弹出“创建草图”对话框，选择刚才创建的基准平面作为草图绘制平面，系统依据新选择的草图绘制平面建立新坐标系，单击对话框中“确定”按钮进入绘制草图界面。分别选择“草图工具条”中的“直线”命令、“圆弧”命令和“圆角”命令绘制图形，绘制过程中，打开“对象捕捉”对话框中的“现有点”选项，约束绘制的直线和圆弧在点云数据上，图形绘制好以后如图3-44所示。完成后单击“草图生成器”中“完成草图”按钮。

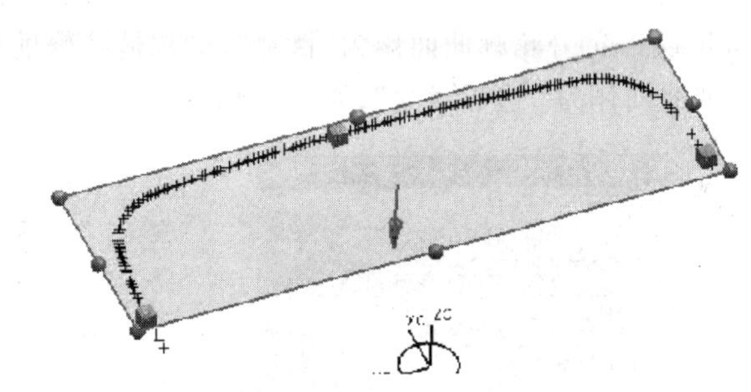

图3-42　创建基准平面

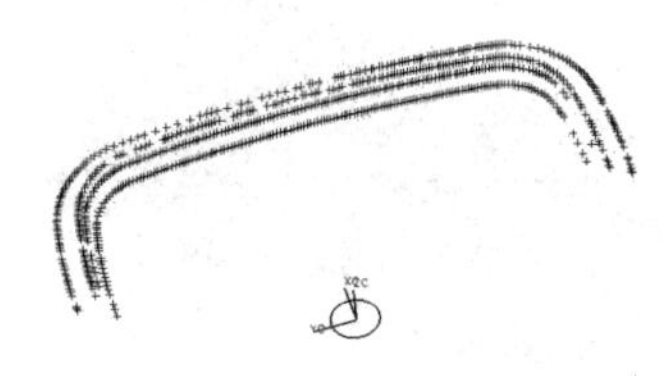

图3-43　外轮廓截面点云

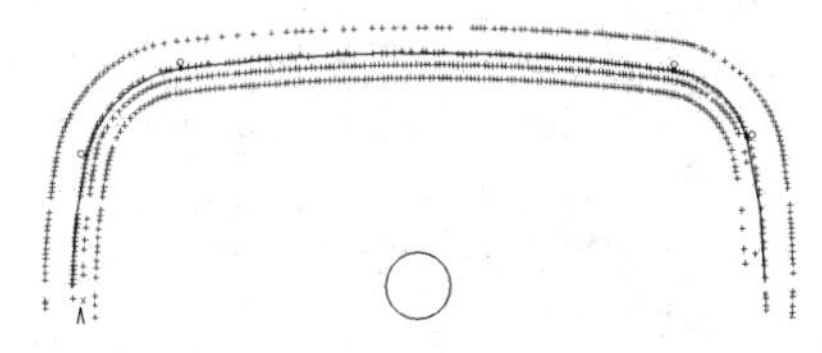

图3-44　外轮廓截面草图1

（5）用同样的方法创建基准平面，并绘制如图3-45所示的外轮廓截面草图，再在Y-Z基准平面上创建如图3-46所示的圆角和凹坑特征截面草图。

（6）单击“曲面”工具条中的“扫掠”按钮，系统弹出“扫掠”对话框，选择图3-46中的圆角和凹坑特征截面草图作为扫掠“截面”，选择图3-44和图3-45中的两个外轮廓截面草图作为扫掠“引导线”，如图3-47所示，单击“确定”按钮，生成外轮廓曲面。

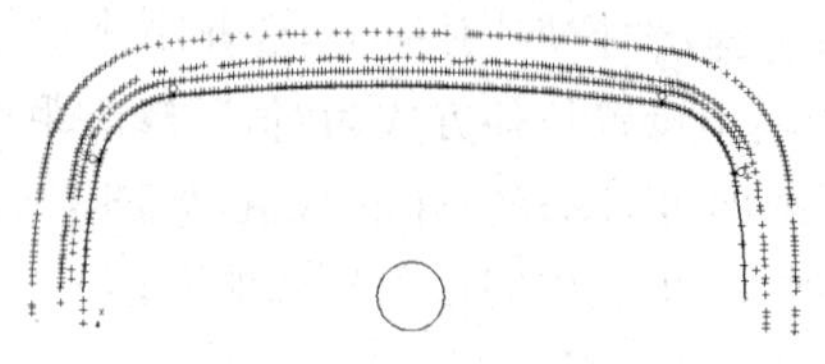

图 3-45　外轮廓截面草图 2

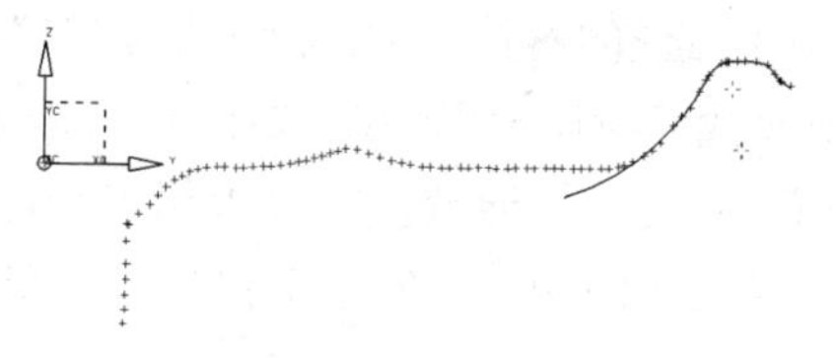

图 3-46　圆角和凹坑特征截面草图

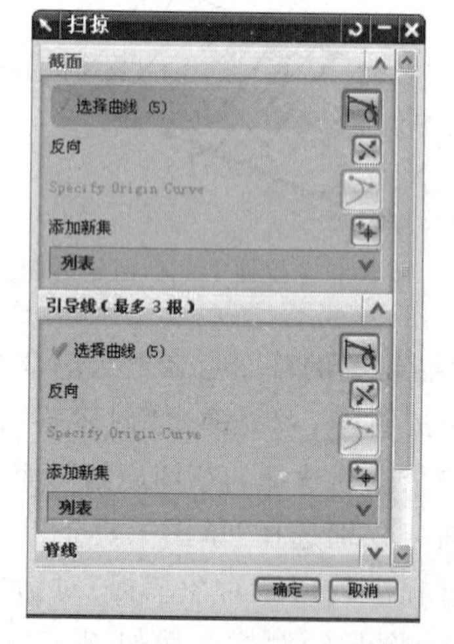

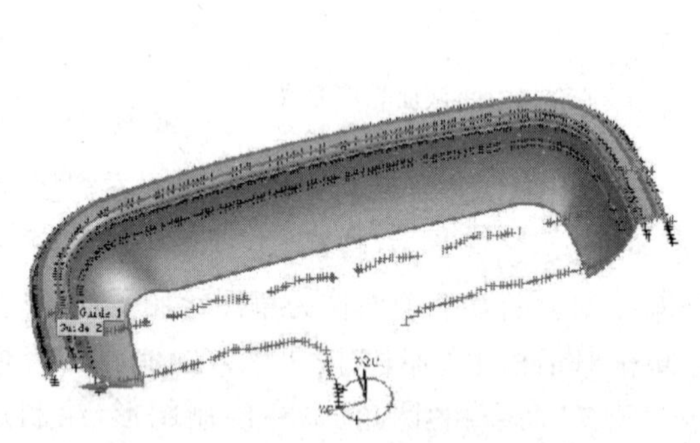

图 3-47　扫掠外轮廓曲面

(7) 单击“曲面”工具条中的“修剪的片体”按钮，系统弹出“修剪的片体”对话框，选择图 3-47 中的外轮廓曲面作为“目标”，也就是被修剪的曲面，选择图 3-41 中的中间截面轮廓拉伸曲面作为 “边界对象”，如图 3-48 所示，单击“确定”按钮，完成外轮廓曲面的修剪。

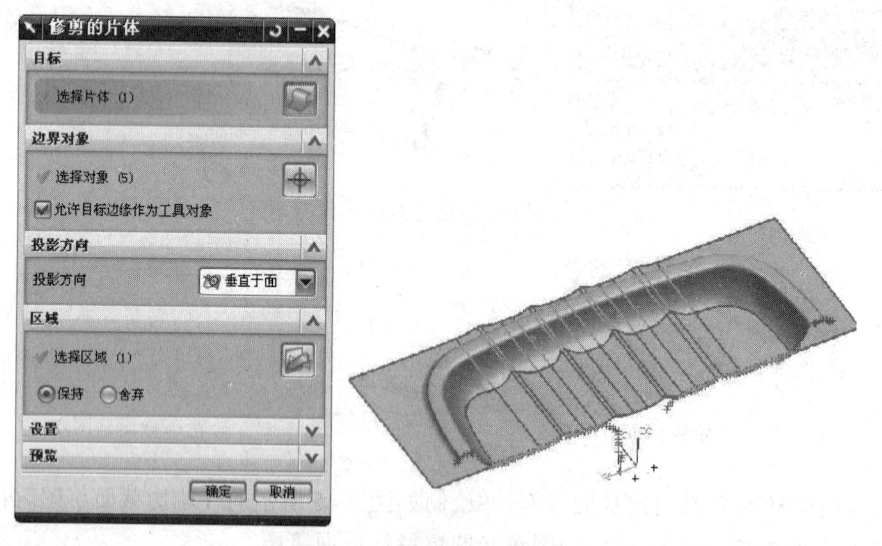

图 3-48　修剪外轮廓曲面

(8) 用同样的方法，如图 3-49 所示，以外轮廓曲面为边界对象，完成底面的修剪。至此，完成了肥皂盒主体曲面的构建。

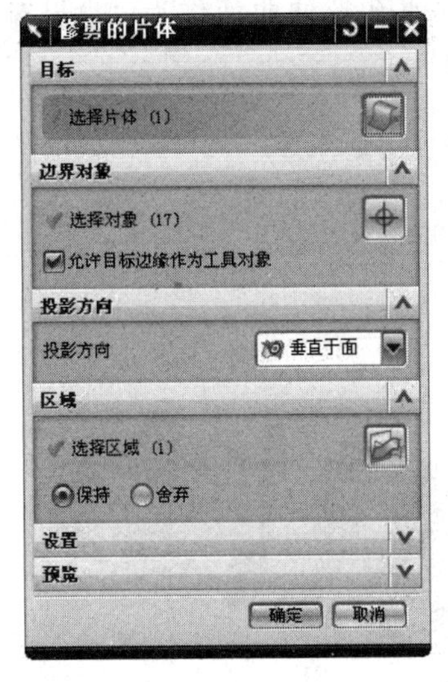

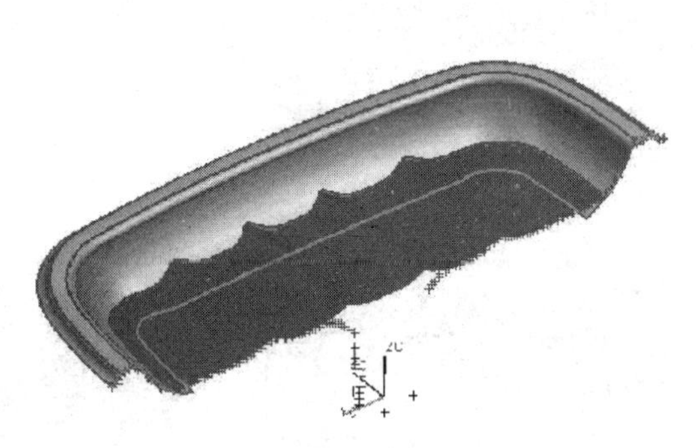

图 3-49　修剪底面

3.4.3　漏水孔特征构建

（1）绘制如图 3-50 所示的漏水孔特征，首先在需要绘制轮廓的截面点云上选取 3 个点创建基准平面，单击“特征工具条”中的“草图”按钮，系统弹出“创建草图”对话框，选择刚才创建的基准平面作为草图绘制平面，系统依据新选择的草图绘制平面建立新坐标系，单击对话框中“确定”按钮进入绘制草图界面。分别选择“草图工具条”中的“直线”命令、“圆弧”命令和“圆角”命令绘制图形，绘制过程中，打开“对象捕捉”对话框中的“现有点”选项，约束绘制的直线和圆弧在点云数据上，图形绘制好以后如图 3-51 所示。完成后单击“草图生成器”中“完成草图”按钮。

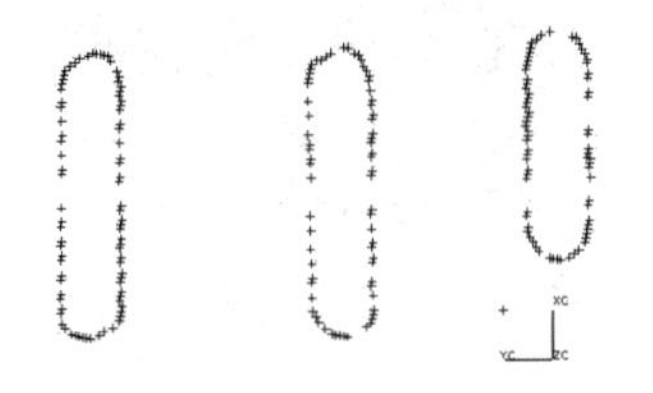

图 3-50　漏水孔特征边界点云

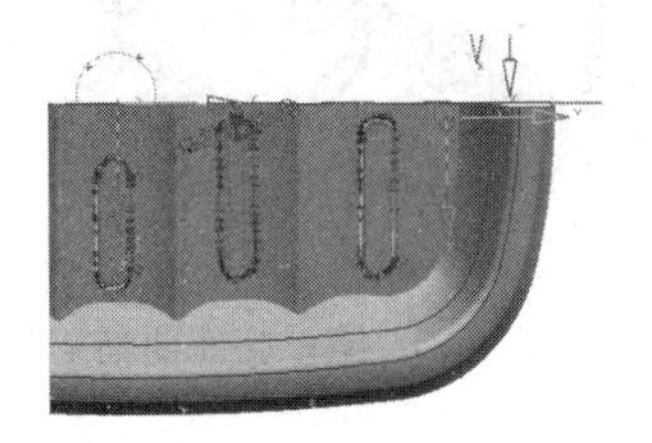

图 3-51　漏水孔边界草图

（2）选择“特性”工具条中的“拉伸”命令，系统弹出“拉伸”对话框，选择刚刚绘制好的中间截面轮廓草图，在“拉伸”对话框中“限制”选项中设置拉伸方式为“值”，修改距离为 28mm，此处的拉伸数值只要根据点云超出外形轮廓即可，没有精确的数值，如图 3-52 所示，设置选项卡中“体类型”为“片体”，单击“确定”按钮，生成漏水孔特征曲面。

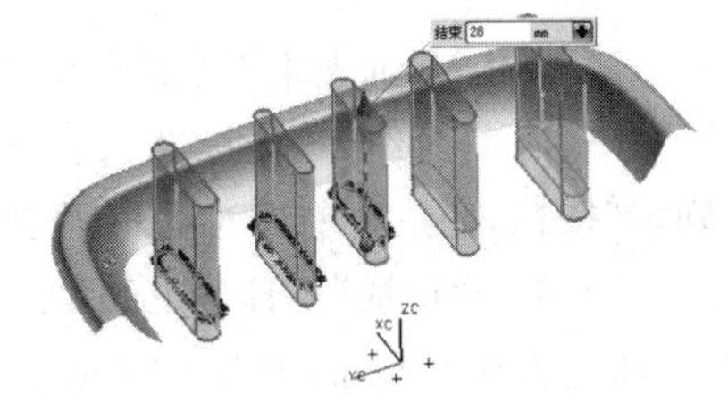

图 3-52　拉伸漏水孔曲面

（3）单击“曲面”工具条中的“修剪的片体”按钮，系统弹出“修剪的片体”对话框，选择底面曲面作为“目标”,也就是被修剪的曲面,选择图 3-52 中的漏水孔拉伸曲面作为“边界对象”,如图 3-53 所示,单击“确定”按钮,完成底面曲面的修剪。

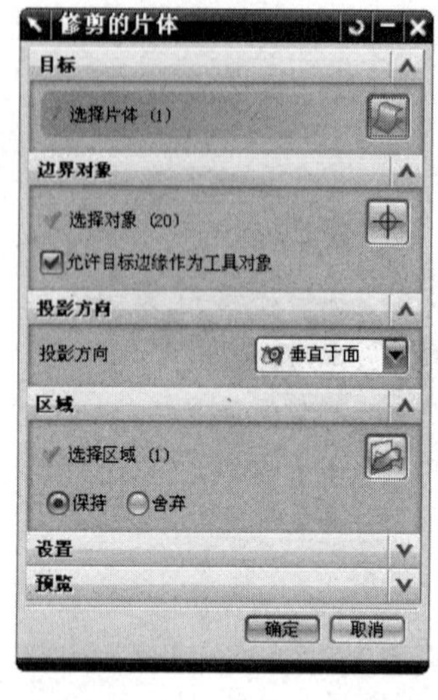

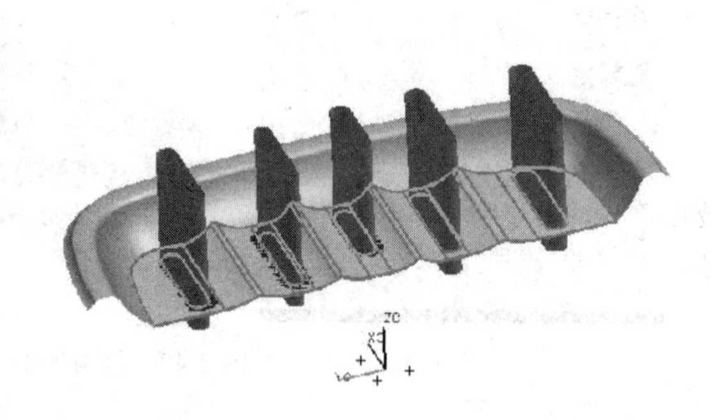

图 3-53　漏水孔特征曲面修剪

(4) 单击“特征操作”工具条中的“镜像特征”命令,系统弹出“镜像特征”对话框,选择上一步修剪完成的底面特征为镜像特征,选择 *X-Z* 平面为镜像平面,单击“确定”按钮生成镜像特征如图 3-54 所示。

(5) 单击“特征操作”工具条中的“镜像特征”命令,系统弹出“镜像特征”对话框,选择外轮廓特征曲面为镜像特征,选择 *X-Z* 平面为镜像平面,单击“确定”按钮生成镜像特征如图 3-55 所示。

图 3-54　镜像底面曲面

图 3-55　镜像外轮廓曲面

(6) 单击“特征操作”工具条中的“面倒圆”按钮,系统弹出“面倒圆”对话框,在对话框“面链”栏里分别选择“外轮廓曲面”和“底面曲面”,在“半径方法”栏里输入“恒定”,“半径”栏里输入 8mm,如图 3-56 所示,单击“确定”按钮,完成圆角的创建。用同样的方法完成另一边圆角的创建。

(7) 单击“特征操作”工具条中的“缝合”按钮,系统弹出“缝合”对话框,选择面倒角后的外轮廓曲面作为“目标”,选择另一半外轮廓曲面作为“刀具”,如图 3-57 所示,单击“确定”按钮,完成左右两半曲面的缝合,至此,完成了完整的主体特征曲面的创建。

(8) 单击“特征”工具条中的“加厚”按钮,系统弹出“加厚”对话框,选择上一步缝合完成的曲面为加厚曲面,如图 3-58 所示,在“厚度”选项“偏置 1”中输入 1.5mm,“偏置 2”中输入 0mm,单击“确定”按钮,完成缝合曲面正向增厚 1.5mm 生成实体,由于之前创建的是肥皂盒

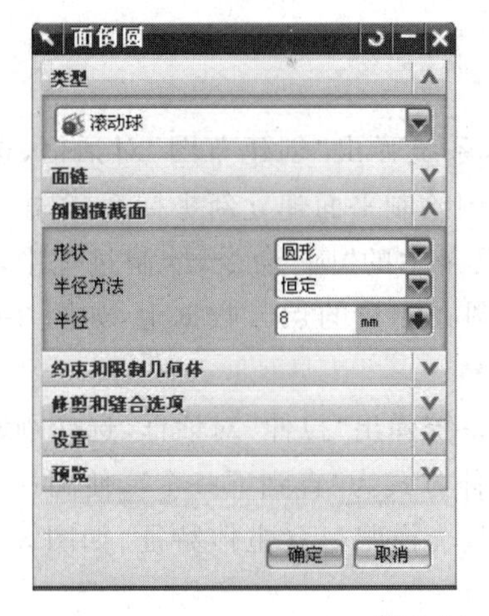

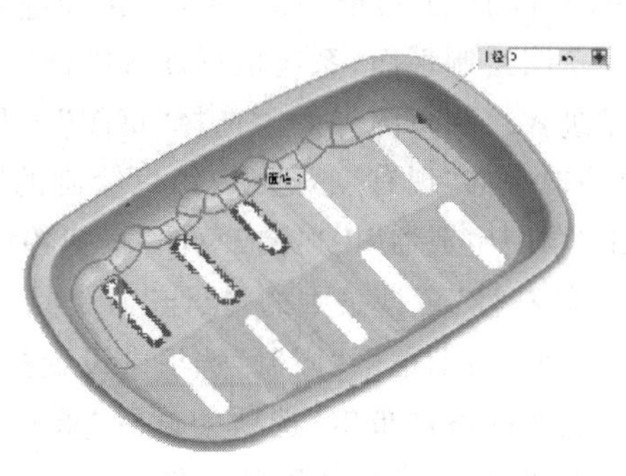

图 3-56　“面倒圆”对话框

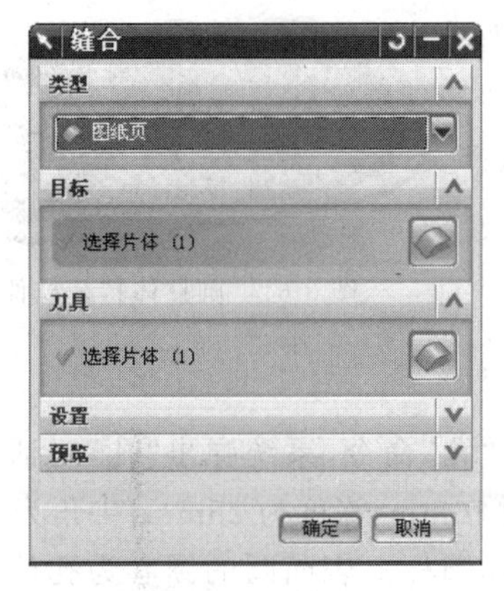

图 3-57　“缝合”对话框

背面,增厚后既完成了肥皂盒实体的创建,同时也得到了肥皂盒的正面曲面。

(9) 单击“特征操作”工具条中的“边倒圆”按钮,系统弹出“边倒圆”对话框,在对话框中半径栏里输入 1mm,选择增厚生成实体的两条外轮廓棱边进行边倒圆角,如图 3-59 所示,单击“确定”按钮,完成圆角的创建。

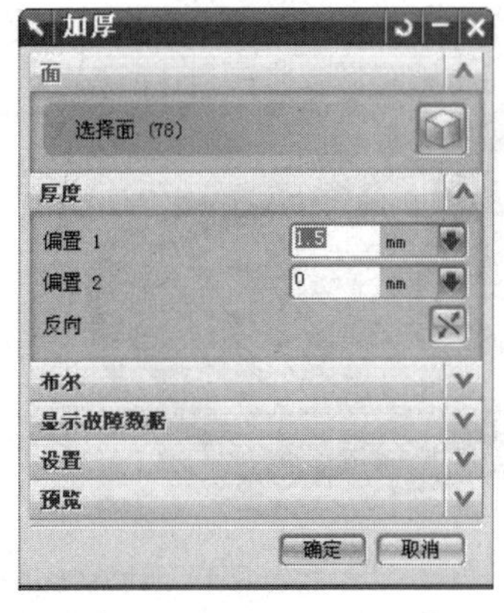

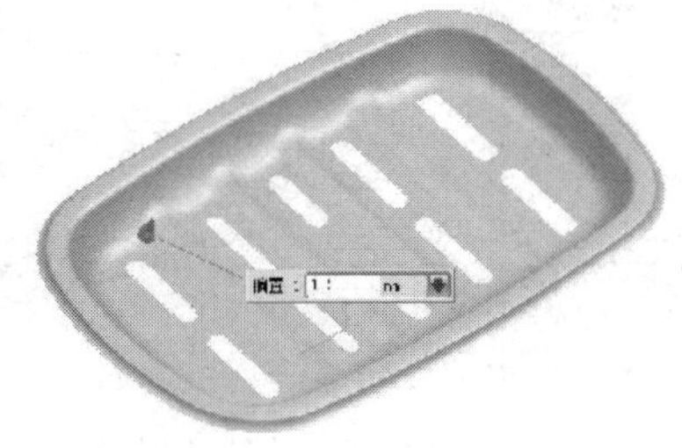
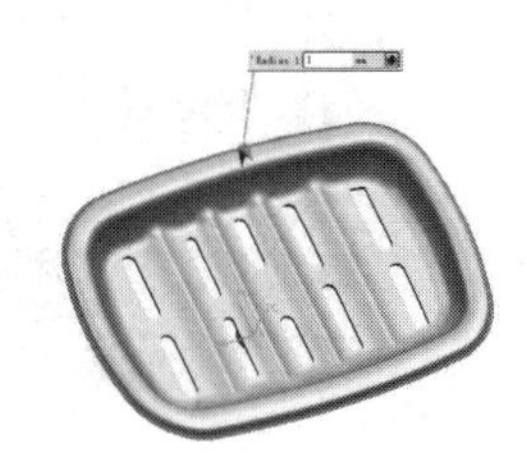
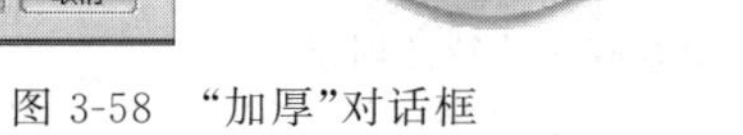

图 3-58　“加厚”对话框

图 3-59　边倒角对话框

3.4.4 圆柱体特征构建

(1) 单击“特征”工具条中的“草图”按钮，系统弹出“创建草图”对话框，选择 *X-Y* 基准面作为草图绘制平面，系统依据新选择的草图绘制平面建立新坐标系，单击对话框中“确定”按钮进入绘制草图界面。选择“草图”工具条中的“圆”命令，绘制过程中，打开“对象捕捉”对话框中的“现有点”选项，约束绘制的圆在测量的点云数据上，如图 3-60 所示。完成后单击“草图生成器”中“完成草图”按钮。

(2) 选择“特性”工具条中的“拉伸”命令，系统弹出“拉伸”对话框，选择刚刚绘制好的草图，在“拉伸”对话框中“限制”选项中设置拉伸方式为“直到下一个”，使圆柱刚好拉伸到肥皂盒的底面即可，“布尔”选项中设置“求和”，选择肥皂盒主体特征，如图 3-61 所示，单击“确定”按钮，生成圆柱体特征实体。

图 3-60　圆柱体特征草图

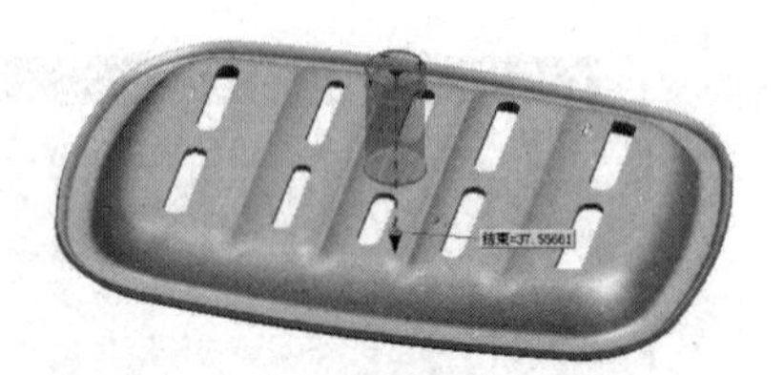

图 3-61　圆柱体特征拉伸

(3) 孔特征绘制。单击“特征”工具条中的 “孔”命令，系统弹出“孔”对话框，设置孔参数如图 3-62 所示，孔形状设为“简单”，直径为 10mm，深度为 25mm，尖角为 0deg，选择上一步生成的圆柱特征上表面为孔放置面，选择圆柱上表面圆的圆心为孔位置点，单击“确定”按钮完成孔操作。

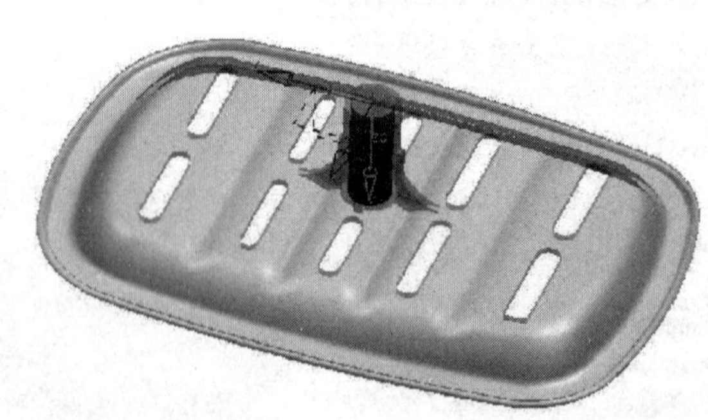

图 3-62　孔特征创建

3.4.5　加强筋特征构建

（1）单击“特征”工具条中的“草图”按钮，系统弹出“创建草图”对话框，选择 *X-Z* 面作为草图绘制面，系统依据新选择的草图平面建立新坐标系，单击对话框中“确定”按钮进入绘制草图界面。分别选择“草图”工具条中的“直线”命令、“圆弧”命令和“圆角”命令绘制图形，绘制过程中，打开“对象捕捉”对话框中的“现有点”选项，约束绘制的直线和圆弧在点云数据上，图形绘制好以后如图 3-63 所示。完成后单击“草图生成器”中“完成草图”按钮。

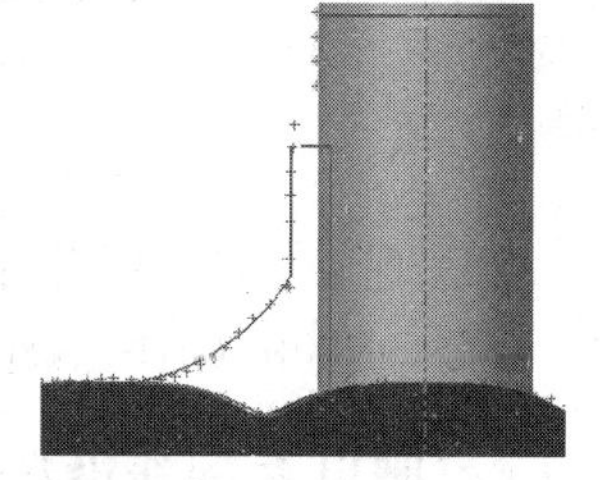

图 3-63　加强筋特征草图

（2）选择“特性”工具条中的“拉伸”命令，系统弹出“拉伸”对话框，选择刚刚绘制好的长方形草图，在“拉伸”对话框中“限制”选项中设置拉伸方式为“对称”，修改距离为 1mm，单击“确定”按钮，生成实体，如图 3-64 所示。同样的方法绘制另一个加强筋截面如图 3-65 所示，拉伸生成的实体如图 3-66 所示。

图 3-64　加强筋特征实体

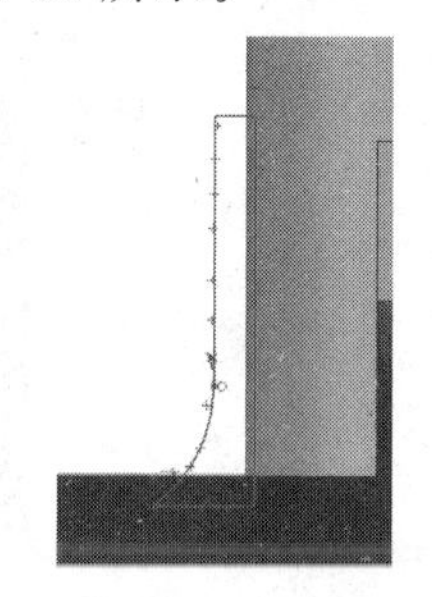

图 3-65　加强筋特征草图

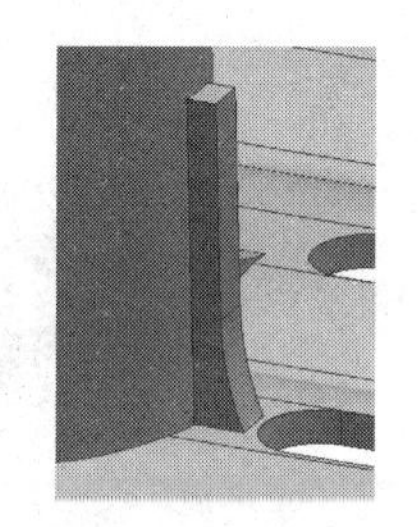

图 3-66　加强筋特征实体

（3）镜像加强筋特征：单击“特征操作”工具条中的“镜像特征”命令，系统弹出“镜像特征”对话框，选择上一步拉伸的加强筋特征为镜像特征，选择 *Y-Z* 平面为镜像平面，单击“确定”按钮生成镜像特征如图 3-67 所示，同样的方法完成另一边加强筋的镜像。

（4）选择菜单中的“编辑”，弹出下拉菜单（图 3-68），在这个菜单里可以对视图中的图素进行隐藏和显示操作，单击“显示和隐藏”项，系统弹出“显示和隐藏”对话框（图 3-69），选择要隐藏的类型，隐藏草图和坐标系，使视图界面更清晰地表达构建的实体特征。

图 3-67　镜像加强筋特征实体

显示和隐藏(O)...	Ctrl+W
隐藏(H)...	Ctrl+B
颠倒显示和隐藏(I)	Ctrl+Shift+B
立即隐藏(M)...	Ctrl+Shift+I
显示(S)...	Ctrl+Shift+K
显示所有此类型的(T)...	
全部显示(A)	Ctrl+Shift+U

图 3-68　“编辑”下拉菜单

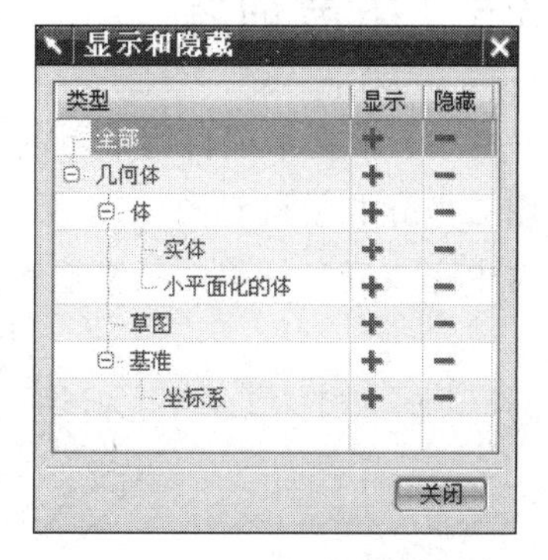

图 3-69　“显示和隐藏”对话框

(5) 最终完成的肥皂盒如图 3-70 所示。

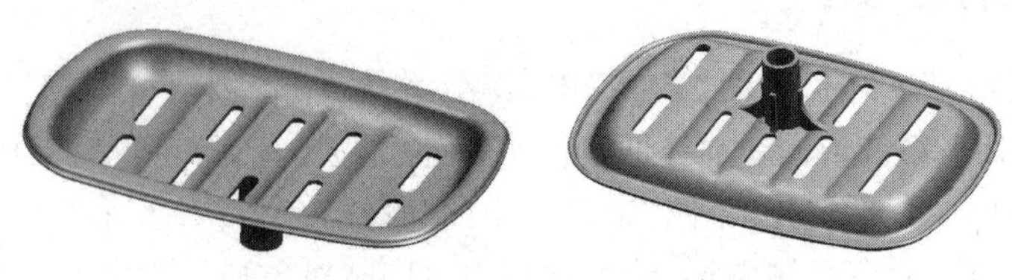

图 3-70　肥皂盒实体模型

(6) 保存文件：单击“标准”工具栏中的“保存”按钮，或选择下拉菜单“文件”→“保存”命令，或者按 Ctrl+S 组合键。

3.4.6　肥皂盒创新设计

日常的肥皂盒都是直接放在台面上的，本小节通过对肥皂盒产品进行逆向造型设计，再在原产品的基础上进行相关零件的创新设计，配合强力吸盘的使用，将肥皂盒直接安装在墙面上，创新结果如图 3-71 所示，渲染效果如图 3-72 所示，该产品的优点如下。

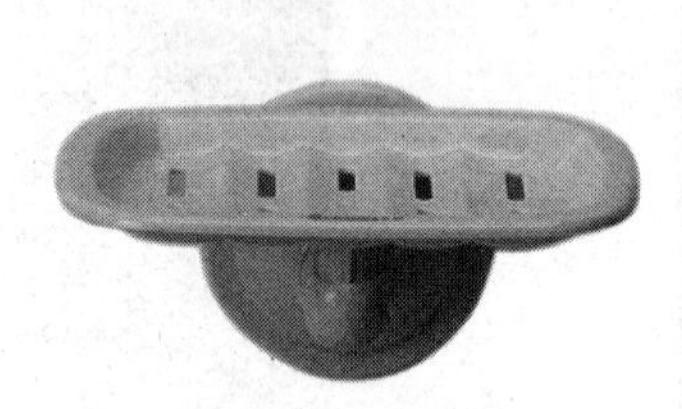

图 3-71　肥皂盒创新结果

图 3-72　肥皂盒渲染效果

(1) 强大的吸力。
(2) 无须打孔，不会对墙面造成破坏。
(3) 载重量好，可以循环使用。
(4) 吸附在玻璃、瓷砖、大理石、铁制品等其他一些光滑平整的表面上。
(5) 无须螺丝，安装简单方便。

3.5　拓展训练

(1) 根据本项目所学习的三坐标测量机的基本设置、操作步骤及测量数据的处理，利用三坐标测量机对图 3-73 所示的反光灯罩模型进行数据采集，并根据测量结果在 UG 软件中完成反光灯罩的三维造型。

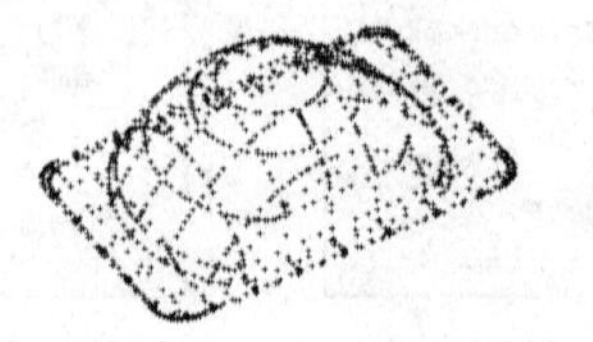

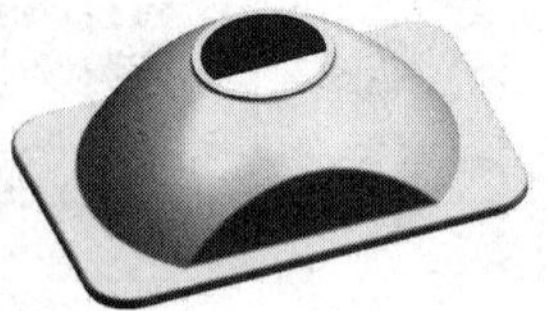

图 3-73　反光灯罩

(2) 根据本项目所学习的三坐标测量机的基本设置、操作步骤及测量数据的处理，利用三坐标测量机对图 3-74 所示的灯罩壳模型进行数据采集，并根据测量结果在 UG 软件中完成灯罩壳的三维造型。

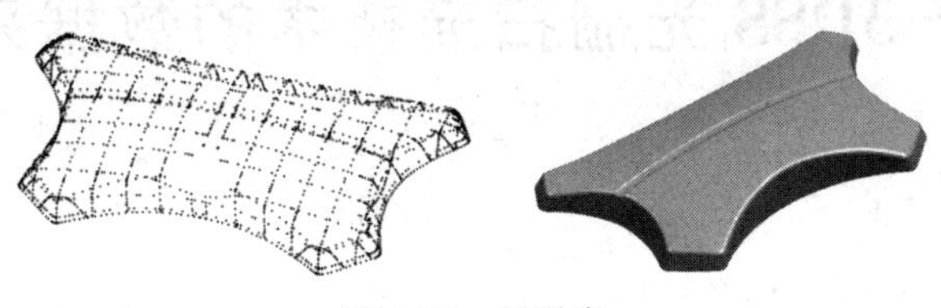

图 3-74　灯罩壳

项目 4

基于 3DSS 光栅扫描技术的数据采集

项目目的

(1) 使学生了解 3DSS 光栅扫描技术的相关概念;
(2) 掌握 3DSS 光栅扫描仪的基本设置、操作步骤及测量数据的处理;
(3) 为后续建模项目提供必要的点云测量数据;
(4) 培养学生独立分析和解决实际问题的实践能力;
(5) 培养学生组织协调能力和团队合作能力;
(6) 培养学生独立思考和创新设计的能力。

项目内容

(1) 3DSS 光栅扫描仪的原理及组成结构;
(2) 3DSS 光栅扫描仪测量方法及操作步骤;
(3) 按实训的教学要求,熟练操作 3DSS 光栅扫描仪对灯罩进行测量。

课时分配

本项目共 4 节,参考课时为 15 学时。

4.1 3DSS 测量系统简介

4.1.1 3DSS 测量系统的特点和测量原理

3DSS 系列三维扫描仪是上海数造机电科技有限公司研发生产的三维数字化设备。逆向工程,计算机辅助工程(如 CAD/CAM)或有限元分析(FEM)经常需要一种有效的坐标扫描设备来对实物进行数字化建模,3DSS(three dimensional sensing system)就是这样一种装置,它能对物体进行高速高密度扫描,输出三维点云供进一步后处理用。3DSS 是一种非接触扫描设备,能对任何材料的物体表面进行数字化扫描,如工件、模型、模具、雕塑、人体等,用于逆向工程、工业设计、三维动画、文物数字化等领域。3DSS 扫描仪是便携式扫描仪,能很方便地携带到现场,快速安装投入运行。如图 4-1 所示。

3DSS 的基本原理是:采用一种结合结构光技术、相位测量技术、计算机视觉技术的复合三维非接触式测量技术。测量时光栅投影装置投影数幅特定编码的结构光到待测物体上,成一定夹角的两个摄像头同步采得相应图像,然后对图像进行解码和相位计算,并

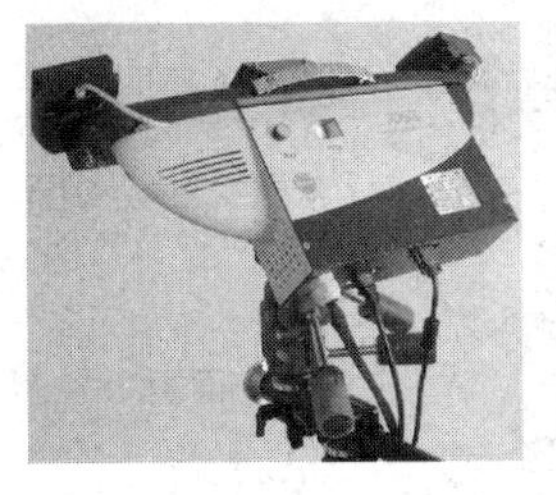
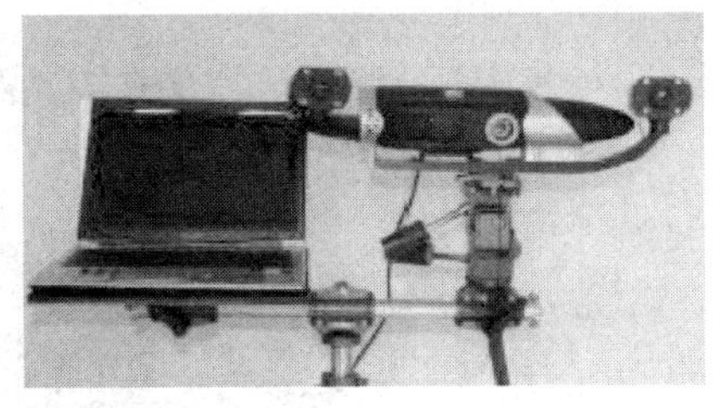

图 4-1　3DSS 三维扫描仪

利用匹配技术、三角形测量原理，解算出两个摄像机公共视区内像素点的三维坐标。采用这种测量原理，使得对物体进行照相测量成为可能。所谓照相测量，就是类似于照相机对视野内的物体进行照相，不同的是照相机摄取的是物体的二维图像，而 3DSS 三维扫描仪获得的是物体的三维信息。如图 4-2 所示。

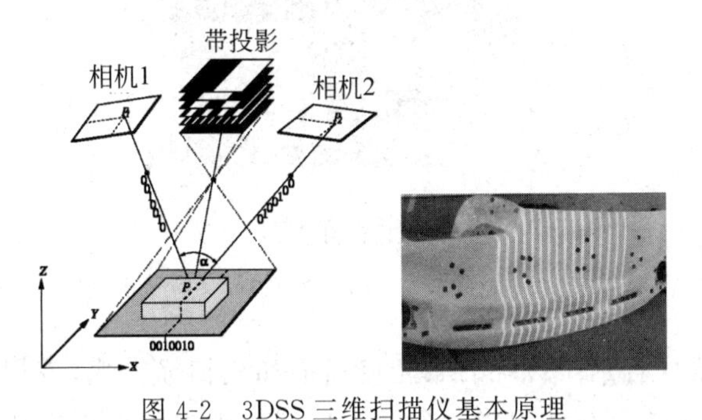

图 4-2　3DSS 三维扫描仪基本原理

4.1.2　3DSS 光栅扫描仪的组成和结构

3DSS 系统包含扫描硬件和扫描软件。硬件包括计算机、摄像头、数字光栅发生器、三脚架、标定板；扫描软件的操作系统是 Windows 2000/XP，软件对摄像头和光栅发生器进行实时采集和控制，对采集的图像进行软件处理，生成三维点云，并能进行三维显示，输出各种格式(ASC、WRL、IGS、STL 等)的点云文件，可用 Imageware、Geomagic 等软件进行进一步处理。

扫描头由如下几个部分构成(图 4-3)。

(1) 光栅发生器。

(2) 两个摄像头及镜头。

(3) 机架。

4.1.3　3DSS 光栅扫描仪在逆向工程中的作用

3DSS 光栅式扫描仪是目前反向工程领域中较好的点云采集工具，它可以对已有样品或模型进行准确、高速的扫描，得到三维点云数据，配合反求软件(如 Rapidform、Imageware 等)进行曲面重构，并对重构的曲面进行在线精度分析、评价构造效果，最终生成 IGES 或 STL 数据，据此进行 CNC 数控加工或快速成型，为制造业提供一个全新、高效的三维制造路线。

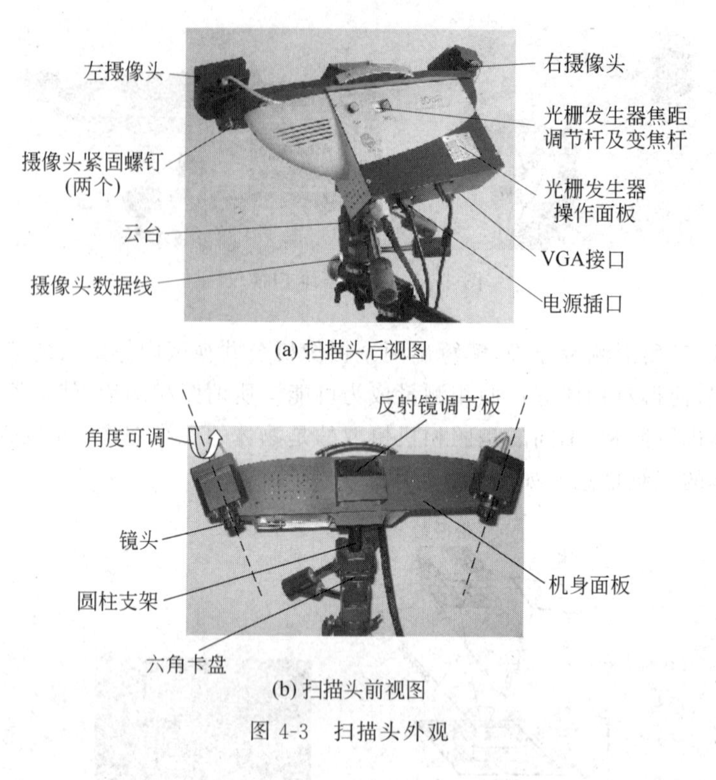

(a) 扫描头后视图

(b) 扫描头前视图

图 4-3 扫描头外观

光栅式三维扫描仪有别于传统的激光点扫描和线扫描方式,该扫描系统采用的是光栅照相式原理,可对物体进行快速面扫描,通过扫描,技术人员可以在极短的时间里获得物体表面高密度完整的点云数据。设计人员通过处理扫描所得到物体表面点云数据,可迅速便捷地将点云数据转化成为 CAD 三维数据模型,这样将大大节省技术人员的设计时间,提高工作效率,处理后的三维数据可广泛应用于模具设计、逆向工程、实体测量、质量检测和控制、影视制作以及人体测量。

光栅式扫描系统具有以下技术特性。

(1) 面扫描:采用先进的照相式原理,其独特之处是可在瞬间对物体进行快速、全方位扫描,从而获得整个物体表面的三维数据,由于该扫描系统是对物体进行面的扫描,所以其效率大大优于点扫描和线扫描。

(2) 精度高:利用独特的测量技术,可获得良好的测量精度。

(3) 速度快:该扫描系统扫描单面的时间小于 5s。

(4) 便携式设计:对大型物件进行测量时可方便灵活地移动扫描仪,特别适合对不易搬动的大型铸件模具或不便扫描的整车汽车内部件进行扫描。

(5) 非接触扫描:非接触扫描适应了柔软、易变形物体的测量要求,可对一些特定汽车内饰进行扫描,适用范围更加广泛。

(6) 对环境条件不敏感:光栅式扫描系统有别于光学式扫描,该系统对环境要求并不是很高,环境光对该扫描系统影响不大,在大多数情况甚至可以在露天环境中进行扫描。相对其他光学式扫描系统而言,该系统不需要在暗室里操作,适用环境范围非常广泛。空间光调制器可以灵活地产生需要的光栅条纹,克服了机械式光栅的容易磨损、可靠性差的特点。

与传统的接触式扫描仪相比，用光栅式扫描仪进行点云采集方法的主要优点是测量范围大，速度快并且易于实现，因此广泛应用于汽车与航天工业。除覆盖接触式扫描的适用范围之外，还可以用于对柔软、易碎物体的扫描以及难于接触或不允许接触扫描的场合。采用非接触式光学扫描，高速的扫描使得用户在很短时间内得到所需的数据，大大缩短了产品的开发周期，因此，广泛应用于逆向工程、人体测量、质量检测及控制、艺术品制作复原及保护等各种领域。然而3DSS光栅式扫描仪也具有明显的不足之处，即只能测量表面起伏不大的较平坦的物体时，而在测量表面变化剧烈的物体时，在变化陡峭处往往会发生相位突变，使测量精度大大降低。另外，由于3DSS光栅式扫描仪无法测量物体的内部轮廓，因而在快速造型技术中的应用也受到一定的限制。

4.2　3DSS光栅扫描仪基本操作

4.2.1　扫描策略

物体大小不同，扫描的要求不同，采用的拼接方法不同，则扫描方法也不相同，应该灵活运用。例如，小物体和大物体的扫描方法就不同。小物体的概念是相对的，是指尺寸小于单次扫描范围的物体。一个电话机听筒，对于标准型扫描仪来说是小物体，但对于精密型而言就不是小物体了，而汽车车身就属于大物体。在实践中，应灵活运用各种扫描方法。

1. 不贴参考点的扫描方法

如果对一个物体感兴趣的部分一个视角就可以全部扫描到，根本用不着拼接；或者操作者习惯于利用Imageware或Geomagic等软件来进行手动拼接，而物体上有明显的特征可供利用，那么就可以不用贴参考点，可以直接扫描并保存扫描结果。但如果物体上无明显特征，则应该在物体上粘贴参考点。

2. 借助于参考板的多视角自动拼接扫描

如果只对物体的顶面和侧面感兴趣，底面不要扫描，则可以借助于一个参考板来进行，如图4-4所示，找一块参考板，最好是黑色的，参考板上贴一些参考点。

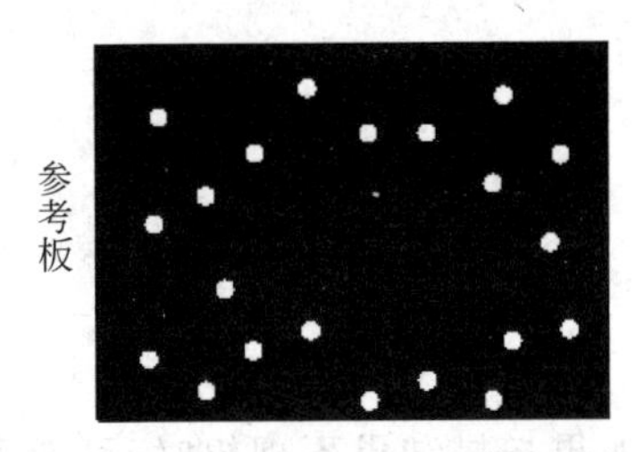

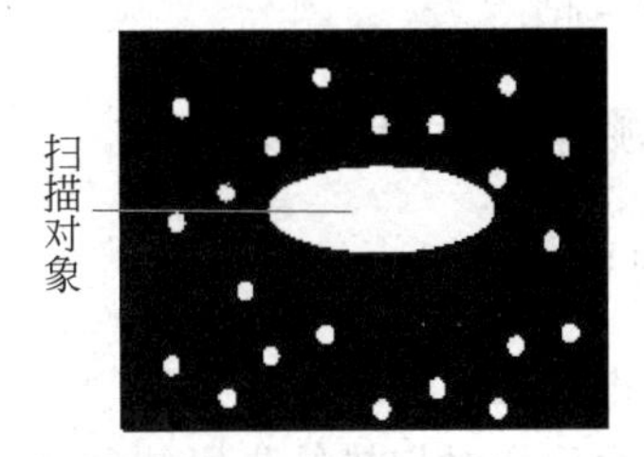

图4-4　借助于参考板的多视角扫描

扫描时，先不要把扫描对象放到参考板上，首先对参考板上的参考点进行扫描，争取把所有的参考点都扫描出来；然后把待测物体固定在参考板上（如用橡皮泥、热胶枪），依次转动参考板，或移动扫描仪，通过4～6次扫描就可扫完对象除底部外的所有部分，并利用参考板上的参考点自动拼合起来，而待测物体上并没有参考点，因而也没有空洞。如瓶子、玩偶均可采用这种策略扫描。

在一些情况下,需要扫描物体的整体,不但需要顶部和侧面的点云,还需要底面的点云,这就要把上面的扫描方法稍做改变,不但参考板上要贴点,物体的侧面也要贴足够的参考点,基本方法有两步,第一步采用上面的方法得到顶部和侧面的拼合点云,注意至少有一幅要能取得侧面上的较完整的参考点;第二步是把待测物体从参考板上取下来,底面朝上,继续扫描,依靠侧面上的参考点把底面的点云自动拼接到上面几步扫描到的点云坐标系中。

3. 物体本身粘贴参考点的多视角自动拼接扫描

在没有参考板或不适合用参考板的情况下(如物体尺寸较大),可采用在物体本身贴参考点的方法,例如,对于一个电话机听筒就可以采取这种方法。在物体的各个表面粘贴足够数量的参考点,扫描时应注意合适地摆放物体,使得每次扫描时能把相邻两次扫描部分的参考点都能识别出来,要保证当前扫描的区域至少要与已扫描过的某一幅中有3个或以上数量的公共参考点,这样才能顺利过渡。

对于汽车门板、仪表板等大型物体,可根据扫描范围把待测物体预先规划成多个扫描区间,要保证相邻区间有足够的重叠部分(大概重叠扫描范围的1/3),一般从中间开始扫描,向四周扩散,在每个区域的重叠部分贴上足够的参考点。

4. 壳体的正反面扫描

在逆向工程中,常要求对壳体类零件进行正反面扫描,这时应根据零件的大小采取正确的扫描策略。

对于鼠标类小型壳体,可利用前面介绍的借助参考板方法扫描得到正反两面各一幅点云(KZ和KF)作为后续拼接的框架,然后再单独对正反面分别进行多角度扫描获得正反面各自的完整点云(PZ和PF),逆向软件中,固定KZ和KF,让PZ与KZ对齐,PF与KF对齐,对齐后的PZ和PF合并后即得到完整的点云。

对于车门等物体的正反面扫描,采用参考球法比较简单,扫描前在物体的侧边粘贴半径相同的若干个参考球(3个以上),分别用自动拼接法扫描得到正反面点云,最后利用参考球法对齐到一起。

4.2.2 扫描测量过程相关操作

1. 扫描前置处理

首先需要进行表面处理。

物体的表面质量对扫描结果影响很大。如果扫描结果不理想时,可考虑对物体作表面处理。虽然并不是所有的物体都需要作表面处理,但下面几种表面必须处理。

(1) 黑色表面。

(2) 透明表面。

(3) 反光面。

物体最理想的表面状况是亚光白色。通常的方法是在物体表面喷一薄层白色显像剂，这种物质跟油漆不一样，很容易去掉，便于扫描完成后还原物体本来面目。喷涂时要注意以下几点。

（1）不要喷得太厚，不要追求表面颜色的均匀而多喷，只要薄薄一层就行，否则会造成误差。

（2）不要喷到皮肤上，不要吸入体内。

（3）贵重物体最好先试喷一小块，确认不会对表面造成破坏。

（4）喷涂现场注意通风，禁止吸烟。

实验表明，一般情况下人的皮肤可以不经过处理就能扫描出来，但摄像头软件增益要调高。对于颜色较深的皮肤，可以适当打一点儿白色粉底，但千万不要喷显像剂。

其次，对参考点的处理。要完整地扫描一个物体，往往要进行多次、多视角扫描，超过扫描范围的物体自不必说，就是在扫描范围内的物体，例如一个瓶子，也需要在不同的视角下进行多次扫描，才能获得整体外形的点云。这时就需要进行多次拼合运算，把不同视角下测得的点云转换到一个统一的坐标系下。

参考点就是用来协助坐标转换的，它实际上是一些贴在物体表面的圆点。可以采用两种参考点，一种是白底黑点，另一种是黑底白点。为了可靠识别参考点，参考点需要一定的大小，但参考点贴在物体表面会使表面的点云出现空洞，所以要尽量小，参考点大小跟扫描范围有关，其关系见表 4-1。

表 4-1　不同扫描范围下的参考点大小　　单位：mm

扫描范围	参考点直径	扫描范围	参考点直径
200×150	3	800×600	8
400×300	5		

以上是用随机扫描软件进行拼合的情况，当采用专业软件，例如 Geomagic，进行拼合时，由于参考点匹配是靠人工交互进行，可以采用较小的参考点，甚至可以利用表面的一些自有特征来进行拼合。

参考点可以用打印机直接打印出来，最好用图片打印纸打印，也可以到印刷商店用双面胶纸打印。

对于双面胶纸打印的参考点，可以直接贴上去，也可用胶水贴。用纸打印的参考点就只能用胶水了。但对于喷了显像剂的物体，不要直接贴，这样会贴不牢，应该先用湿布、纸把要贴参考点的地方擦一下。

关于参考点，应注意以下事项。

（1）相邻两次扫描之间，至少要有 3 个重合的参考点，才能进行拼合。

（2）参考点贴在相邻扫描的重叠区域。

（3）参考点的排列应避免在一条直线上。

（4）参考点之间的距离应该互不相同，不要贴成规则点阵的形状。

（5）高低尽量错开。

（6）参考点应贴在有效位置，即那些至少两个角度扫描时都能扫描到的公共位置，某些死角里的参考点是没用的。

2. 连接设备

把扫描头安装到三脚架上。先把六边形卡盘用随机配的内六角螺丝固定到扫描头圆柱形支架端部，注意螺丝要上紧，六角卡盘的边应与机身面板平行。然后在三脚架稳定撑开放置的前提下，把卡盘卡入三脚架云台的卡座内，锁紧。确认安装稳定后松手，防止跌落。注意重心是否稳定。同时，还要连好显示器、鼠标、键盘等。

按照图4-5所示用电缆线连接各个部件。

(1) 计算机。

- 1a—PC电源插座
- 1b—显卡VGA(或DVI)接口
- 1c—USB接口

(2) 扫描头。

- 2a—左CCD插口
- 2b—右CCD插口
- 2c—光栅发生器VGA插口
- 2d—光栅发生器电源线插口

安装过程中要注意：左右两个摄像头的连接电缆及插口位置有特定要求，左右摄像头的位置不要颠倒。辨别方法是让扫描仪的镜头对着3DSS软件运行的计算机屏幕，打开镜头盖，启动摄像功能，左下窗口应为左摄像头的显示区域，可用手在镜头前晃动帮助辨别。还有一个辨别方法是让一个物体由远及近朝向镜头移动，观察屏幕中视频窗口中相应的两个图像，如果两个图像相互接近，则安装正确。如果发现不正确，则要调换两个摄像头数据线USB插头在计算机侧口的位置。在扫描前应确认左右摄像头是否插反。如图4-6所示。

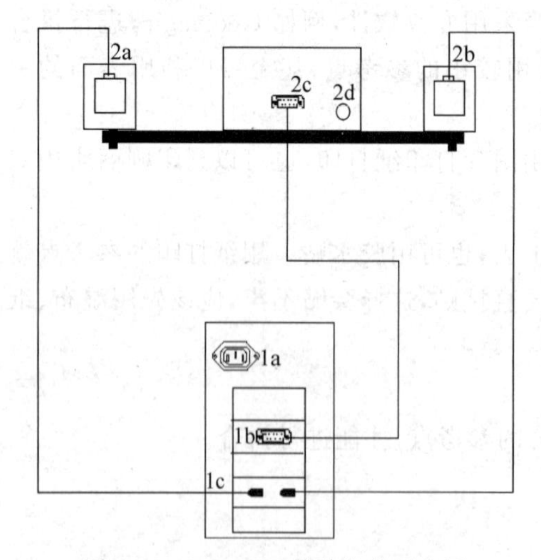

图4-5 3DSS-STD线路连接示意图

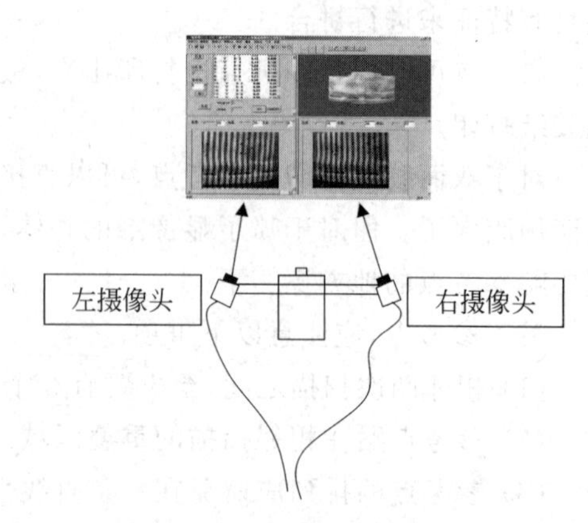

图4-6 左右摄像头的位置判别

依上所述连接好所有电缆插头，打开镜头盖，可按如下步骤开机。

(1) 打开计算机，启动Windows。

(2) 按光栅发生器电源按钮打开光栅发生器。

(3) 双击 3DSS 快捷方式,启动扫描软件,进入如图 4-7 所示软件界面。

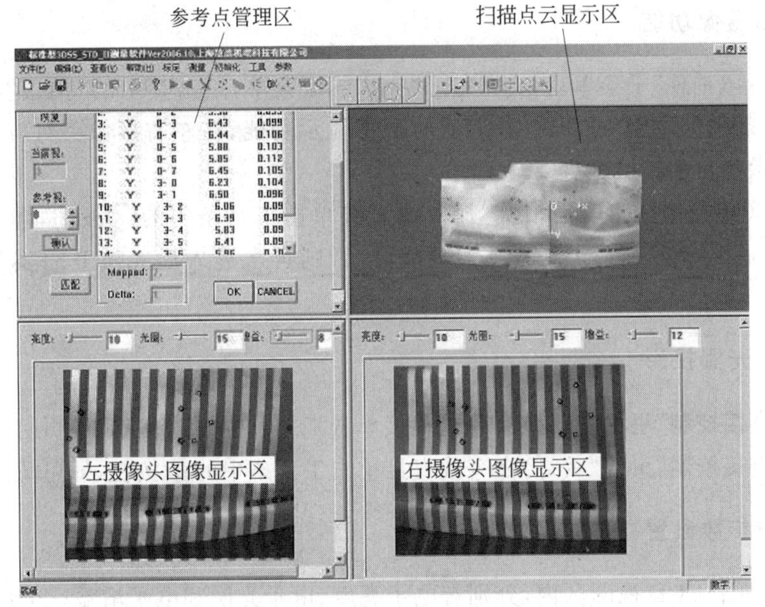

图 4-7　扫描控制软件主界面

如图 4-7 所示为扫描控制软件的主界面,客户区被固定分成 4 个区域,其中第一象限是扫描点云显示区;第二象限是参考点管理区;第三象限是左摄像头图像显示区;第四象限是右摄像头图像显示区。

注:若 CCD 连接电缆没插好,则会提示 No Camera,单击后进入界面;选择主菜单"初始化"下的"条纹控制"命令,进入"条纹控制"对话框,如图 4-8 所示。

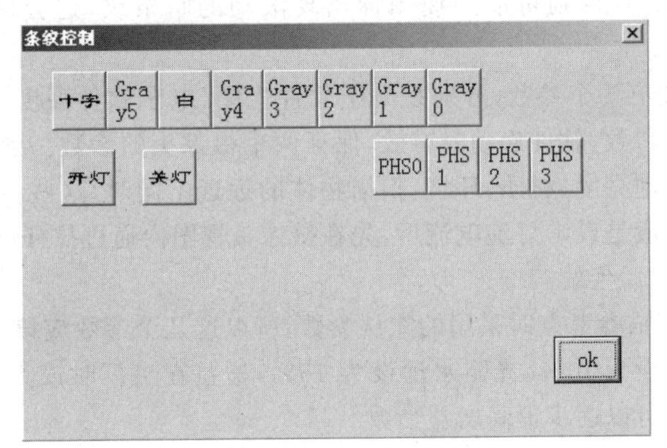

图 4-8　"条纹控制"对话框

通过上面的按钮,可以控制扫描头做相应的动作。

开灯、关灯 按钮可以打开或关闭投影灯;其余的按钮 十字、Gray5、白、Gray5、Gray4、Gray3、Gray2、Gray1、Gray0、PHS0、PHS1、PH2、PHS3 依次是不同模

式，扫描时会自动投影到物体上。在此可以单击任意一个按钮投影其中的一个，供检查或实验之用。

3. 开启摄像功能

在主菜单“工具”子菜单里，有“CCD 控制”二级菜单，单击其中的“拍摄”菜单项或直接单击工具条中的按钮，即可开启实时摄像显示功能，在左右摄像头对应的视图窗口内，动态显示各自的拍摄内容。

选择“CCD 控制”的“取消拍摄”命令或直接单击工具条中的按钮，即关闭摄像功能。注意在退出 3DSS 程序前必须关闭摄像，否则再次进入后无法开启实时摄像显示功能。

4. 开启光栅投影

选择“直接控制”里的“开灯”命令或直接单击工具条中的按钮，即可打开投影。

选择“直接控制”里的“关灯”命令或直接单击工具条中的按钮，即可关闭投影。

5. 扫描参数设置

在左右两个 CCD 视图区内，分别有电子亮度、电子光圈和电子增益三个拉动杆，在摄像功能打开的前提下，可调节相应的参数，调节效果立即在窗口中显示出来。可根据环境、灯泡亮度、扫描材质调节这 3 个参数。注意，两个 CCD 的参数应尽量调节成一样。调到最佳值后，可在“参数”中的“CCD 参数”中进行设置，作为下次启动软件时两个 CCD 的统一默认参数。扫描时，根据待测物体材质的不同，可以调整增益，使亮度适宜，亮度适宜的标准是动态图像窗口中刚刚出现一点儿红色，红色图像太多表示图像太亮，会使扫描结果变差，此时应该调低增益。如果图像太暗也不利于扫描，应调高增益。电子光圈不宜随便调动，否则可能会使图像出现滚动的暗条纹，这会使扫描结果大为劣化，应绝对避免。

CCD 参数主要有 3 个参数，分别是电子软件光圈、电子软件亮度、电子件增益，都是左右摄像头的默认参数，软件启动时有效，保证两个摄像头的参数一致，修改后要重新启动软件才有效。灯泡亮度、材质、环境、扫描物体的远近不同时，这些参数会有所变化，可根据经验设置。一般是设定灯泡电流后，先在摄像头视图内通过拉杆调整预览，合适后再设定，重新启动软件后生效。

CCD 参数是扫描参考点时采用的默认参数，所以这几个参数应该根据参考点的亮度来设置。其中亮度设为 10%，光圈永远设为 15%，增益在出厂时设为 11%，随着灯泡的老化，亮度会降低，可以逐步提高增益参数。

CCD 参数设置功能从菜单“参数”|“CCD 参数”进入对话框，如图 4-9 所示。

扫描参数设置功能从菜单“参数”|“扫描参数”进入对话框，如图 4-10 所示。

“水平像素间隔和垂直像素间隔”：在 3DSS 中，在两个摄像头都能看到的空间内，每一个像素都能计算出一个空间点。但有时并不需要每个像素都进行计算，这时可以隔几个像素取一个点，以减少点云的数据量，利于提高后续处理的速度。与此有关的扫描参数是横向和垂直像素间隔。例如横向设为 2 时，表示横向隔一个像素计算一个坐标。扫描

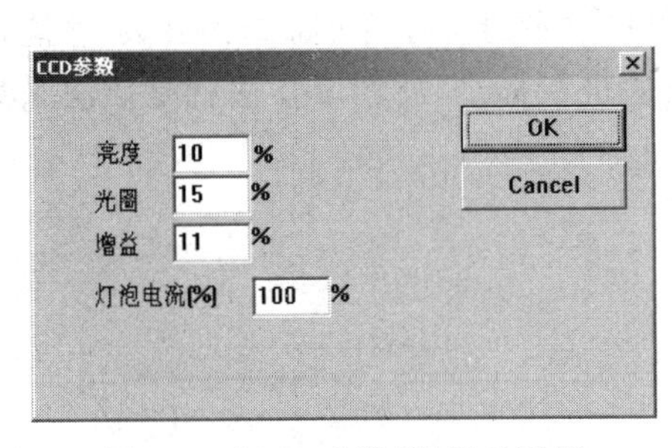

图 4-9　“CCD 参数”设置对话框

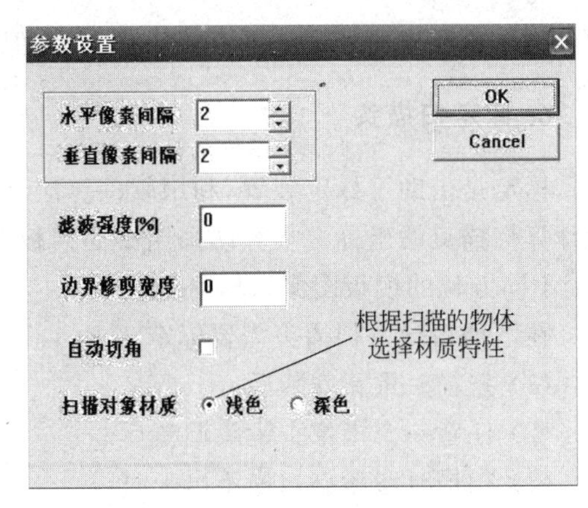

图 4-10　扫描“参数设置”对话框

汽车车身时，水平和垂直间隔都可设为 4。扫描有细节的小物体时，可设为 1。车门、内蚀等较光顺的零部件时，设为 2。

“滤波强度”能对扫描点云进行平滑处理，当该参数为 10%～25%时，测得的数据中物体表面细节较清楚。当该参数为 40%以上时，细节较模糊，但是点云非常光顺。

“边界修剪宽度”是用来自动进行翘边删除的参数。通常在点云不连续的边界处(不一定是物体的边界，常常是由于物体的特征高低不一互相遮挡造成的不连续)，由于种种原因，扫描的点云会有误差，通过设置此参数可以自动裁掉一定宽度的边界。设置时要考虑“水平和垂直像素间隔”。见表 4-2。在某些场合，例如要精确扫描物体轮廓的情况下，这时不进行边界删除，设为 0。

表 4-2　不同水平和垂直像素间隔的边界裁剪宽度

水平和垂直像素间距	1×1	2×2 以上
边界裁剪宽度	2～3	1～2

“自动切角”：通常扫描区域是一个矩形的区域(图 4-11)，但是由于镜头的畸变，即便进行了矫正，在四个角上，可能会存在变形，从而造成较大误差，使得多块点云合并时，在边角部位容易生成双重面。选择“自动切角”后，一部分角上的点云将自动删除掉，从而减少了后续手工点云裁剪的工作量。

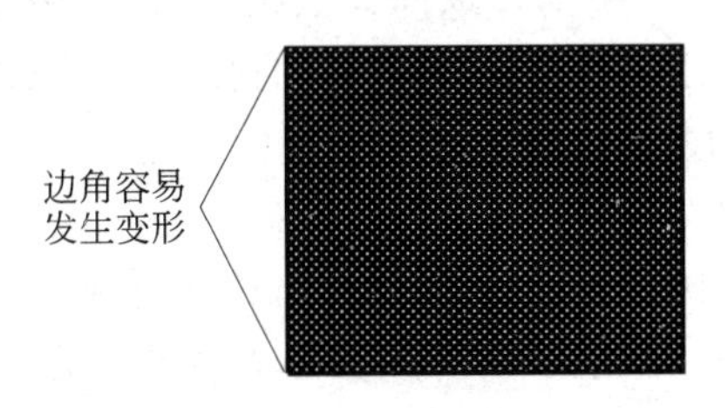

(a) 未选“自动切角”的点云

(b) 选择“自动切角”的点云

图 4-11　自动切角示意图

“扫描对象材质”：此参数可以让扫描软件适应不同材质的对象。例如，对于喷了白色显像剂的物体，可选“浅色”。对于油泥模型，人的面部等，可选“深色”，这样可以对一些深色物体不经表面处理就可直接扫描出来,但背景杂点也会相应增多。

6. 标定扫描头

标定是借助于标定装置,利用软件算法计算出扫描头的所有内外部结构参数,才能正确计算扫描点的坐标。本算法采用平面模板5步法进行标定,所谓5步法就是依次采集5个不同方位的模板图像,进行标定。

在下列情况下扫描头需要标定:

(1) 扫描头重新安装后。

(2) 任意一个摄像头镜头调整后。

(3) 扫描时参考点扫描不出来时。

(4) 扫描大型物体时反复搬动扫描仪后。

(5) 室温显著变化后(如超过10℃)。

(6) 怀疑扫描头有变动时。

注:*投影镜头调过后不需要重新标定。*

当然,如果不怕麻烦,每次扫描前可以重新标定。

标定功能通过菜单项"标定"→"标准法"进入。

标定板是一块印有白色点阵的平板,如图4-12所示。扫描范围不同,点的大小和点距也不一样,其中有5个大点,这是标识方向的,其中有两个紧邻的大点必须总在上方,标定时,标定板不能侧放或颠倒。标定板须保持干净,不能污损,圆点的边界不能缺损。

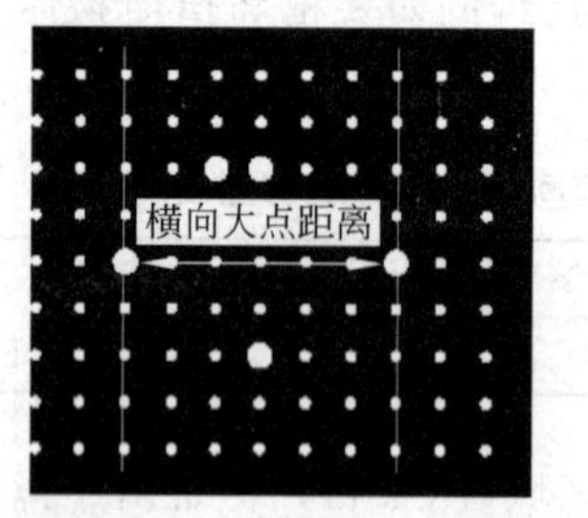

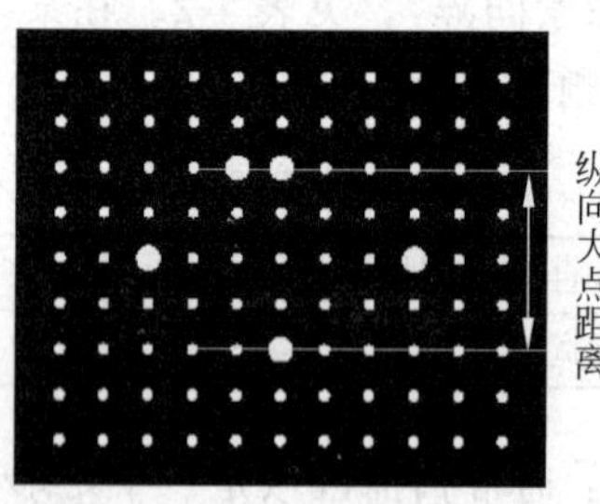

图4-12 标定板

从菜单"参数设置"→"参考点参数"进入参考点"参数设置"对话框。"横向大点距离"表示的是5个大点中横向的两个点之间的精确距离,"纵向大点距离"是其中纵向两个大点之间的精确距离。这两个参数通常会标记在标定板的背面。标定前,要根据采用的标定板的实际尺寸,设置标定参数。不正确的参数会导致扫描误差。

标定前,必须确认摄像头的镜头已经调好并紧固。

一般情况下,标定时要打开投影灯泡,计算机会自动打白光到标定板上。特殊情况下,也可以关掉投影灯,利用自然光来照明。采用投影灯时,投影光线要覆盖所有的白点。打开摄像功能,观察屏幕上的图像,如果太暗,要增加亮度或调节软件光圈和增益,先使最亮点的图像变成红色,然后再略微减少图像亮度,使红色刚好消失。然后就可以开始标定了。

(1) 通过菜单"标定"→"标准法"进入标定Wizard。

(2) 单击"下一步"按钮,进入STEP1,如图4-13进行。

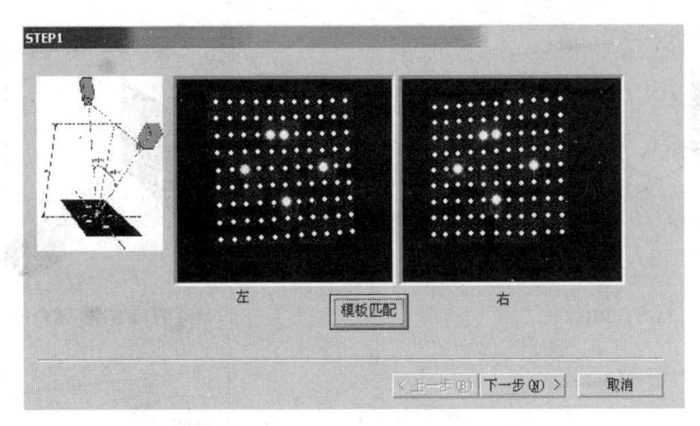

图 4-13 标定页面

页面上左边的图像提示了标定板的摆放方法，如图 4-14 所示。图中 a 大致等于扫描距离，α、β 为倾斜角度，α 为 20°～60°，β 约为 25°。两个摄像头的光轴所成的面称为中心面，CCD 光学中心连线称为基线。这一幅里，标定板基本与中心面垂直，标定板的法线基本垂直于基线。

页面中有两个并排的小窗口，它们是分别显示左右摄像头的匹配效果的，匹配出的点都显示在上面，标定时，并不要求所有的点都找到，但为了保证标定效果，每次缺失的点应少于 5 个。刚进入此页面时，不会进行匹配，先观察屏幕摄像机视图，观看左右摄像头是否覆盖标定板，如果没有，可调整标定板或三脚架，使其合适。还要看亮度是否合适，如果不合适，则要调整软件光圈、增益或投影灯亮度。然后单击"模板匹配"按钮，计算机开始匹配，并把结果显示在标定 Wizard 页面上。

(3) 如果绝大部分的点都能匹配并显示出来，就单击"下一步"按钮，进入第 2 步。如果结果不满意，则重新调整后再匹配，直到满意为止。

(4) 依次进入第 3 步、第 4 步、第 5 步。标定板方位图如图 4-14 所示。

(5) 第 5 步的界面稍有不同，多了"标定计算"按钮和"接受标定结果"按钮。如图 4-15 所示。

在这一步中，成功进行模板匹配后，就可以单击"标定计算"按钮，计算机即开始进行优化计算，在数秒内完成标定运算，然后会在屏幕上显示出极差来。极差越小，表示标定结果越准确。极差小于 2 就可以接受。如果极差太大，则要重新进行标定。

注：如果某一步有较多的点匹配不出来，则把倾斜角度减小些再匹配；并不是所有的点都要匹配出来；倾斜角过小不利于获得好的标定效果。

(6) "接收标定结果"：如果标定误差符合要求，则单击此按钮，新的标定结果就会起作用了。单击此按钮后，标定下面的"完成"按钮激活，由灰色变成黑色。

(7) 结束标定：单击"完成"按钮。

(8) 取消标定：若标定结果不理想，则单击"取消"按钮，退出标定程序。在标定中的任何一步，都可单击"取消"按钮，退出标定程序。

标定结果以文件 par.txt 的形式保存在运行目录的\cali 子目录中，这个参数将影响后续的扫描，直到重新标定后新的参数文件覆盖此文件为止。

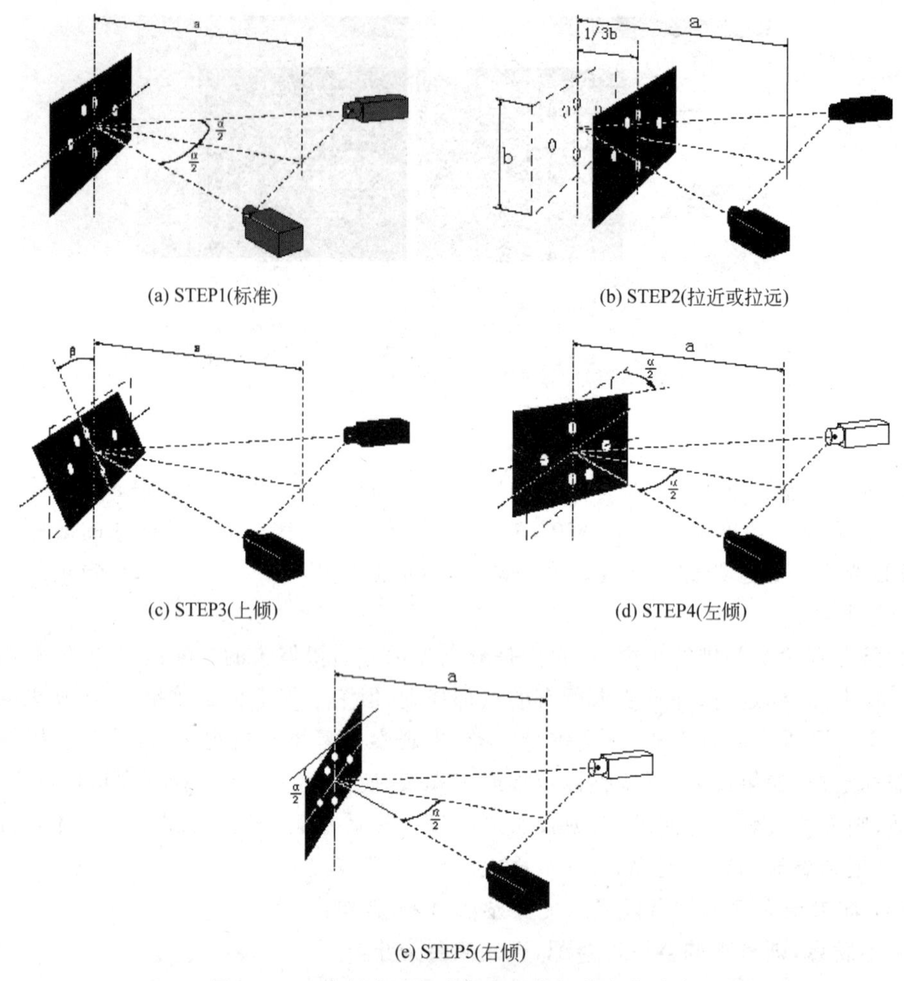

(a) STEP1(标准)

(b) STEP2(拉近或拉远)

(c) STEP3(上倾)

(d) STEP4(左倾)

(e) STEP5(右倾)

图 4-14　5 步标定法各步标定板的摆放方位示意

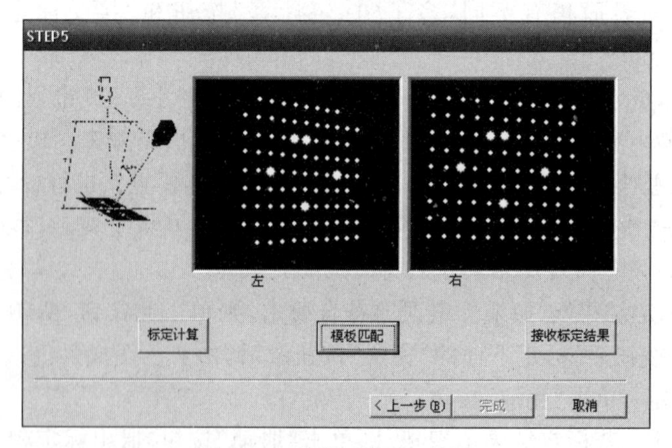

图 4-15　标定 STEP5 界面

7. 扫描坐标系

3DSS 的坐标系是以第一幅扫描时的左摄像头坐标系为全局坐标系，多视扫描中的后续各幅的点云坐标均要转换到这一全局坐标系中。所谓摄像头坐标系,准确定义和理解起来较复杂,不太严格的定义是原点在左CCD的中心,X轴是两个CCD中心的连线,Z轴是左CCD的光轴并指向被测物体,所以扫描点云的Z坐标值都是正值,围绕扫描距离变化。

4.2.3 分区域测量

1. 单视扫描

对于某些小范围局部扫描的场合,可以用单视扫描。直接用Geomagic软件进行拼合、配准的场合时,不用参考点自动拼合功能,也可采用单视扫描。

(1) 启动扫描软件。

(2) 激活摄像功能。

(3) 建立一个新扫描项目。

(4) 检查扫描参数。

(5) 打开投影灯,扫描头对准待扫描区域,观察左右视频区,调整三脚架或物体,使投影光基本垂直于物体表面,物体到扫描头的距离近似等于设定扫描距离。

(6) 观察采集的图像亮度是否合适,不合适则调整相应参数。

(7) 单击菜单项"扫描"→"扫描"或图标,开始扫描,扫描头会依次投影数幅结构光到物体上,并自动计算出扫描点云,点云结果显示在屏幕的扫描点云显示区,检查点云有无缺陷。

(8) 观察点云质量,若不满意则分析原因重新扫描。

(9) 输出点云:可用"输出所有点云"和"输出当前视点云"功能。在进行单视扫描时,这两个功能是一样的。

(10) 对于采用Geomagic拼合的多幅扫描,无须重新建立新项目,可以从上面第(4)步开始继续下一个区域的扫描,注意每次要保存扫描点云。

(11) 扫描结束后关闭摄像功能,然后才能关闭扫描程序。

2. 多视扫描

多视扫描是指扫描软件利用参考点进行自动拼合的多视角多次扫描。

参考点管理区内显示的内容是当前视和参考视扫描得到的参考点信息,其余视中的参考点不会在上面显示出来,否则可能会太多,不便浏览。所谓当前视就是正在进行扫描的这一幅扫描,参考视是当前视要与之拼合的那一幅扫描,大多数是上一幅扫描,也可是别的某幅扫描,可通过界面选择。参考点信息是如图4-16所示的信息,"编号"表示该参考点在所在的视中的编号;"状态"是指该参考点的状态,如果是"Y"则表示此参考点参加拼合,如果是N则表示该参考点不参加拼合运算;"像素"表示该参考点外圆在图像中的半径值,以像素为单位;"误差"表示其椭圆拟合误差,误差越大表示它偏离椭圆的程度越大,太大就可能不是一个椭圆,例如可能是一个方形。

单击"删除"按钮把当前参考点状态设为N,单击"恢复"按钮又可把状态重新设为Y。

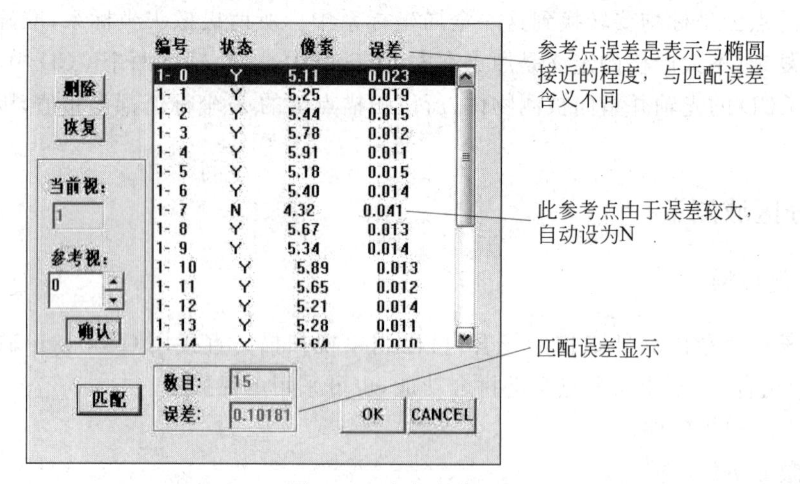

图 4-16 参考点管理

可根据参考点半径和误差值判断是不是一个合格的参考点,如果不是,可删除。

参考点测量后,软件会自动根据参考点的误差做取舍,参考点误差是表示与椭圆接近的程度,与匹配误差的含义不同。对那些误差超过平均值两倍的参考点,其状态自动设置为N,即删除状态。当然,当参考点较少时,比如只有3个点,还可以恢复其状态。

通过定义参考点视图上位于“参考视”旁的加减计数器可改变参考视。

如何判断匹配成功与否?

单击“匹配”按钮,软件自动进行匹配计算,如果匹配数目大于或等于3,且匹配误差较小(通常要小于0.1mm),则表示当前视和参考视成功匹配,单击OK按钮确定;如果匹配数目小于3,则肯定没有匹配成功。有时虽然匹配数目大于3,但匹配误差较大,也是不成功的。

随着软件的升级(3DSS Version 10以后),软件会自动寻找参考视,无须手动指定了,所以通常可以不再关注它了,让它保持为0就可以。只有在自动匹配结果不理想时,即匹配到一个邻近的重合参考点较少的视,而又明确知道哪一幅是最好的参考视(如当前视的上一幅),此时,可人工指定参考视,软件会优先与用户指定的那一幅进行匹配。

选择“参数设置”→“参考点参数”命令可进入“参考点参数”设置对话框,如图4-17所示。

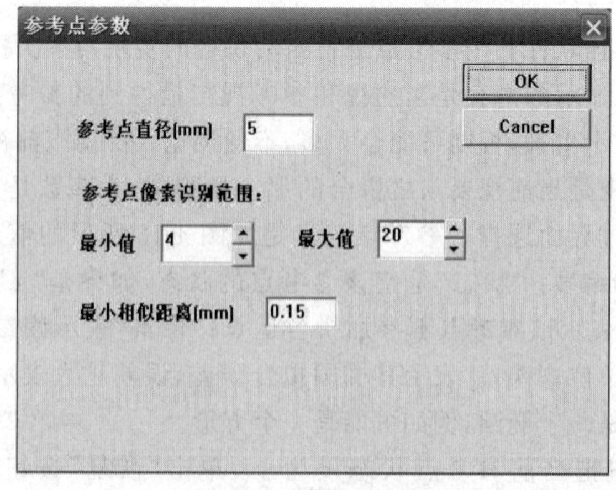

图 4-17 参考点参数

为了区分真实的参考点及零件上的圆孔特征以及其他干扰，只有符合参考点直径、白色、圆形这 3 个条件的参考点才能被检测出来。

参考点直径：这是白色参考圆的真实直径，例如 5mm。所以一个物体上只能贴相同直径的参考点。

参考点像素识别范围：扫描参考点时，软件是先从分析二维图片开始的，事先根据图像中的圆形图案的半径范围挑选出候选的参考圆。这里的半径是以像素为单位的。中间值通常是参考圆真实半径除以扫描点距，例如 2.5mm/0.3mm≈8，最小值（低限）可设置为中间值的 60%，最大值可设置为中间值的 130%，见表 4-3。

表 4-3　参考点像素识别范围　　单位：mm

参考点直径	标准型（点距 0.3）		精密型（点距 0.07）	
	最小值	最大值	最小值	最大值
5	4	10	20	50
3	3	8	13	30

也可事先设置一个较大范围，如（1，100），扫描后在参考点列表中观察真实参考点的半径，再据此设置合适的范围。

最小相似距离：这是用来进行参考点匹配拼接的参数，一般设置为 0.05mm 或 0.1mm，不要超过 0.25mm。

参考点扫描出来后，在尚未做匹配之前，与点云一起显示在点云显示窗口中，并且此时只有当前视被显示出来。在列表中被选中的参考点以蓝色小球显示，其余以黄色小球显示，小球直径是与真实直径对应的，如图 4-18 所示。

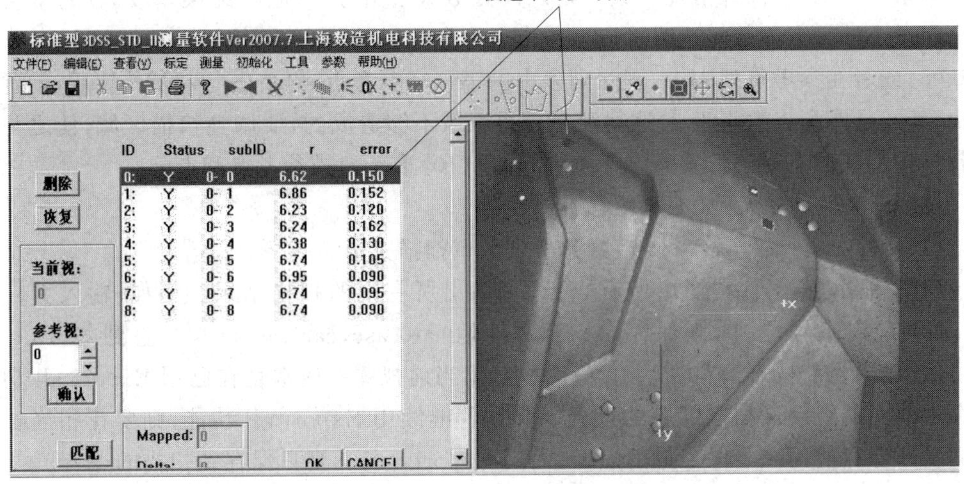

图 4-18　参考点的显示

每一个参考点都可被删除或恢复。通常只删除明显错误的误差偏大的参考点。匹配成功之后，单击参考点列表窗口上的 OK 按钮后，参考点显示成红色小球。

多视扫描的步骤如下。

（1）启动扫描软件。

(2) 激活摄像功能。

(3) 建立一个新扫描项目。

(4) 设置扫描参数。

(5) 打开投影灯,扫描头对准待扫描区域,观察左右视频区,调整三脚架或物体,使扫描头基本垂直于物体表面,物体到扫描头的距离近似等于设定扫描距离。

(6) 观察采集的图像亮度是否合适,不合适则调整相应的增益参数。

(7) 扫描第一幅点云,选择菜单项“扫描”→“扫描”或图标命令,软件自动地先扫描参考点,再进行点云扫描。在右上角的点云显示窗口中观察可视区内的参考点和点云是否都被扫描出来,点云是否完好,若不满意,则分析原因后重新扫描。若满意,则单击参考点管理窗口中的OK按钮,使参考点固定并显示为红色。

注:第一幅不要进行匹配。

(8) 单击图标把当前视编号加1(单击可以把当前视编号减1)。注意不要连续单击,中间不能有未经成功匹配的视。如果多次单击,可单击加以纠正。若没有增加就扫描,则会覆盖掉刚刚扫描的结果。扫描新的区域时,要与已扫描过的某一幅至少有3个以上的重合参考点。

(9) 选择菜单项“扫描”→“扫描”或图标命令,进行参考点和点云扫描。扫描结束后,在点云显示窗口中,只显示当前视的结果,其余的点云和参考点暂时隐藏,这样便于观察扫描结果。

(10) 按匹配按钮,进行匹配,如果匹配成功(即匹配点数大于等于3,匹配误差小于0.1mm),按OK按钮。点云显示窗口中会显示出所有幅的点云来,可以从点云的相互位置关系进一步判断拼接是否正确。

如果不成功,有两种情况。其一是匹配点数大于等于3,但匹配误差较大(通常会是一个超过1的较大的数),这时可以减小参考点参数里的“最小相似距离”,例如由0.15改为0.05,或者在参考点列表中,删除列表中的第一个参考点,再单击“匹配”按钮后,问题能解决;其二是匹配点数小于3,这往往是重叠区域不够造成的,要调整扫描区域,使之与已经扫描过的区域有足够的重叠参考点,再重复(10)重新扫描参考点和点云。

注:匹配误差较大时,不能进行下一步。

(11) 转(9)扫描下一个区域,直到所有区域扫描完毕。

(12) 输出点云:用“输出所有点云”可输出所有视的扫描结果。例如,输入文件名car,而当前视序号是10,则保存的点云文件是car0.asc,car1.asc,…,一直到car10.asc。也可用“输出当前视点云”功能。什么时候输出当前视呢?通常是在已用Export all功能保存了前面的视后又扫描了新的点云,此时,若继续用Export all功能,则要花相当长的时间重新保存前面已经保存过的点云,而用Export active则只保存新扫描的点云。

(13) 扫描结束后关闭摄像功能,然后才能关闭扫描程序。

4.2.4 测量数据导出

1. 点云命名规则

扫描进行时,应及时把点云文件保存到硬盘中。此时可单击菜单项“文件”→

Export →".asc",从弹出的文件对话框中输入一个点云名称,例如 test。系统会把点云按顺序把每个视角的扫描点云分别保存成一个文件,文件名是刚输入的字符串后面加零号。

2. 点云的显示

扫描时,扫描点云连同坐标系会显示在屏幕的扫描点云显示区,点云是着色显示,彩色扫描时,点云显示成真彩色。可以对点云进行平移、旋转、缩放等操作,也可改变当前视点云的显示颜色和单点显示的大小。

在刚扫描出点云,未作自动拼接之前,属于点云预览状态,此时,点云以三角面的形式显示,因为有法向量和光照,看得比较清楚,便于操作者判断点云是否有问题(比如是否有非正常起伏);同时,预览状态点云独占三维显示窗口,平移旋转等操作是独立的,对其余已扫描拼接出的点云显示没有影响。

在点云显示窗口(屏幕的右上部分)单击鼠标左键,可激活等图标(由灰色变成彩色);如要进行平移操作,应先单击图标,按住鼠标左键,移动鼠标;如要进行旋转平移操作,应先单击图标,按住鼠标左键,向前后或左右移动鼠标,可使点云朝相应方向旋转;如要进行缩放操作,应先单击图标,按住鼠标左键,向前移动鼠标,点云显示放大,向后移动鼠标,点云显示缩小。

单击图标,会弹出一个"Windows 标准颜色选择"对话框,选择某种颜色并确定后,可改变当前视的点云显示基色调。

单击图标,会弹出一个对话框,可输入一个数值,则当前视的点云中,每一个点会按设置的像素显示。默认是一个像素。

3. 点云的输出

在产品设计时,每个计算机辅助设计系统都会有各自专用的文件格式,同时 CAD 系统有自己的内部接收与转换数据模式。现在市场上流行的计算机辅助设计与制造软件系统中,产品模型的数据格式不尽相同,所以在很大程度上影响了企业与企业之间或产品设计和制造部门之间的产品模型数据转换与传输以及工艺衔接的自动化程度,同样给测量点云数据和产品设计与制造之间的数据通信带来困难,因此,在全球知识经济的时代背景下迫切希望实现数据交换文件格式的标准化。

在大部分企业或行业中已经形成了各自的企业标准与行业标准,最为典型的是 AutoCAD 的 DXF 图形数据交换文件格式。为了能够实现不同软件系统之间的数据转换,许多商品化的计算机辅助设计与制造系统都具备多个数据转换接口形式,常见的格式有 IGES、STEP、STL、DXF、SET、ECAD 等多种输入、输出数据转换格式。

同样,3DSS 扫描仪也有多种格式可供用户选择,如 ASC、STL、IGES 等。ASC 格式只包含点的 X、Y、Z 三维坐标信息; STL 是二进制格式的三角网格,但目前只能对单次扫描的点云生成三角网格并保存成独立的 STL 文件,IGES 格式的文件仍然是点云,并不是曲面。

利用自动 3DSS 自动拼接功能可对一个物体从多个角度扫描,多次扫描的结果可用"保存所有点云"功能输出,每幅点云分别保存成独立的文件,以利于进一步处理。选择菜单项"文件"→Export all 命令,会弹出一个文件保存对话框,选择需要的文件格式,输入点云文件名称,3DSS 会在名称后自动添加序号,序号从零开始,一直连续编号到当前幅。

4.3 灯罩 3DSS 光栅扫描仪测量

4.3.1 实物分析及测量方案制订

物体大小不同,采用的拼接方法不同,则扫描方法也不相同。本例的灯罩如图 4-19 所示,外形尺寸为长 100mm、宽 80mm、高 65mm,属于小物体,外形尺寸小于单次扫描范围,但由于灯罩曲面比较复杂,并且精度要求比较高,需要和其他结构件进行装配,不仅需要顶部和侧面点云,还需要底面的点云,本项目采用多视扫描后利用 Geomagic 等软件来进行手动拼接。经分析,物体上有明显的特征可供利用,可以不用贴参考点,直接扫描并保存扫描结果进行拼接。

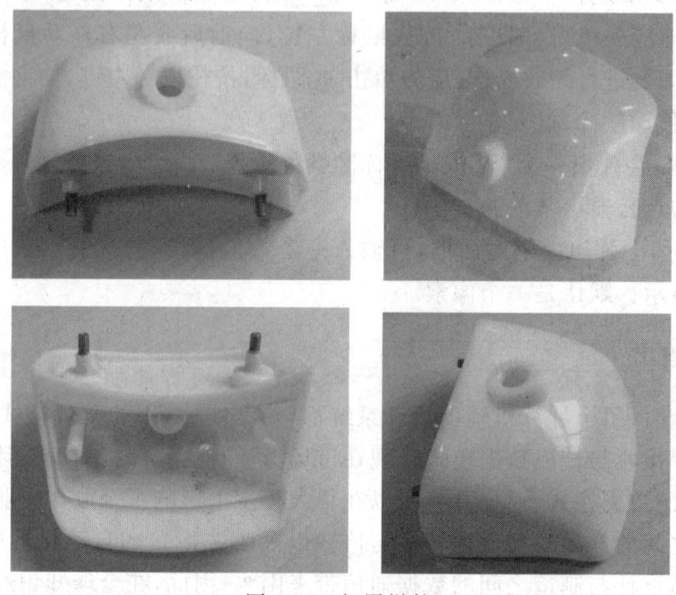

图 4-19 灯罩样件

在进行测量前,须做好以下的准备工作。

(1) 挑选缺陷最少,实际状态最好的产品作为测量的产品原型。

(2) 了解被测产品的关键部位,以确保采集到的数据是足够的和有效的。

(3) 对设备进行标定,确保设备本身的测量精度。

4.3.2 扫描测量过程

1. 灯罩样件表面处理

物体的表面质量对扫描结果影响很大,由于本项目中灯罩表面虽然是白色表面,但是表面经过喷漆,反光现象比较严重,所以需要对灯罩表面进行处理(图 4-20)。物体最理想的表面状况是亚光白色。通常的方法是在物体表面喷一薄层白色显像剂(图4-21),这种物质跟油漆不一样,很容易就可去掉,便于扫描完成后还原物体本来面目。

图4-20　灯罩表面处理

图4-21　显像剂

喷涂时要注意如下几点。

(1) 不要追求表面颜色的均匀而多喷,只要薄薄一层就行,否则会造成误差。

(2) 不要喷到皮肤上,不要吸入。

(3) 贵重物体最好先试喷一小块,确认不会对表面造成破坏。

(4) 喷涂现场注意通风,禁止吸烟。

2. 启动扫描软件并调试设备

连接好所有电缆插头,打开镜头盖和计算机,启动Windows,按下光栅发生器电源按钮,打开光栅发生器,双击桌面上的3DSS快捷方式,如图4-22所示,启动扫描软件。

图4-22　软件界面

(1) 调整结构参数

在标准情况下:基距=500mm;测量距离≈900mm;$\alpha \approx 30°$;摄像头焦距=16mm。

摄像头安装时,要调整的是角度 α。调整时,把标定板放在扫描头前的测量距离处,在直接控制里,把十字线投影到标定板上的中心,细心调整两个摄像头的角度,观察屏幕图像,让十字线在左右图像的中心。

设备安装好后,一般不变。测量时,要保证测量距离基本在规定的范围。这个距离也不是固定的,根据实际情况而变,一般而言,测量物体较小时,若希望点距变小,可适当减少测量距离,比如可以到700mm;测量物体较大时,如果要一次获得较大的扫描范围,而点距不是很重要的情况下,可以适当增加测量距离,比如到1000mm。但过大的测量范围不一定会获得更大的测量范围。

(2) 调整投影镜头的变焦环到最小

通过直接控制,打开投影灯泡,选择十字线投影到位于测量位置的白色物体上(可以放一张白纸),调节中间投影镜头的焦距,先使投影的十字线图案达到最清晰。

(3) 调整摄像头

摄像头镜头必须调整聚焦到非常清晰。先把摄像头镜头的光圈调成最大,在测量距离处放一张画有圆圈或文字的白纸,松开焦距锁紧螺丝,转动调整圈,观察屏幕上的图像,使圆圈或文字调到最清楚,然后紧固锁紧螺丝。

焦距调整好后,把光圈调到合适的值。具体的值跟待测物的材质有关,例如深色的材质则光圈要调得大一些。具体调节方法是,调整光圈,使图像上最亮处的红色消失。如果光圈调到最大后,图像还较暗,则调大软件光圈。

调整好一个镜头后,再调整另外一个镜头,两个镜头的光圈(包括软件光圈)必须调整得非常接近。方便起见,软件参数必须完全一样,增益参数为10。

(4) 标定摄像头

当扫描头重新安装后,任意一个摄像头镜头调整后,测量时参考点测量不出来时,室温显著变化后(比如变化超过10℃),怀疑扫描头有变动时,需要标定摄像头。标定是借助于标定装置,利用软件算法计算出扫描头的所有内外部结构参数,才能正确计算测量点的坐标。本算法采用平面模板5步法进行标定,所谓5步法就是依次采集5个不同方位的模板图像,进行标定。标定前,必须确认摄像头的镜头已经调整好并紧固。一般情况下,标定时要打开投影灯泡,计算机会自动打白光到标定板上。特殊情况下,也可以关掉投影灯,利用自然光来照明。采用投影灯时,投影光线要覆盖所有的白点。打开摄像功能,观察屏幕上的图像,如果太暗,要增加亮度或调节软件光圈和增益。

3. 激活摄像功能

在主菜单的"工具"子菜单里,有"CCD控制"二级菜单,单击其中的"拍摄"选项或直接单击工具条中的图标,即可开启实时摄像显示功能,在左右摄像头对应的视图窗口内,动态显示各自的拍摄内容。

4. 建立新扫描项目

开始一个新扫描之前,必须建立一个新项目,从菜单项"扫描"→"新项目"进入,弹出一个文件对话框,如图4-23所示。

选择适当的子目录后,在"文件名"输入框中输入合适的项目名称,例如可用日期加编

图 4-23　建立新项目

号组成项目名称,也可直接用待扫描物体的名称来标识。然后按“保存”按钮,系统会自动在所选的目录中建立一个子目录,目录名就是刚在“文件名”输入框中输入的字符串。

5. 打开投影灯

单击“直接控制”里的“开灯”选项或直接单击工具条中的图标 ,即可打开投影。

扫描头对准待扫描区域,观察左右视频区,调整三脚架或物体,使扫描头基本垂直于物体表面,物体到扫描头的距离近似等于设定扫描距离(图 4-24 和图 4-25)。

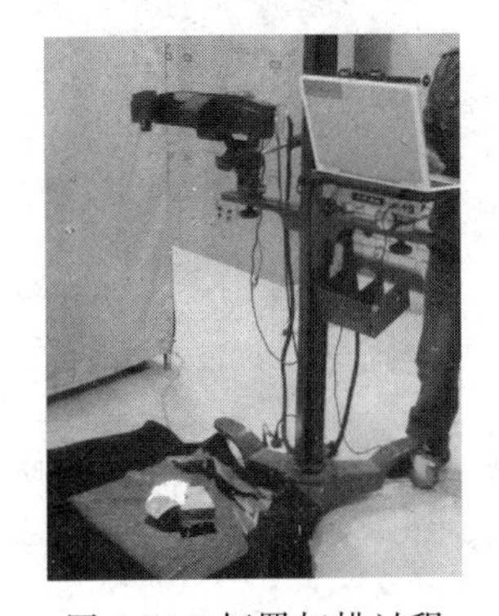

图 4-24　灯罩扫描过程

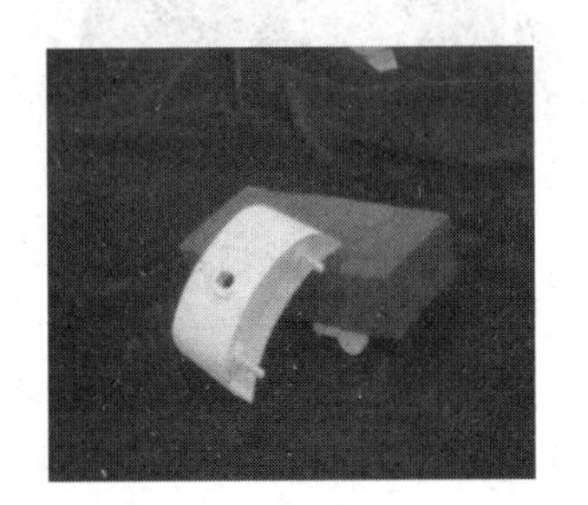

图 4-25　灯罩摆放角度

观察采集的图像亮度是否合适,不合适则调整相应的增益参数。

查看左右视图的显示,并调整亮度、光圈、增益的值。总的来说就是调整进光量,以达到最佳的摄像效果。快捷方式是滑动鼠标中键,一般的最佳效果就是左右视图里的红斑刚好完全消失后的效果。如果调整这几个值都还不能达到要求,就直接去调节摄像头的焦距,但千万别让摄像头的位置发生变动,否则就又要标定摄像头才能扫描。

6. 设置扫描参数

CCD 参数设置功能从菜单“参数”→“CCD 参数”进入对话框,设置参数如图 4-26 所示。

扫描参数设置功能从菜单“参数”→“扫描参数”进入对话框,设置参数如图 4-27 所示。

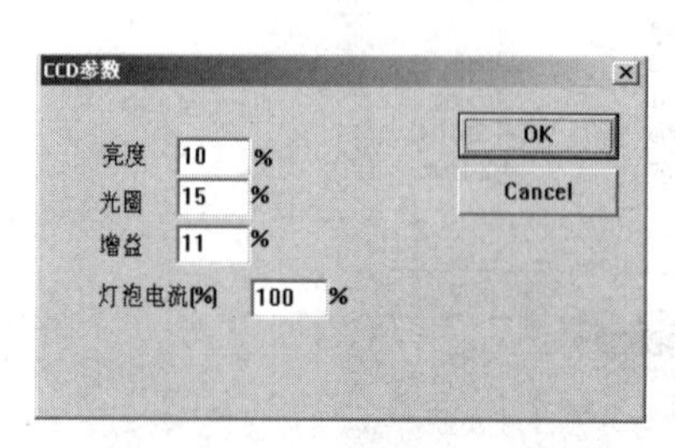

图 4-26　CCD 参数设置对话框

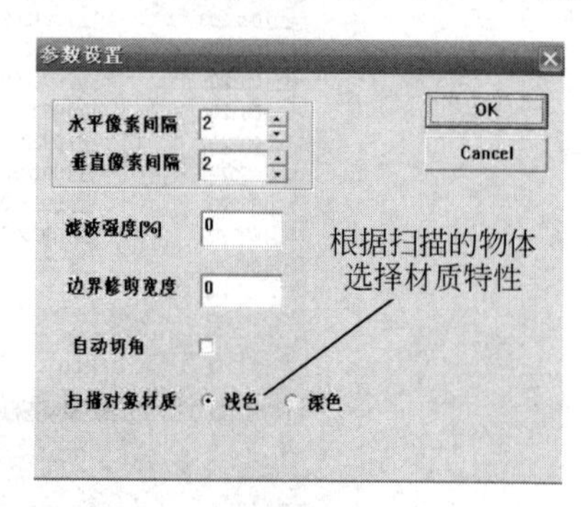

图 4-27　扫描参数设置对话框

7. 扫描点云数据

选择菜单项“扫描”→“扫描”或命令图标,开始扫描,扫描头会依次投影数幅结构光到物体上(图 4-28),并自动计算出扫描点云,点云结果显示在屏幕的扫描点云显示区,检查点云有无缺陷。观察点云质量,若不满意则分析原因重新扫描;若满意,则单击参考点管理窗口中的 OK 按钮,扫描得到的点云如图 4-29 所示。

图 4-28　光栅条纹

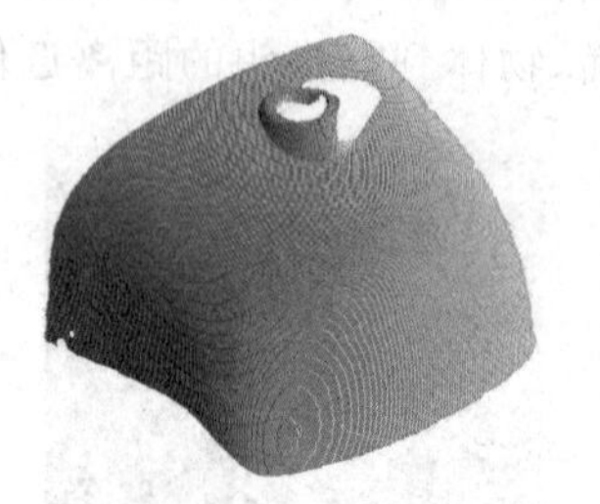

图 4-29　灯罩点云 1

然后将产品旋转一个角度,继续下一个区域的扫描,直到所有区域扫描完毕,不同角度的灯罩点云分别如图 4-30～图 4-33 所示。

注:*每次要保存扫描点云。*

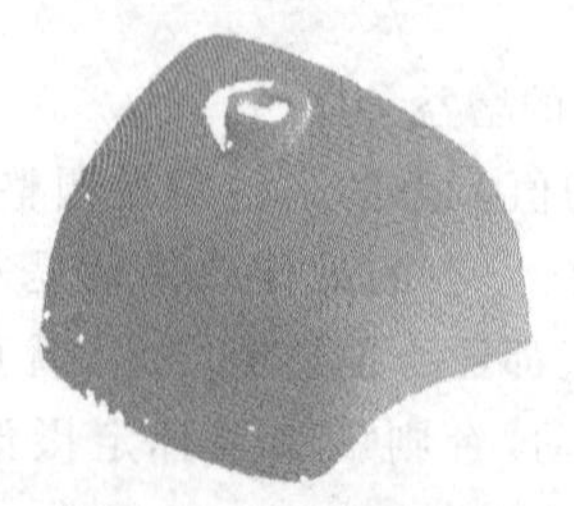

图 4-30　灯罩点云 2

图 4-31　灯罩点云 3

图 4-32　灯罩点云 4

图 4-33　灯罩点云 5

4.3.3　测量数据导出

选择菜单项“文件”→“Export all(输出所有点云)”命令，会弹出一个文件保存窗口，选择“＊.asc”文件格式，输入点云文件名称 dengzhao，3DSS 会在名称后自动添加序号，序号从零开始，一直连续编号到当前幅，这样就可以将点云导入其他造型软件进行后续处理。

4.4　拓展训练

(1) 根据本项目所学习的 3DSS 光栅扫描仪的基本设置、操作步骤及测量数据的处理，利用 3DSS 光栅扫描仪对图 4-34 和图 4-35 所示的淋浴喷头支架模型进行数据采集。

(2) 根据本项目所学习的 3DSS 光栅扫描仪的基本设置、操作步骤及测量数据的处理，利用 3DSS 光栅扫描仪对图 4-36 所示的玩具汽车模型进行数据采集。

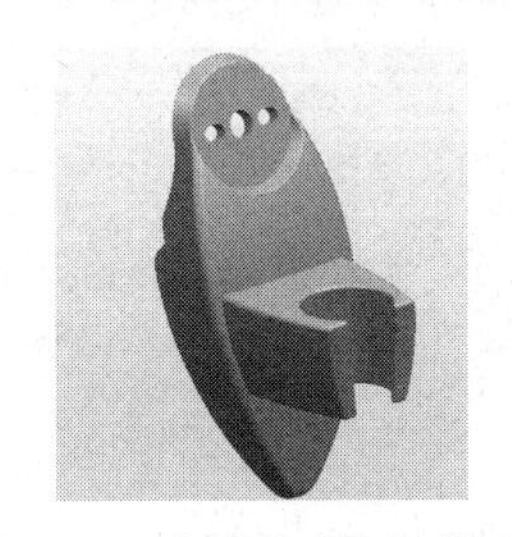

图 4-34　淋浴喷头支架模型 1

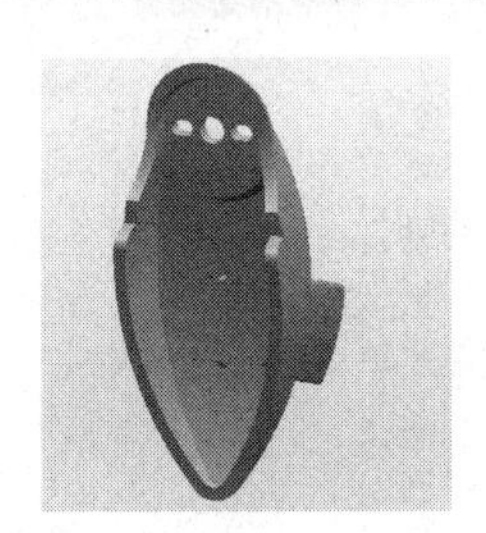

图 4-35　淋浴喷头支架模型 2

图 4-36　玩具汽车模型

项目5

基于 Geomagic 的数据拼接处理

项目目的

(1) 使学生了解数据拼接技术的相关概念；
(2) 掌握 Geomagic 软件数据拼接的操作步骤及处理方法；
(3) 掌握利用 Geomagic 软件进行快速曲面重构的能力；
(4) 培养学生独立分析和解决实际问题的实践能力；
(5) 培养学生独立思考和创新设计的能力。

项目内容

(1) 数据拼接技术简介及常见的数据拼接方法；
(2) Geomagic 软件数据拼接的操作步骤及处理方法；
(3) 按实训的教学要求，熟练操作 Geomagic 软件对灯罩点云进行数据拼接；
(4) 按实训的教学要求，应用 Geomagic 软件对玩具猪模型进行快速曲面重构。

课时分配

本项目共 6 节，参考课时为 24 学时。

5.1 数据拼接技术简介

复杂曲面表面数据采集时，由于测量设备会受到测量范围的限制，对于尺寸较大或者曲面形状复杂的零件无法一次定位完成测量，需要用不同设备或从不同角度进行测量，产生不同坐标系下的多视点云。因此，如何把不同设备和不同视角的测量数据统一到同一坐标系下，从而实现多视数据的拼合具有重要意义。

5.1.1 多视点云数据对齐的定义

一方面，在逆向工程中对实物样件进行数字化(即数据采集)时，有时不能在同一坐标系下一次测出样件表面的几何数据。其原因一是由于样件尺寸太大超出测量机行程；二是在部分区域测头受被测实物表面形状的阻碍或者不能触及产品的反面，就必须在不同的定位状态(即不同的坐标系)下测量样件表面的各个部分，得到的数据称为多视数据。另一方面，在逆向工程中，具有规则外形的产品，直接对零件的特征尺寸进行测量建模就能满足产品的整体装配要求，但对于具有自由曲面外形的产品，如汽车、摩托车的外形覆盖件等，其外观质量及零件之间的配合轮廓的装配要求特别高，由于测量及造型过程中的误差，如果基于零件设计，在装配时会出现配合边界不一致，缝隙不均匀，修改曲面边界会降低曲面的光顺性等问题。

对于特殊的自由曲面，如汽车、摩托车的外形覆盖件等，出于美观的要求，表面外形往往具有流线型的特点，不同配合零件的表面是由一个完整的曲面经剪裁、切割生成的，要保证整个曲面的完整性，数据采集应选择整体装配测量的方案，但是由于受到测量范围、测头位置以及样件的形状干涉等限制，样件的数据采集必须经过多次测量才能全部实现。对激光扫描测量，需要从不同的角度对样件的各个特征表面，以及样件局部特征进行放大扫描，以获取样件的多视点云（图 5-1 为在不同坐标系下采集的发动机气道点云数据）。通常为处理方便，将两种情况的数据都称为多视数据或多视点云，而在曲面重构时必须将这些不同坐标系下的多视数据统一到同一个坐标系中，这个数据处理过程称为多视数据的对齐、多视拼合、重定位等。

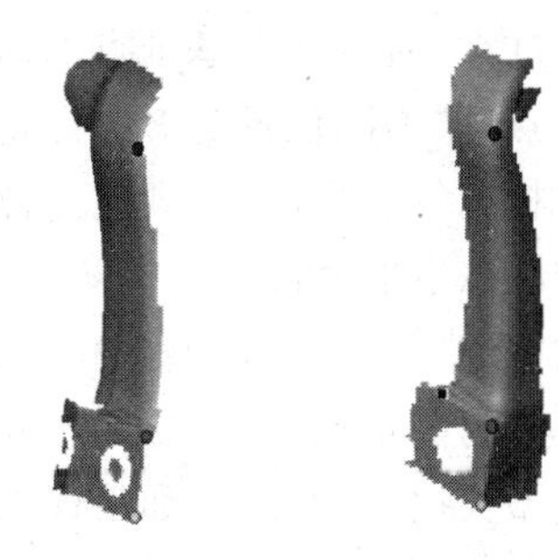

图 5-1　气道点云多视数据拼合实例

5.1.2　常用的多视点云数据对齐方法

由于刚体运动时只有坐标变化、不产生形状变化，因此，将数据点集看作一个刚体，两个数据点集或者 CAD 几何模型的对齐都属于空间刚体移动，因此多视数据对齐也可以看作空间两个刚体的坐标转换，问题可以简化为求解相应的坐标转换矩阵，即移动矩阵 $\boldsymbol{T}$ 和旋转矩阵 $\boldsymbol{R}$。有如下几种方法可用于处理多视数据对齐。

1. 基于辅助测量装置的直接对齐

基于辅助测量装置的直接对齐需要设计一个自动移动工作台，能直接记录测量过程中的移动量和转动角度，通过测量软件直接对数据点进行运动补偿。对于激光扫描仪，多视传感器被安装在可转动的精密伺服机构上，并将测量姿态准确地调控到预定方位，按规划好的测量路径扫描样件，精密伺服机构可以提供准确的坐标转换 $\boldsymbol{R}$、$\boldsymbol{T}$ 矩阵。或者将被测物体固定在工作台上，转动工作台调整被测物体与视觉传感器之间的相对位置，由工作台读数确定初始坐标转换矩阵，然后用软件计算修正。这种方法快速方便，但需要精密的辅助装置，系统复杂，而且不能完全满足任何视角的测量，仍需要合适的事后数据对齐处理。

2. 事后的数据对齐处理

事后的数据对齐处理，又可以分为对数据的直接对齐和基于特征图元的对齐两种方法。一是数据的直接对齐是根据数据之间的拓扑信息关系，直接对数据点集操作，实现数据的对齐，从而获得完整的数据信息和一致的数据结构；二是对各视图数据进行局部特征造型，最后再拼合对齐这些几何特征，这种方法也称为基于特征图元的多视对齐，其优点是可以利用特征的几何元素（点、线、面等）进行对齐，对齐过程简单，结果准确可靠。但是，通常情况下，一个特征经常会被分割在不同的视图中，没有完整的特征和拓扑信息，局部造型往往十分困难。

3. 基准点对齐处理

由于三点可以建立一个坐标系,如果我们测量时,在不同视图中建立用于对齐的 3 个基准点,通过 3 个基准点的对齐就能实现三维测量数据的统一。测量时,在零件上设立基准点,取不同位置的 3 个点记,在进行零件表面数据测量时,如果需要变动零件位置,用记号标记每次变动,必须重复测量基准点,模型要求装配建模的,应分别测量零件状态和装配状态下的基准点。在不同测量坐标下得到的数据,通过将 3 个基准点移动对齐,就能将数据统一在一个造型坐标下,实现测量数据的对齐。模型数据的对齐精度取决于 3 个基准点的测量精度。另外,在相同的测量误差的情况下,基准点的位置选取不同,也会影响模型数据的对齐,但如果误差控制在一定的范围内,这样的数据变换是能够满足造型和装配要求的。

5.2 Geomagic 软件基础

5.2.1 Geomagic 软件简介

由美国 Geomagic 公司出品的逆向工程和三维检测软件 Geomagic Studio 可比较容易地从扫描所得的点云数据创建出完美的多边形模型和网格,并可自动转换为 NURBS 曲面。Geomagic Studio 可根据任何实物零部件自动生成准确的数字模型。Geomagic Studio 还为新兴应用提供了理想的选择,例如定制设备大批量生产,即定即造的生产模式以及原始零部件的自动重造。Geomagic 软件界面如图 5-2 所示。

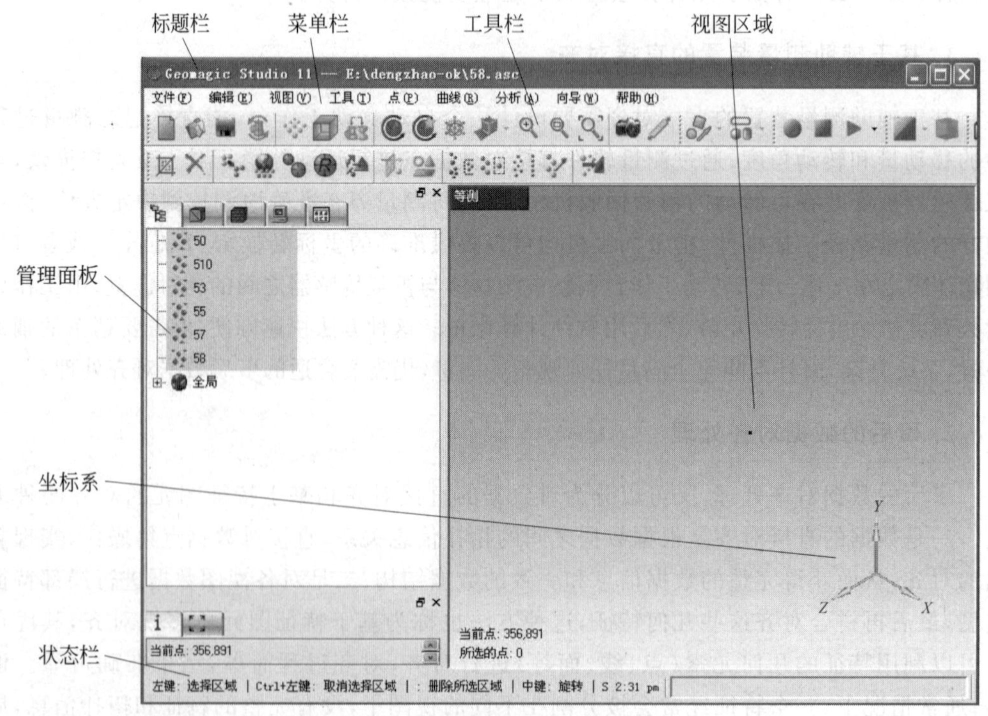

图 5-2 Geomagic 软件界面

5.2.2 Geomagic 软件优点

Geomagic Studio 主要包括 Qualify、Shape、Wrap、Decimate、Capture 这 5 个模块。

Geomagic Studio 主要功能包括以下几点。

(1) 自动将点云数据转换为多边形(Polygons)。

(2) 快速减少多边形数目(Decimate)。

(3) 把多边形转换为 NURBS 曲面。

(4) 曲面分析(公差分析等)。

(5) 输出与 CAD/CAM/CAE 匹配的文件格式(IGS、STL、DXF 等)。

Geomagic Studio 主要优势包括以下几点。

(1) 确保用户获得完美无缺的多边形和 NURBS 模型。

(2) 处理复杂形状或自由曲面形状时,生产率比传统 CAD 软件效率更高。

(3) 自动化特征和简化的工作流程可缩短培训时间,并使用户可以免于执行单调乏味、劳动强度大的任务。

(4) 可与所有主要的三维扫描设备和 CAD/CAM 软件进行集成。

(5) 能够作为一个独立的应用程序运用于快速制造,或者作为对 CAD 软件的补充。

Fashion 是 Geomagic Studio 10 新增加的模块,采用了目前世界上最先进的重构技术,结合了快速曲面造型与传统曲面造型方式的优势。在保证原有曲面生成的速度的同时,生成的曲面质量也大大提高。

Geomagic 逆向设计的原理是基于空间三角片来逼近还原 CAD 实体模型。在建模策略上,Geomagic 采用的是 CAD 规则曲面与自由形状曲面相结合,并直接拟合曲面模型的策略,其具体的曲面重建流程被划分为点阶段、多边形阶段和造型曲面这三个相互紧密联系的阶段来进行。

Fashion 作为新开发的模块,一方面使得重构的自由形状曲面质量更加光顺;另一方面可以自动或手动将模型中的各个曲面分类(如拉伸面、旋转面、拔模面、平面、柱面、圆锥面等)。使用各种工具和参数控制曲面拟合,由平面、柱面、锥面、拉伸面、旋转面和自由形状曲面组合创建出单一缝合曲面,并可以提取优化的轮廓曲线;通过使用检测选项、顺序查看命令或可视化工具分析曲面拟合结果,最终将轮廓曲线或准 CAD 曲面导出,为 IGES 或 STEP 文件进行其他处理。

在快速曲面造型模块 Geomagic Fashion 中,曲面重建的进程分为紧密联系的流程式的点、多边形、Fashion 曲面 3 个阶段来实现,由此可以看出,决定曲面重建质量的因素中,人为的因素要比传统曲面造型方式下小得多。Fashion 通常会自动给出好的区域分类,对于大型的曲面模型,可以使用组分类拟合代替一次性全部拟合,彰显个性化功能。

此模块相比之前的做面方式有如下优点。

(1) 功能更加强大,用最新的生成曲面方法,做成的曲面比原功能做成的曲面光顺许多。

(2) 使用更加方便,生成曲面的方法前后逻辑关系明显,使用过程中一气呵成,使用它可以有效、快速和自动地从 3D 扫描数据生成准确的数字模型。

(3) 工业上可接受的 CAD 布局(非曲面片);输出的 IGES/STEP 文档更小;减少了

CNC 编码创建的时间;改善了加工性能。

(4) 将物理对象的数字表现形式集成到工程设计工作流程中。

(5) 避免在传统 CAD 软件中从零开始的设计流程,生产效率提高 10 倍。

(6) 以不断变化的速度自定义产品。捕获现有形状并构造优化的数字生产模型,完成快速制造和批量定制。创建保持原始形状属性的新的功能组件和结构。将最终模型直接发送至数字生产设备。

因此,在实施曲面重建的过程中,必须根据曲面重建质量和速度来选择重构方式。一般而言,采用快速曲面模型重构方式具有较强的优势,Geomagic Fashion 模块可以广泛应用于逆向工程、设计和分析,定制设备的批量生产,按订单生产制造,早期零部件的自动重建的数字资源存盘。应用行业包括汽车、航空、制造业、医疗建模、艺术和考古领域。

5.2.3 Geomagic 软件逆向设计常用命令

1. 管理面板操作

"管理面板"如图 5-3 所示。各项图标按钮从左到右说明如下。

(1) 模型管理:以模型树的结构来管理物体。

(2) 元素管理:控制物体显示的元素。

(3) 纹理管理:控制物体显示的纹理。

(4) 显示管理:控制在可视区域的元素的显示。

(5) 对话框管理:管理所有命令的对话框。

2. 视图操作

"视图操作"工具栏如图 5-4 所示。

图 5-3 "管理面板"

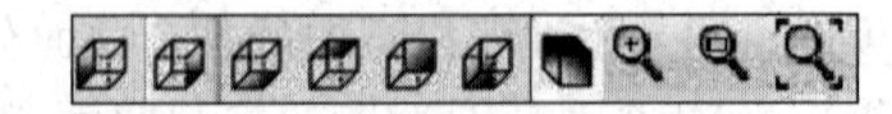

图 5-4 "视图操作"工具栏

视图操作中常用的配合鼠标使用的缩小与放大,移动和旋转如下。

(1) 移动:Alt+鼠标中键组合键。

(2) 旋转:按住鼠标中键拖动鼠标。

(3) 放大缩小:前后滚动鼠标中键。

3. 选择操作

"选择操作"工具栏如图 5-5 所示。

从左到右依次为:矩形选取、椭圆选取、线选取、画笔选取、套索选取、多边形选取。

4. 点云数据拼接操作

"点云数据拼接"工具栏如图 5-6 所示。

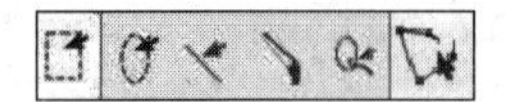

图5-5　“选择操作”工具栏

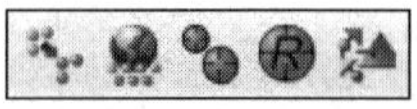

图5-6　“点云数据拼接”工具栏

从左到右依次如下。

(1) 手动注册：即手动点云数据拼接，在同一物体上的不同部分间的重叠区域，指定1点或者n点，从而进行手动拼接。

(2) 全局注册：即全局点云数据拼接，软件系统自动对手动拼接的结果进行调整和改善，从而达到最佳的拼接效果。

(3) 探测球体目标：测量物体表面的一个或多个基准球的球心。

(4) 目标注册：根据探测的基准球的球心进行拼接，最少需要3个球心。

(5) 合并：将多个点云合并成一个完整的独立点云。

5. 点操作

“点操作”工具栏如图5-7所示。

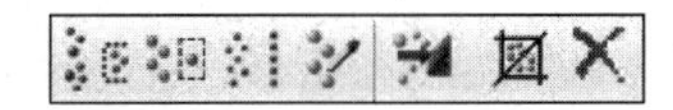

图5-7　“点操作”工具栏

工具栏中各按钮功能从左到右依次如下。

(1) 选择非连接项(分离点)：删除测量错误的点(不是噪声点)，无效的点，放大后能看得出明显离开零件表面的点。

(2) 选择体外弧点(轮廓点)：删除与绝大多数点云具有一定距离的点。

(3) 减少噪音：由于测量设备或测量方法的原因，有一些测量点误差比较大，超出允许的范围，这样的噪声点需要去除。

(4) 统一采样：均匀地减少点云的数量，方便后续的操作，可以保持边界点云不减少。

(5) 封装：即点云多边形化，这时就能大概看出点云是个什么样的形状。

(6) 修剪：保留选择的点，删除未选择的点。

(7) 删除：删除选择的点。

5.3　灯罩光栅扫描仪测量数据拼接处理

5.3.1　测量数据导入Geomagic软件

灯罩点云的处理首先在Geomagic Studio软件中进行。Geomagic Studio软件在这里的目的主要是对灯罩点云进行一些初步的处理以获得良好的点云数据，为在Imageware或者UG软件中对灯罩点云的重建曲面做准备。Geomagic Studio软件也可进行曲面的构造，但是往往构造的曲面质量很差。所以，一般都不用Geomagic Studio软件构造曲面。

打开Geomagic Studio软件，选择“文件”→“打开”命令，选中扫描获得的全部“.asc文件”(图5-8)，然后单击“打开”按钮，弹出一个“文件选项”对话框，选择比率100%，单击“确定”按钮，再弹出一个“单位”对话框(图5-9)，选择Millimeters，单击“确定”按钮，完成导入。

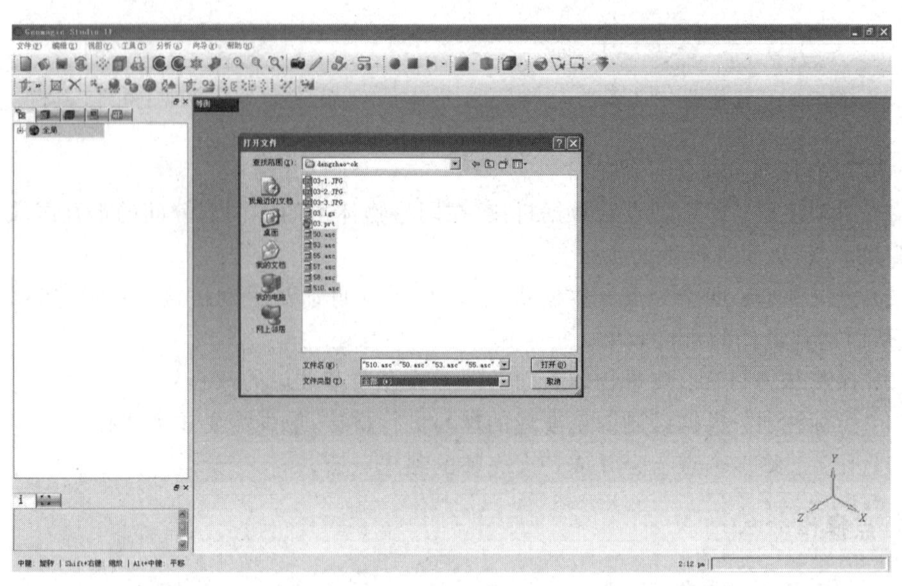

图 5-8　灯罩点云导入

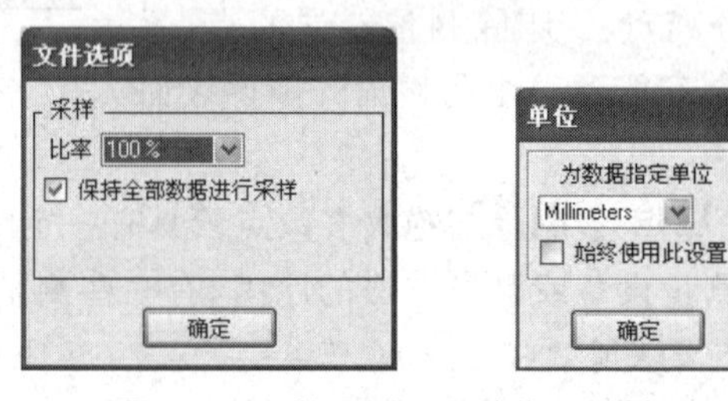

图 5-9　"文件选项"和"单位"对话框

5.3.2　灯罩多视点云数据拼接处理

由于多视扫描时每次转动零件扫描的单片点云都在不同坐标系下,因此扫描得到的灯罩点云导入 Geomagic 后,刚开始是杂乱无章的,如图 5-10 所示。因此,需要对这些点云进行数据拼接,将它们统一到同一个坐标系中。

1. 手动拼接

Geomagic
灯罩点云拼接

手动拼接就是在同一物体上的不同部分间的重叠区域,指定 1 点或者 n 点,从而进行点云手动拼接。同时选中导入的 6 片灯罩点云,选择"工具"→"注册"→"手动注册"命令,弹出如图 5-11 所示的"手动注册"对话框,在"模式"选项中选择"n 点注册",选择点云 1 作为固定对象,选择点云 2 作为浮动对象,两片点云分别显示在视图界面的固定和浮动框内,找到它们相同的特征标识点,并选取 3 个不在一条线上的在固定和悬浮窗口对应的点,使其点云拼接在一起,这时拼接好的点云效果会在视图界面下方的等轴侧视图中显示出来,如果拼接结果不满意,可以单击"清除"按钮删除已选择点,重新选择 3 个对应点进行拼接,或者直接在点云上继续选择几组对应点进行拼接,直到满意为止,完成后单击"下一步"按钮,进行下一片点云的拼接。

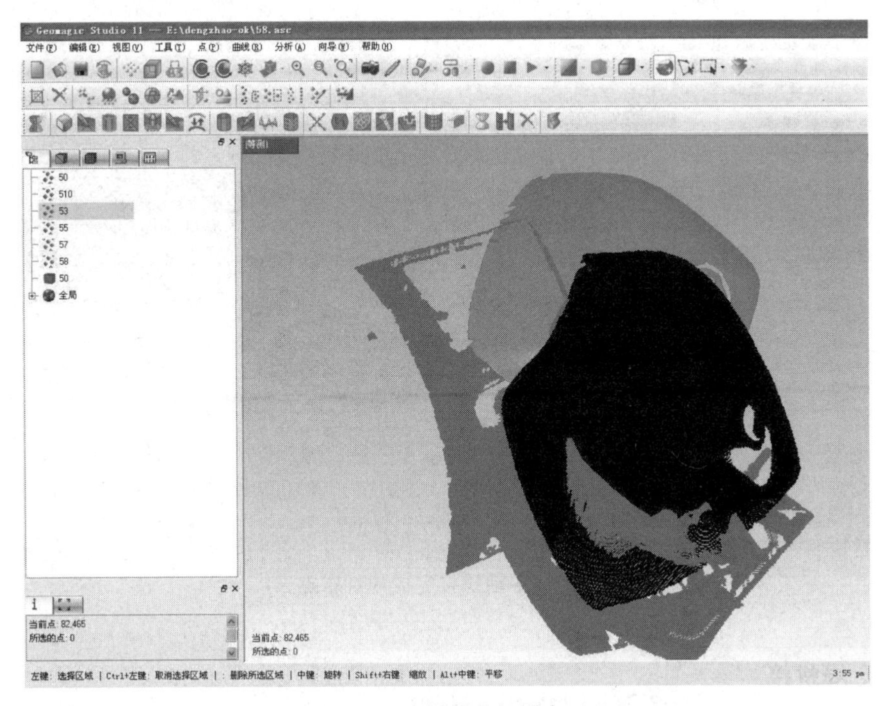

图 5-10　未拼接的灯罩点云

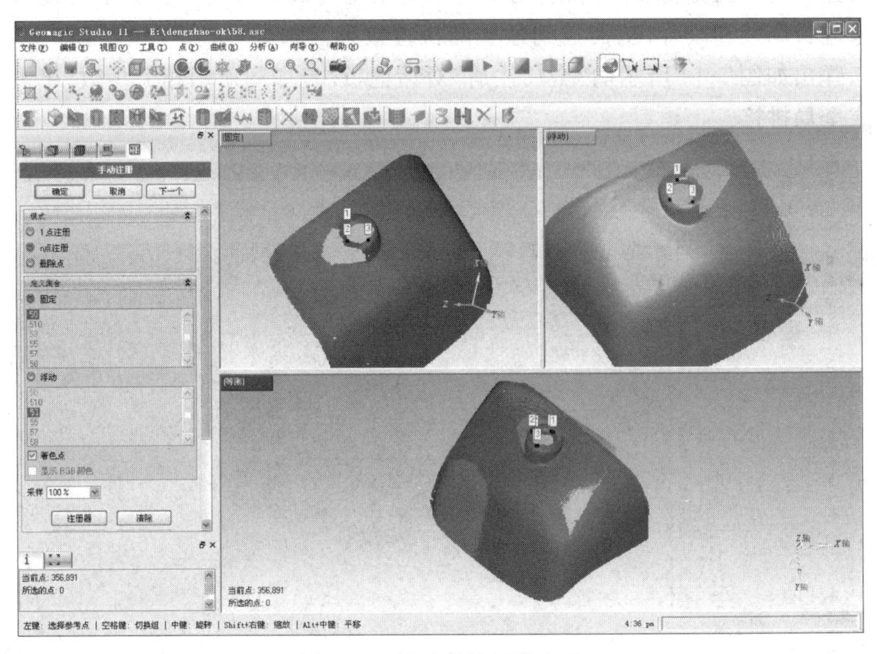

图 5-11　手动拼接灯罩点云

当第一组拼接完成后，固定对象中出现组 1，接下来只需要在浮动对象中进行选择还未拼接的点云，使拼接的点云都归于组 1。由于扫描的次数多于 2 次，需要多次手动注册。方法和上边一样，直到 6 片点云都拼接在一起，最后单击“确定”按钮，完成点云的手动拼接，如图 5-12 所示。

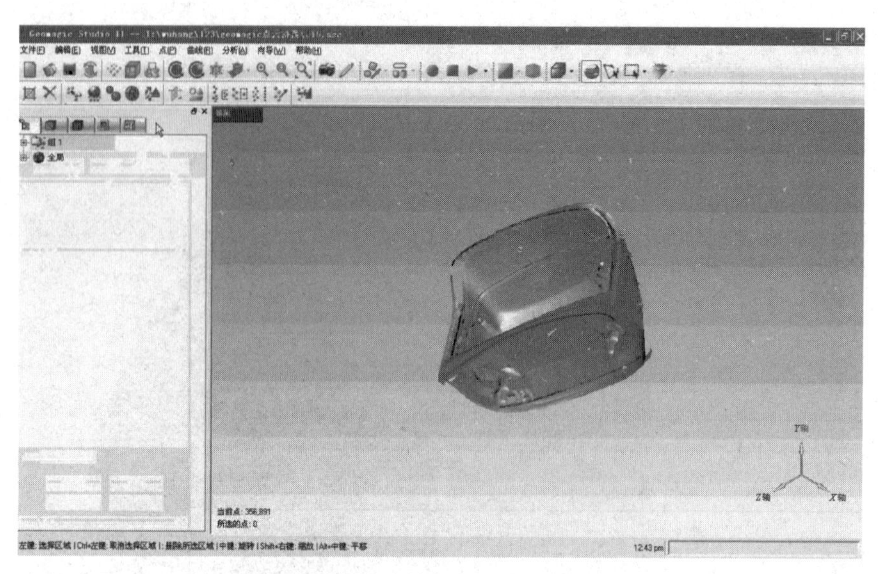

图 5-12　手动拼接完成的灯罩点云

2. 全局拼接

手动注册进行的是初步的拼接,而全局注册则是精确拼接。软件系统自动对手动拼接的结果进行调整和改善,从而达到最佳的拼接效果。选择“工具”→“注册”→“全局注册”命令,弹出如图 5-13 所示的“全局注册”对话框,设置如图所示相关参数,单击“确定”按钮完成全局拼接。

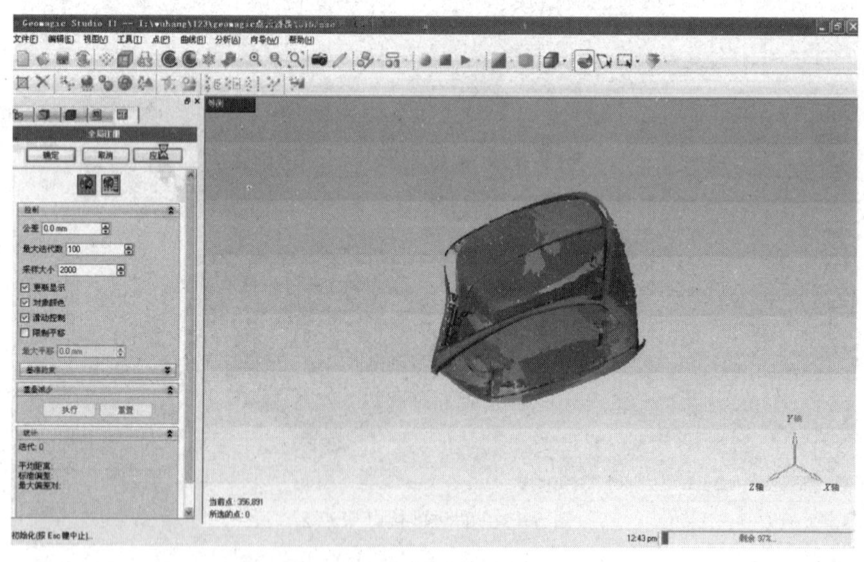

图 5-13　全局注册完成的灯罩点云

3. 点云合并

选择“点”→“联合”→“合并”命令,或者单击点工具栏按钮,全部默认,并选择“保留原始数据”和“删除小组件”,单击“确定”按钮,将多个灯罩点云合并成一个完整的独立点云。

5.3.3　灯罩点云数据预处理

1. 删除噪点和杂点

由于测量设备或测量方法引起的系统误差和随机误差,扫描过程中会产生一些测量点误差比较大,超出允许的范围,这样的噪点或者杂点需要去除,除噪的操作是必须和必要的,这样可获得光顺程度较高的点云。

单击点操作工具栏“选择非连接项”按钮,弹出如图 5-14 所示对话框,在“分隔”栏中选择“中间”,并根据右边选点的多少更改值的大小,单击“确定”按钮后按 Delete 键删除杂点。

Geomgic 点云数据预处理

单击点操作工具栏“选择体外弧点”按钮,弹出图 5-15 所示的“选择体外弧点”对话框,在“敏感性”中设置 66.667,并根据右边选点的多少更改值的大小,单击“确定”按钮删除与绝大多数点云具有一定距离的杂点。

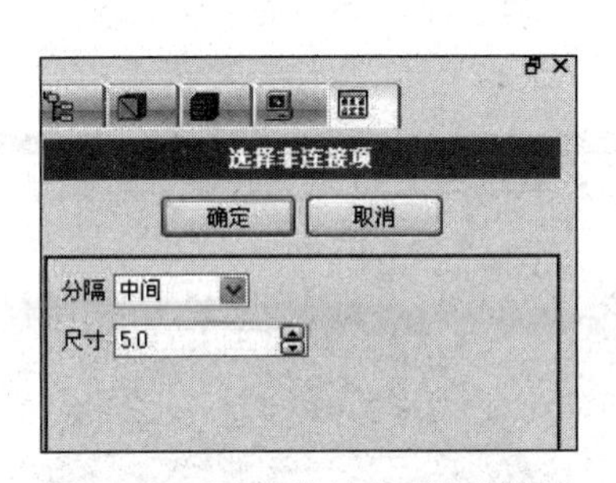

图 5-14　“选择非连接项”对话框

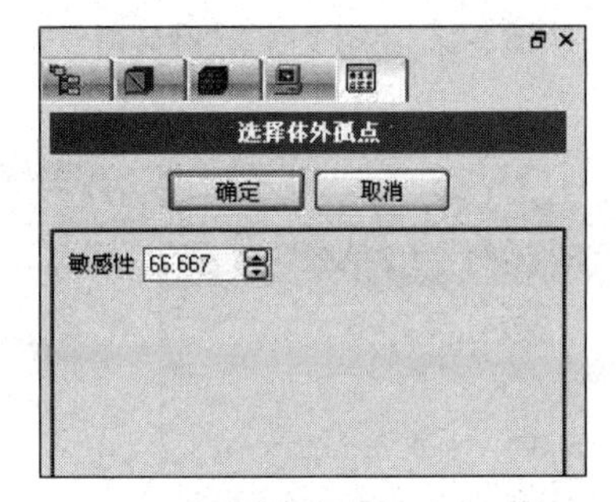

图 5-15　“选择体外弧点”对话框

选择“点”→“修补”→“减少噪音”命令,或者单击点操作工具栏“减少噪音”按钮,弹出图 5-16 所示的“减少噪音”对话框,设置参数如图 5-16 所示,并根据右边选点的多少更改值的大小,单击“确定”按钮删除噪点。

2. 统一采样

单击“点”→“采样”→“统一采样”选项,或者单击点操作工具栏“统一采样”按钮,弹出如图 5-17 所示的“统一采样”对话框,设置参数如图所示,并根据右边选点的多少更改值的大小,选择“保持边界”选项,单击“确定”按钮,完成点云采样。

3. 封装(点云多边形化)

选择“点”→“封装”命令,或者单击点操作工具栏“封装”按钮,弹出图 5-18(a)所示的“封装”对话框,设置参数如图所示,单击“确定”按钮,完成灯罩点云的三角形网格化处理,最终封装的结果如图 5-18(b)所示。

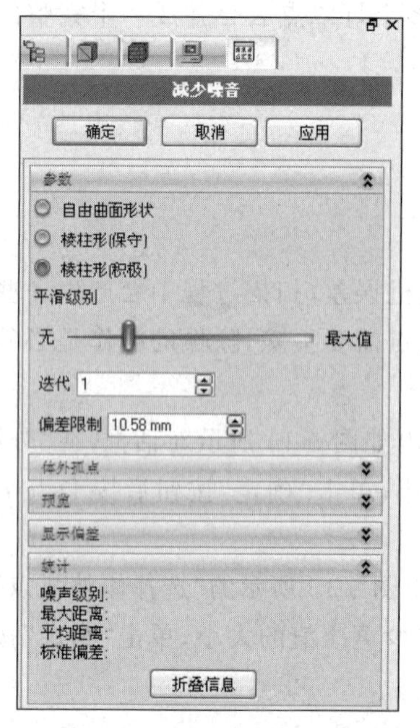

图 5-16 “减少噪音”对话框

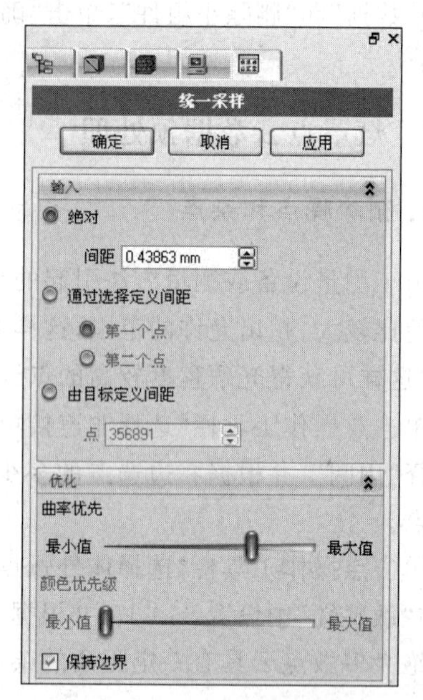

图 5-17 “统一采样”对话框

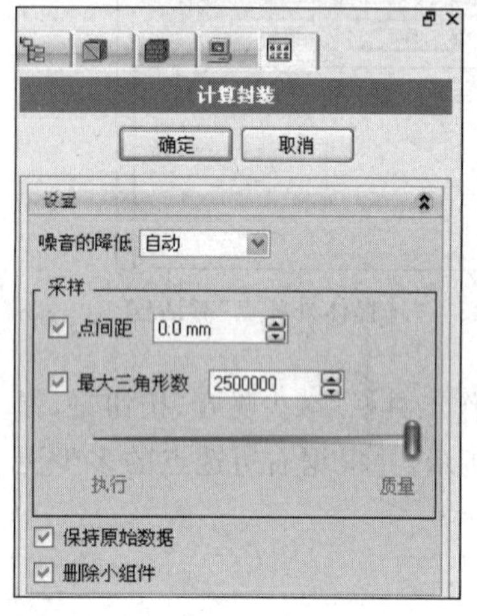

(a) “封装” 对话框

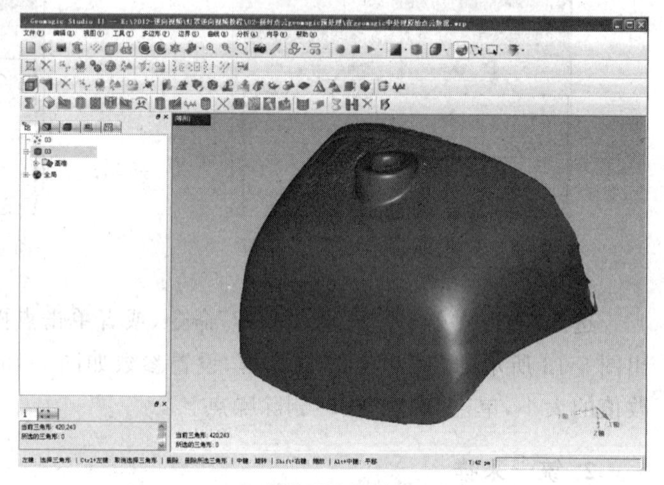

(b) 封装后的灯罩点云

图 5-18 封装灯罩点云

5.3.4 测量数据导出

在 Geomagic Studio 软件处理后的数据可以保存成 STL 格式也可以是 IGS 等格式。但因为点云下边要在 Imageware 软件中编辑和处理，所以要保存为 Imageware 软件能识别的格式，STL 和 IGS 格式都能被 Imageware 软件识别。通常都保存为 STL 格式，因为 IGS 格式的数据远大于 STL 格式，在 Imageware 软件下运行需要超高的计算机配置。

5.4　拓展训练

（1）根据本项目所学习的基于 Geomagic 的数据拼接方法，利用 Geomagic 对图 5-19～图 5-22 所示的淋浴喷头支架模型进行数据拼接。

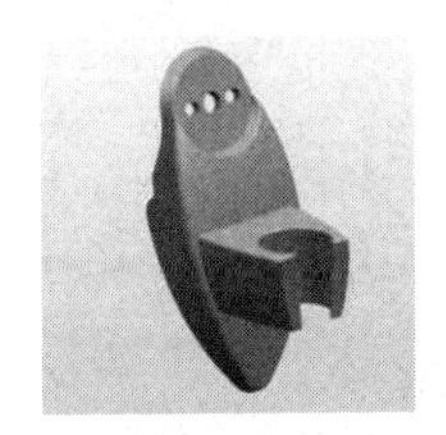

图 5-19　淋浴喷头支架模型 1

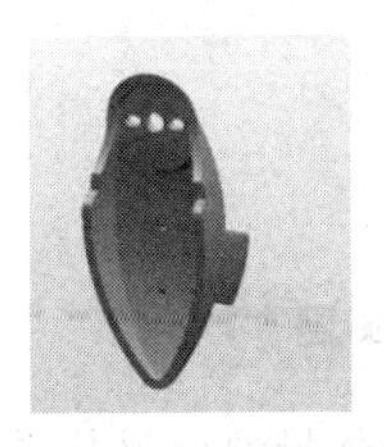

图 5-20　淋浴喷头支架模型 2

图 5-21　淋浴喷头支架点云 1

图 5-22　淋浴喷头支架点云 2

（2）根据本项目所学习的基于 Geomagic 的数据拼接方法，利用 Geomagic 对图 5-23～图 5-28 所示的玩具汽车模型进行数据拼接。

图 5-23　玩具汽车模型

图 5-24　玩具汽车模型点云 1

图 5-25　玩具汽车模型点云 2

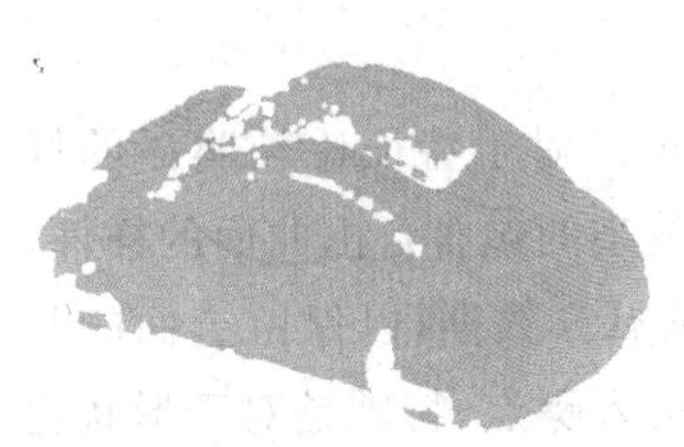

图 5-26　玩具汽车模型点云 3

图 5-27　玩具汽车模型点云 4

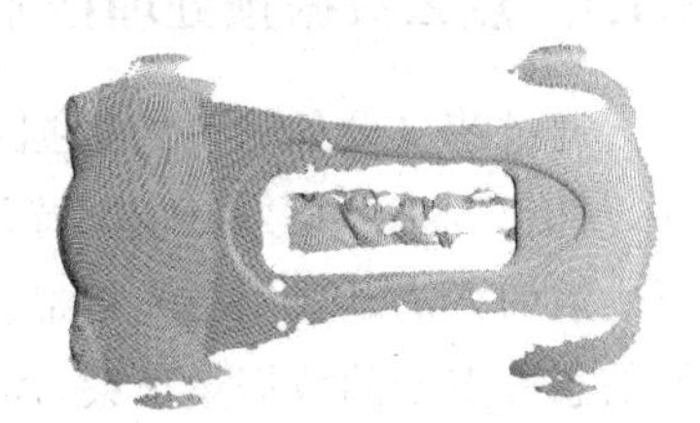

图 5-28　玩具汽车模型点云 5

项 目 6

基于 Imageware 的数据预处理

项目目的

（1）了解数据预处理技术的相关概念；

（2）掌握 Imageware 数据预处理的操作步骤和方法；

（3）掌握 Imageware 建立工件坐标系的一般步骤和方法；

（4）为后续建模项目提供必要的点云测量数据；

（5）培养学生独立分析和解决实际问题的实践能力；

（6）培养学生独立思考和创新设计的能力。

项目内容

（1）数据预处理技术简介和相关概念；

（2）Imageware 数据预处理和建立工件坐标系的一般步骤和方法；

（3）按实训的教学要求，熟练操作 Imageware 软件对灯罩点云进行数据预处理。

课时分配

本项目共 4 节，参考课时为 20 学时。

6.1 数据预处理技术简介

6.1.1 点云数据预处理技术的意义

通过测量设备测得的数据可以分为有序数据和无序数据。对于特征比较明显的样件，可能只需要测得特征点、特征线上的有序点就行，但对于复杂的包含自由曲面的样件，更一般的方法是采用激光扫描或者三维照相的方法得到海量点云数据，以保留全面的几何信息。点云的数据量很大，而且测量过程中不可避免地会引入噪点，特别是对于形状比较复杂的样件，需要从多个方向上进行数据采集。因此，在数据分块以前，需要对测量数据进行多视拼合、简化、去噪等预处理，可以说数据预处理的质量直接关系到生成曲面的品质。

6.1.2　测量数据的剔除和修补

1. 异常点删除

数据采集的方法虽然多样，但在实际的测量过程中受到人为或随机因素的影响，都不可避免会引入不合理的噪音点，这部分数据占数据总量的0.1%～5%，为了得到较为精确的模型和好的特征提取效果，降低或消除其对后续重构的影响，有必要对测量点云进行删除。数据测量的噪声是指测量数据中测量误差超出所设定误差的那些测量数据，即那些偏离理想位置超过设定误差的测量数据。

依据测量点的布置情况，测量数据可分为两类：截面测量数据和散乱测量数据。对于截面测量数据，常用的检查方法是将这些测量数据点显示在图形终端上，或者生成曲线曲面，采用半交互半自动的方法对测量数据进行检查、调整。对于散乱测量数据点，由于拓扑关系散乱，执行光顺预处理十分困难，只能通过图形终端人工交互检查、调整。

等截面数据扫描通常是根据被测量对象的几何形状，锁定一个坐标轴进行数据扫描，这样得到的数据是一个二维数据点集，由于数据量大，测量时不可能对一个点重复测量，这就容易产生测量误差。在曲面造型中，数据中的"跳点"和"坏点"对曲线的光顺性影响较大，"跳点"也称失真点，通常由测量设备的标定参数发生改变和测量环境突然变化造成。对于人工手动测量，还会由于操作误差，如探头接触部位错误，使数据失真。因此，测量数据的预处理首先是从数据点集中找出可能存在的"跳点"。如果在同一截面的数据扫描中，存在一个点与其相邻的点偏距较大，就可以认为这样的点是"跳点"。判断"跳点"的方法如下。

(1) 直观检查法：通过图形终端，用肉眼直接将与截面数据点偏离较大的点或存在于屏幕上的孤点剔除。这种方法适合于数据的初步检查，可从数据点集中筛选出一些偏差比较大的异常点。

(2) 曲线检查法：通过截面的数据的首末数据点，用最小二乘法拟合得到一条拟合曲线，曲线的阶次可根据曲面截面的形状设定，通常为3～4阶，然后分别计算中间数据点到样条曲线的欧氏距离，如果 $\| e_i \| \geqslant [\varepsilon]$，$[\varepsilon]$为给定的允差，则认为 p_i 是坏点，应以剔除，如图6-1所示。

(3) 弦高差法：连接检查点前后两点，计算 p_i 到弦的距离，同样，如果 $\| e_i \| \geqslant [\varepsilon]$，$[\varepsilon]$给定的允差，则认为 p_i 是坏点，应以剔除。这种方法适合于测量点均布且点较密集的场合，特别是在曲率变化较大的位置，如图6-2所示。

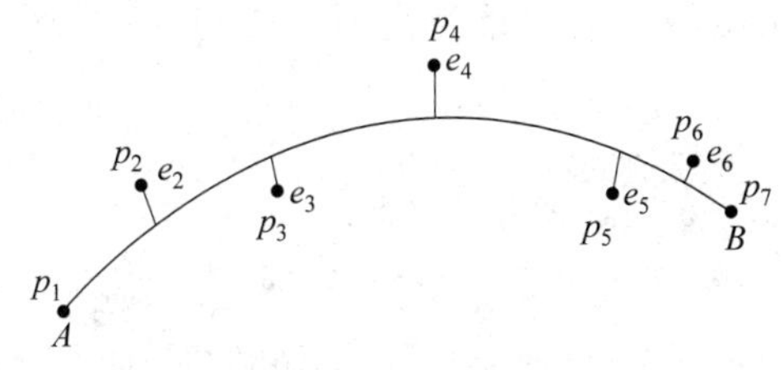

图6-1　曲线检查法

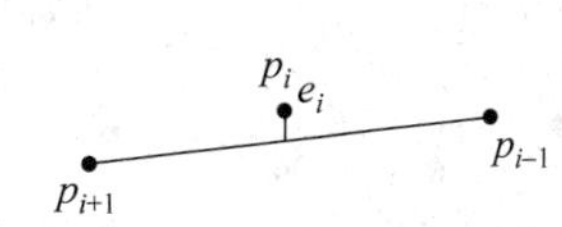

图6-2　弦高差处理方法

上述方法都是一种事后处理方法,即已经测量得到数据,再来判断数据的有效性。根据等弦高差的方法,还可以建立一种测量过程中即可对测量位置确定,也可以对测量数据进行取舍的方法,具体为编制CMM测量程序,给定允许弦差,当测量扫描时,不断计算当前采样点和已记录点的连续(弦)到该段运动轨迹中心的高度h,通过和给定弦差比较来判断当前采样点是否列入记录。

2. 数据插补

由于实物拓扑结构以及测量机的限制,一方面在实物数字化时会存在某些探头无法测到的区域,另一方面则是实物零件中经常存在经剪裁或布尔减运算等生成的外形特征,如表面凹边、孔及槽等,使曲面出现缺口,这样在造型时就会出现数据空白现象,这样的情况使逆向建模变得困难,一种可选的解决办法是通过数据插补的方法来补齐空白处的数据,最大限度获得实物剪裁前的信息,这将有助于模型重建工作,并使恢复的模型更加准确。目前应用于逆向工程的数据插补方法或技术主要有实物填充法,造型设计法和曲线、曲面插值补充法。

(1) 实物填充法

在测量之前,将凹边、孔及槽等区域用一种填充物填充好,要求填充表面尽量平滑,与周围区域光滑连接。填充物要求有一定的可塑性,在常温下则要求有一定的刚度特性。测量完毕后,将填充物去除,再测出孔或槽的边界,用来剪裁边界。实物填充法虽然原始,但不失为一种简单、方便而行之有效的方法。

(2) 造型设计法

在实践中,如果实物中的缺口区域难以用实物填充,可以在模型重建过程中运用CAD软件或逆向造型软件的曲面编辑功能,根据实物外形曲面的几何特征,设计出相应的曲面,再通过剪裁,离散出插补的曲面,得到测量点。

(3) 曲线、曲面插值补充法

曲线、曲面插值补充法主要用于插补区域面积不大,周围数据信息完整的情况。其中曲线插补主要适用于具有规则数据点或采用截面扫描测量的曲面,而曲面插补既适用于规则数据点也适用于散乱点。

6.1.3 点云数据的滤波和精简

1. 数据平滑

数据平滑通常采取标准(Gaussian,高斯)、平均(Averaging)或中值(Median)滤波算法,滤波效果如图6-3所示。高斯滤波器在指定域内的权重为高斯分布,其平均效果较

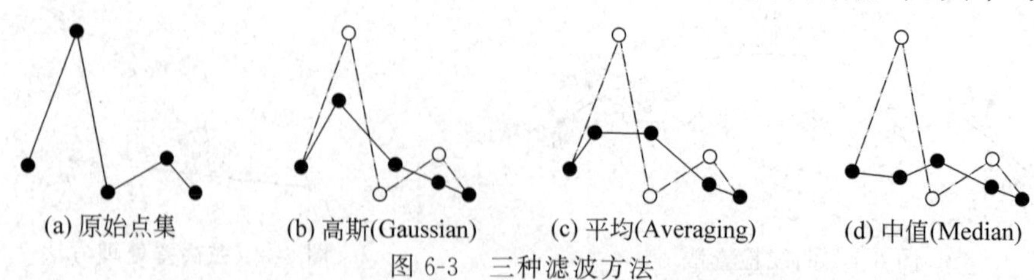

图6-3 三种滤波方法

小，故在滤波的同时能较好地保持原数据的形貌。平均滤波器采样点的值取滤波窗口内各数据点的统计平均值。而中值滤波器采样点的值取滤波窗门内各数据点的统计中值，这种滤波器消除数据毛刺的效果较好。实际使用时，可根据"点云"质量和后序建模要求灵活选择滤波算法。

在过滤操作中，通常选择操作距离(Operating Distance)为过滤的尺度，操作距离是指顺序点之间的最大间距。而高斯过滤被用来修正操作距离，应用高斯过滤时，那些远大于操作距离的点被处理成固定的端点，这有助于识别间隙和端点。

2. 点云数据精简

产品外形数据是通过测量设备来获取的，无论是接触式的数据测量机还是非接触式的激光扫描机，由于实际测量过程中受到各种人为或随机因素的影响，不可避免地会引入数据误差，尤其是尖锐边和产品边界附近的测量数据，测量数据中的坏点，可能使该点及其周围的曲面片偏离原曲面。同时，由于实物几何和测量手段的制约，在数据测量时，会存在部分测量盲区和缺口，为了降低或消除噪声对后续建模质量的影响，有必要对测量点云进行精简。

对于高密度点云，由于存在大量的冗余数据，有时需要按一定要求减少测量点的数量。不同类型的点云可采用不同的精简方式，散乱点云可通过随机采样的方法来精简；对于扫描线点云和多边形点云可采用等间距缩减、等量缩减、弦偏差等方法来精简。数据精简操作只是简单地对原始点云中的点进行了删减，不产生新点。激光扫描技术在精确、快速地获得数据方面有了很大进展。经过三维激光扫描机测量的模型曲面会产生成千上万个数据点，预处理这些大批量的数据成为基于激光扫描测量造型的主要问题。直接对点云进行造型处理，大量的数据进行存储和处理会非常困难，从数据点生成模型表面要花很长一段时间，整个过程会变得难以控制。实际上并不是所有的数据点对模型的重建都有用，因此，要在保证一定精度的前提下减少扫描数据量。

6.1.4　点云数据分块

数据预处理后便可以进行数据分块了，点云数据分块是逆向工程中的重要环节，它直接关系后续曲面重构的质量。在实际的产品中，只由一张曲面构成的情况不多，产品往往由多张曲面混合而成，由于组成曲面类型不同，所以 CAD 模型重建分为：先分别拟合单个曲面片，再通过曲面的过渡、相交、裁减、倒圆等手段，将多个曲面缝合成一个整体，即模型重建。数据分块是将点云数据转变为具有不同特征的区域数据，是 CAD 模型重建前非常关键的环节。

目前，对曲面点云数据的分块存在多种不同的方法。一种方法是四叉树方法，首先将整个曲面看成一个整体，按某类参数曲面形式拟合成一个单一的曲面，然后检验误差是否满足要求，若不能满足要求，则将其一分为四，再对每一个部分进行处理，直至所有子曲面均满足要求为止。该方法的优点是处理过程相对简单，便于实现计算机自动处理，缺点是没有考虑曲面组成的特点，不能根据设计者的意图对曲面进行分割，在某些情况下分割会显得很不合理。基于四叉树的数据分块方法在地质勘查及深度图像的处理中应用较多，一般用于分块精度要求不是太高的场合。

另一种方法则是基于曲面网格，将三角网格化以后的曲面点云数据，按各点所属的表面几何特征，分为具有不同特征的区域数据，使分块的每个点云属于一个自然的曲面。相对于原始的点云模型，三角网格模型不仅描述了数据点之间基本的拓扑关系，能够产生一定的视觉效果，而且容易与快速原型制造系统进行有效集成。同时这种方法得到的特征网格相比四叉树法得到的网格能更合理地反映零件的结构特征，也更适合于下一步的曲面模型建立。

目前基于曲面网格的数据分块研究方法主要有：基于边的方法和基于面的方法。

基于边的方法主要是依据数据点的局部法向矢量、曲率极值以及高阶微分信息来判断该点是否位于两张不同的曲面上，从原始散乱数据点中检测出离散的边界点，然后提取点云边界，利用边界曲线将整个点云自动分块。对于锐边，可通过曲面法矢的剧烈变化来识别；对于光滑连接的边，则要通过高阶导数的不连续性来寻找。

基于边的方法主要优点是速度快，对尖锐边界的识别能力强；但是边界特征点的自动搜寻是通过局部曲面片的法矢量突变或者高阶导数的不连续来判断一个点是否是边界点，因此对噪音数据、网格不规则性和计算误差很敏感，而且不能完全保证构成封闭的边缘。现代的基于边的方法适合处理包含边界尖锐特征和小过渡曲面的分块以及曲面边界的提取。但是对于包含光滑过渡连续的复杂曲面分块，基于边的分界方法存在很大困难。

基于面的方法是试图找出相互邻接、具有相同特性的点，然后将具有相同或者相似局部性质的数据点划分到同一张曲面片中，通过曲面求交等方法来获得边界。具体地讲，基于面的方法又可以分为两类。第一类是“自下而上”的方法：给定一些种子点，利用局部的微分信息，将具有相同特征的邻点纳入组成曲面，直到所有相容的点都加入为止，当邻接的区域相交或重合时由交线确定边界曲线。

总体来说，基于面的分块方法在处理的过程中考虑了全局的测量信息，对于可由多项式表达的二次曲面分块比较有效，具有较好的稳定性和较高的精度，但对于复杂外形的分块则不是很理想。主要存在的问题是难以选择合适种子点，分块曲面的边界很不光滑，并且方法的有效性依赖于复杂的判断控制机制。

综上所述，尽管有很多数据分块的方法，但是现有的数据分块技术都难以实现对包含光滑过渡区域的散乱数据点网格模型的分块，无法真实准确地反映原有样件的构造特点等问题，数据分块仍然是逆向工程中的一个难点问题，寻求一种快速、高效的数据点云自动分块方法依然是逆向工程的一个重要研究方向。

6.2 Imageware 软件基础

6.2.1 Imageware 软件简介

Imageware 由美国 EDS 公司出品，是最著名的逆向工程软件之一，被广泛应用于汽车、航空、航天、消费家电、模具、计算机零部件等设计与制造领域。该软件拥有广大的用户群，国外有 BMW、Boeing、GM、Chrysler、Ford、Raytheon、Toyota 等著名国际大公司，国内则有上海大众、上海申模模具制造有限公司、上海 DELPHI、成都飞机制造公司等大企业。Imageware 软件界面如图 6-4 所示。

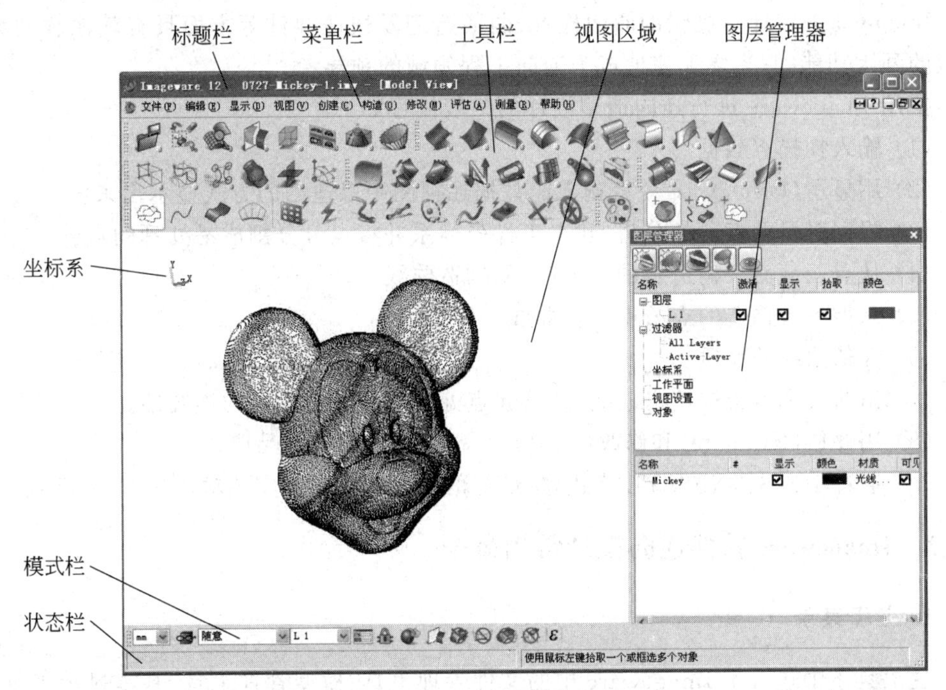

图 6-4 Imageware 软件界面

6.2.2 Imageware 软件优点

以前该软件主要被应用于航空航天和汽车工业，因为这两个领域对空气动力学性能要求很高，在产品开发的开始阶段就要认真考虑空气动力性。常规的设计流程首先根据工业造型需要设计出结构，制作出油泥模型之后将其送到风洞实验室去测量空气动力学性能，然后根据实验结果对模型进行反复修改直到获得满意结果为止，如此所得到的最终油泥模型才是符合需要的模型。如何将油泥模型的外形精确地输入计算机成为电子模型，就需要采用逆向工程软件。首先利用三坐标测量仪器测出模型表面点阵数据，然后利用逆向工程软件 Imageware 进行处理即可获得 A-Class 曲面。

随着科学技术的进步和消费水平的不断提高，许多其他行业也纷纷开始采用逆向工程软件进行产品设计。以微软公司生产的鼠标为例，就其功能而言，只需要有三个按键就可以满足使用需要，但是，怎样才能让鼠标的手感最好，而且经过长时间使用也不易产生疲劳感，却是生产厂商需要认真考虑的问题。因此，微软公司首先根据人体工程学制作了几个模型并交给使用者评估，然后根据评估意见对模型直接进行修改，直至修改到使用者都满意为止，最后再将模型数据利用逆向工程软件 Imageware 生成 CAD 数据。当产品推向市场后，由于其外观新颖、曲线流畅，再加上手感也很好，符合人体工程学原理，因而迅速获得用户的广泛认可，产品的市场占有率大幅度上升。

Imageware 采用 NURBS 技术，软件功能强大，Imageware 由于在逆向工程方面具有技术先进性，产品一经推出就占领了很大市场份额，软件收益正以 47%的年速率快速增长。

Imageware 主要用来做逆向工程，它处理数据的流程遵循点→曲线→曲面原则，流程简单清晰，软件易于使用。

Imageware 在计算机辅助曲面检查、曲面造型及快速样件等方面具有其他软件无可匹敌的强大功能，它当之无愧地成为逆向工程领域的领导者。

使用 Imageware 进行逆向造型设计的一般流程如下。

(1) 输入扫描点数据。

(2) 用显示(Display)命令将输入的数据在视图中以适当的方式显示出来。

(3) 根据对目的点云的分析，建立工件坐标系并将点云分割成易处理的点云。

(4) 从点云截面中构造新的点云，以便构造曲线。

(5) 从上一步构造的点云中构造曲线。

(6) 评估曲线的品质。

(7) 由曲线和点云构造出曲面，并从起点处建立与邻近元素的连续性。

(8) 用评估(Evaluate)和修改(Modify)命令，评估曲面的品质。

(9) 通过 IEGS、DXF、STL 格式，将最终的曲面和构建的实体输出至 CAD 系统。

6.2.3 Imageware 软件逆向设计常用命令

1. 主工具条

主工具条中包含了 Imageware 中的文件管理工具、模型管理工具、基本显示工具，高级显示工具、移动工具、视图工具和层管理工具等。主工具条如图 6-5 所示。

图 6-5 主工具条

这些主工具图标是一个类型的命令图标的集合，单击并不能执行某个命令，按住左键不松开，它们所包含的命令将会以浮动工具条显示，如图 6-6 所示。

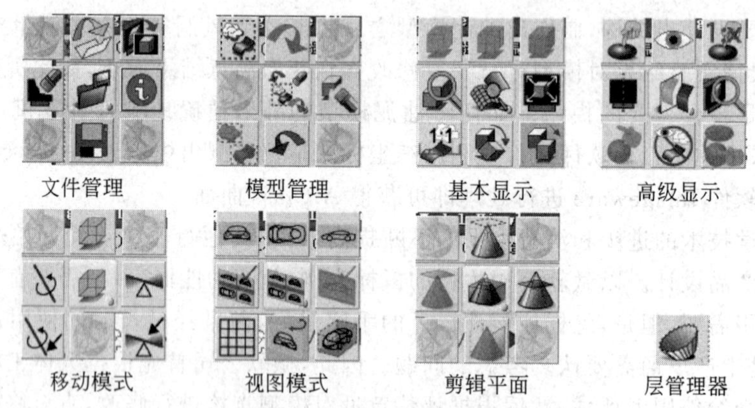

图 6-6 主工具条包含的浮动工具条

浮动工具条是 Imageware 软件中比较有特色的命令图标。利用浮动工具条，Imageware 将用户界面设计得非常简洁、方便。Imageware 将常用命令分成几个工具条，每个工具条包含几个命令图标，这些图标是几个相类似的命令的一个集合，单击这些图标将显示出一个围绕着这个图标的具体命令的图标。称这个弹出的围绕在工具条中某个图标周围的图标为浮动工具条。

这种工具条也出现在视图区域中，根据逆向造型设计的特点，分别在不同的点、线、面上右击将出现相应特征常用命令的浮动工具条，在视图空白区域右击也将出现相应的浮动工具条，如图 6-7 所示。

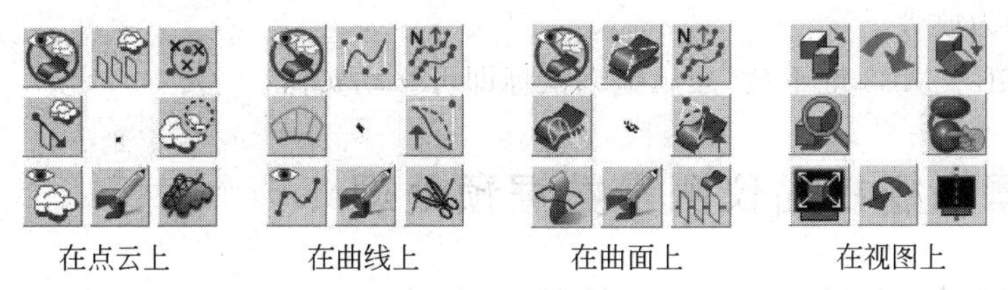

图 6-7 在视图区域右击弹出的浮动工具条

2. 曲面浮动工具条

曲面浮动工具条是一组更常用的浮动工具条，它可以通过鼠标的三个键(在本书中鼠标左键定义为 MB1，鼠标中键定义为 MB2，鼠标右键定义为 MB3)与 Shift＋Ctrl 组合键迅速访问主要的命令。图 6-8 所示为曲面浮动工具条。

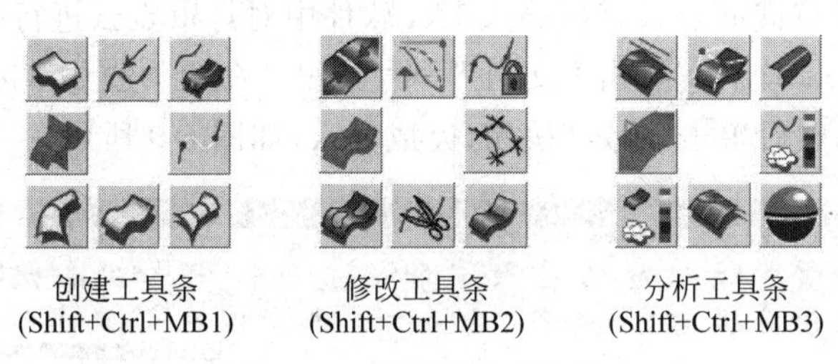

图 6-8 曲面浮动工具条

创建工具条，其中的图标从左上角开始顺时针方向分别是“沿方向拉伸”“交互式 3DB 样条线”“投影曲线到曲面”“桥接曲线”“放样曲面”“双向放样曲面”“曲面倒角”。

修改工具条，其中的图标从左上角开始顺时针方向分别是“对齐缝合两个曲面”“修改控制点/曲线节点”“创建曲线约束”“相接曲线”“延伸曲面”“分割曲线”“以边界修剪曲面区域”“取消修剪曲面”。

分析工具条，其中的图标从左上角开始顺时针方向分别是“曲面高亮线显示”“曲线曲面控制点显示”“拔模角度图”“曲线与点云偏差显示”“纹理贴图”“曲面截面切线”“曲面到点云偏差显示”“多重曲面连续性显示”。

3. 鼠标操作

鼠标左键(MB1)用于选择菜单命令、选取几何体和拖动对象等。

鼠标中键(MB2)用于执行当前的命令。在对话框模式下，单击鼠标中键，相当于单击对话框的默认按钮(如 OK 按钮或者 Apply 按钮)，因此单击鼠标中键，这样可以加快操作速度。

鼠标右键(MB3)用于弹出快捷菜单。其显示的菜单内容依鼠标单击位置的不同而不同。

在 Imageware 中，视图操作中常用的配合鼠标使用的缩小与放大，移动和旋转操作如下。

按住 Shift+MB1 键不放,然后拖动鼠标即可旋转实体。

按住 Shift+MB2 键不放,然后拖动鼠标即可缩放实体。默认情况下,向上拖动为缩小,向下拖动为放大。

按住 Shift+MB3 键不放,然后拖动鼠标即可移动实体。

6.3 灯罩光栅扫描仪测量数据预处理

6.3.1 测量数据导入 Imageware 软件

将在 Geomagic Studio 软件进行拼接处理后得到的良好灯罩点云数据导入 Imageware,进行点云工件坐标系的建立,以方便后续的曲面建模处理,还可以进行关键特征部位点云截面的剖切,得到截面点云,再依据点构造曲线,最后构造曲面,完成产品的逆向造型。Imageware 构造的曲面质量非常好,但是后续的曲面修剪、内部结构设计功能使用不太方便,可以在 Imageware 中构造出产品的主体曲面,再导入 UG 软件中进行曲面后续处理;也可以将截面点云直接导入 UG 软件中对灯罩点云进行曲面重建。

打开 Imageware 软件,单击"文件"→"打开"命令,选中 Geomagic 中输出的 dengzhao. stl 文件,然后单击"确定"按钮,完成导入,如图 6-9 所示。

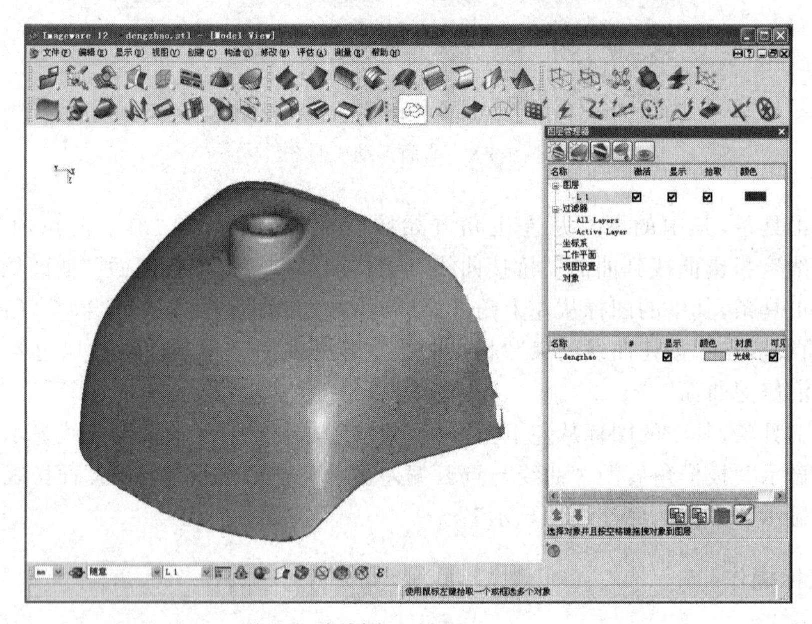

图 6-9 灯罩点云导入 Imageware

导入后的灯罩点云是按三角形网格化后平滑着色的方式显示,并不是曲面,单击"显示"→"点"→"显示"命令,或者按 Ctrl+D 组合键,弹出如图 6-10 所示的"点显示"对话框,选择不同的点云显示方式,如图 6-11 所示。

单击"命令评估"→"信息"→"对象"命令,弹出如图 6-12 所示的"对象信息"对话框,可以判断这个点云是杂乱的点云还是扫描的点云,这个信息对于接下来规划曲线的工作很有帮助,也可以计算在这个点云中包含有多少个点,以及点云的外形尺寸等信息。

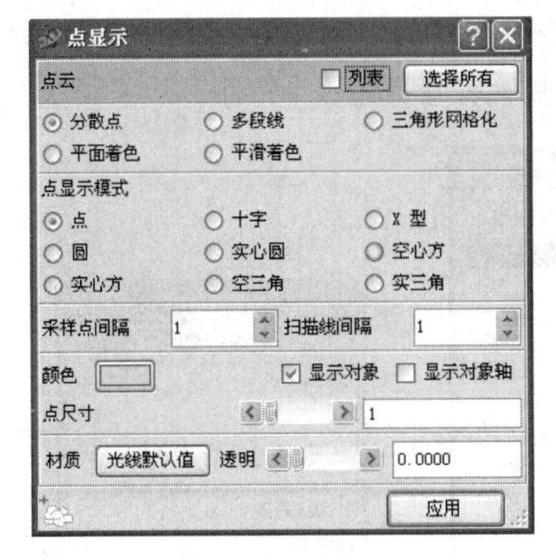

图 6-10　“点显示”对话框

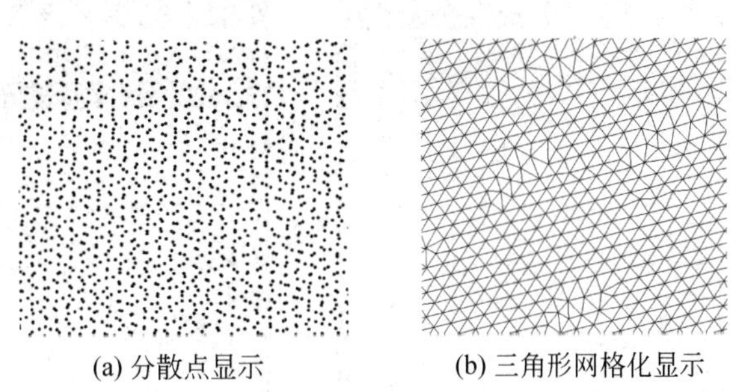

(a) 分散点显示　　(b) 三角形网格化显示

图 6-11　点显示模式

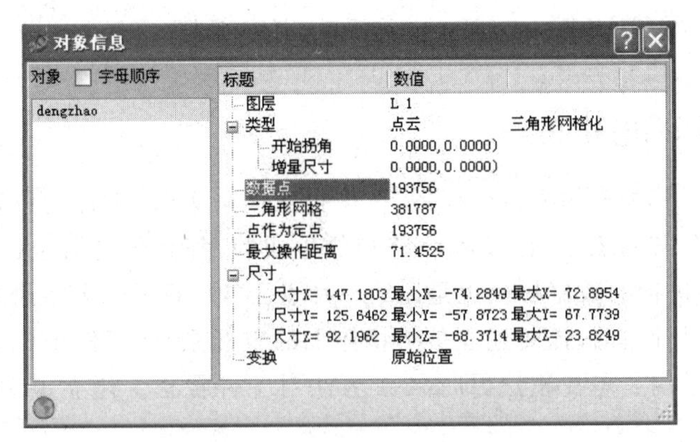

图 6-12　“对象信息”对话框

6.3.2　灯罩点云数据预处理

Imgarware 点云预处理

扫描得到的点云模型中有大量的点数据，通常希望在保证特征不损失的情况下，进行数据缩减。单击“命令修改”→“数据简化”→“弦偏差采样”命令，弹出如图 6-13 所示的“弦偏差采样”对话框，选中 dengzhao 点云，设置“最大偏差”和“最大跨度”，软件系统将自动计算超出设定距离的点云并删除，在结果栏中显示操作前和操作后的点云数目，单击“应用”按钮完成操作。

单击“命令修改”→“数据简化”→“距离采样”命令，或者单击工具栏中“重建命令”按钮，选择“距离采样”按钮，弹出如图 6-14 所示的“距离采样”对话框，选中 dengzhao 点云，设置距离公差，软件系统将自动计算超出设定距离的点云并删除，在结果栏中显示操作前和操作后的点云数目，单击“应用”按钮完成操作。从视图中减少点而且不会影响存在的点云。

利用一个采样命令或过滤命令将修改原始的点云数据，三角形网格由于点云数据的变化也丢失了，需要重新计算三角形网格，单击“命令构造”→“三角形网格化”→“点云三角形网格化”命令，弹出如图 6-15 所示的“点云三角形网格化”对话框，在“相邻尺寸”选项栏中输入 2.25，单击“应用”按钮，完成灯罩点云的三角形网格化操作。通过操作可视化点云数据可以获得对此物体的初步感觉,利用软件中存储的任何视图或用鼠标动态的旋转此物体来更好的观察它。将曲面的结构可视化可以更充分地描述这个产品。

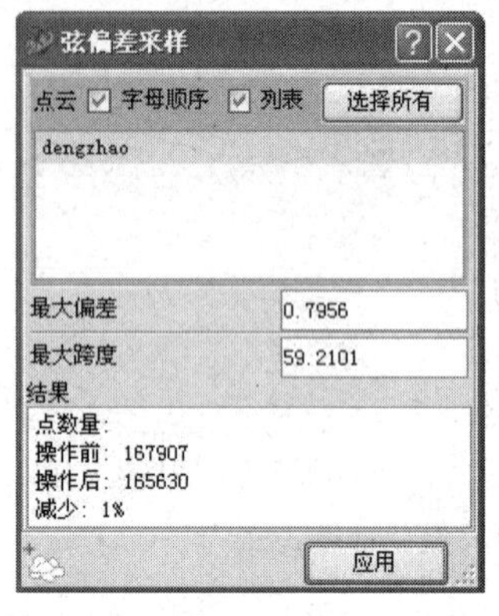

图 6-13 “弦偏差采样”对话框

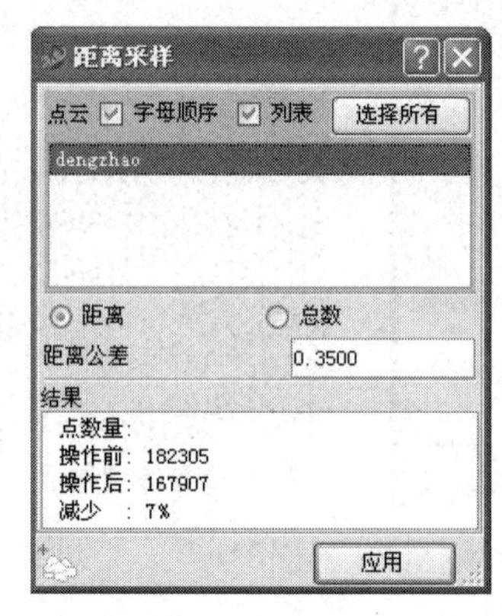

图 6-14 “距离采样”对话框

图 6-15 “点云三角形网格化”对话框

6.3.3 工件坐标系的建立

Imgarware 产品坐标系建立

激光扫描仪有其本身的机器坐标系,在进行数据采集时,工件的位置是任意摆放的,检测点数量及其分布的确定,以及检测路径的生成等,都是在机器坐标系下进行的。在 Geomagic 软件中进行的数据拼接也是以第一片点云的坐标系为基准进行拼接的。因此,在进行逆向造型设计之前,需要建立被测物体上的坐标系,即工件坐标系,以方便后续的操作处理。通常采用 6 点找正法,即 3-2-1 方法对工件找正。建立工件坐标系的具体步骤如下。

1. 平面找正

确定基准平面,利用软件中存储的任何视图或用鼠标动态的旋转物体来更好的观察它,通过产品上的一个平面来找正被测零件,保证工件坐标系的 Z 轴总是垂直于该基准平面。本节灯罩的基准平面如图 6-16 所示平面。

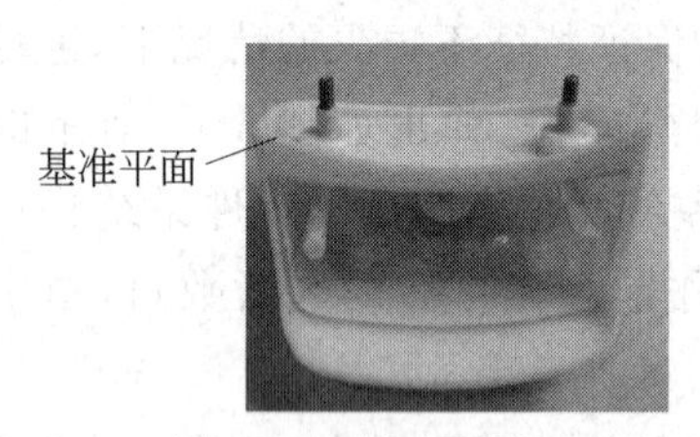

图 6-16 基准平面

首先需要将该平面点云和原始的灯罩点云分离出来,单击“修改”→“抽取”→“圈选点”命令,或者在点云上右击,选择“圈选点”命令,弹出如图 6-17 所示的“圈选点”对话框,选中 dengzhao 点云,单击“选择屏幕上的点”命令,用鼠标在所需要的平面点云上圈选,如图 6-18 所示,设置“保留点云”为“内侧”,并且选择“保留原始数据”选项,单击“应用”按钮完成操作。由于实际测量点云在该平面中间处缺陷太多,不太适合拟合平面,所以只选取两边的平面点云即可。同样的方法,选取如图 6-18 所示右侧的点云。最后将两片圈选的点云合并在一起完成平面点云的分离。单击“修改”→“合并”→“点云”命令,弹出如图 6-19 所示的“点云合并”对话框,选中两片圈选的点云,单击“应用”按钮完成点云合并,如图 6-20 所示。

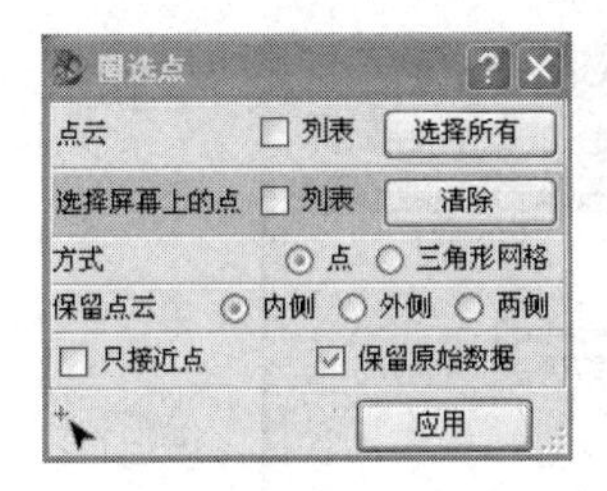

图 6-17　“圈选点”对话框

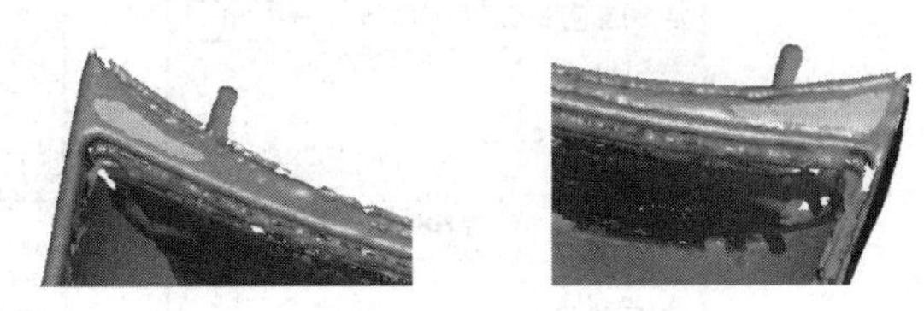

图 6-18　圈选点云

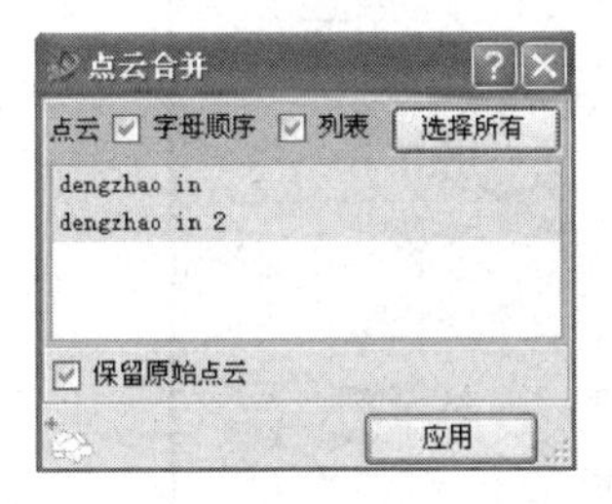

图 6-19　“点云合并”对话框

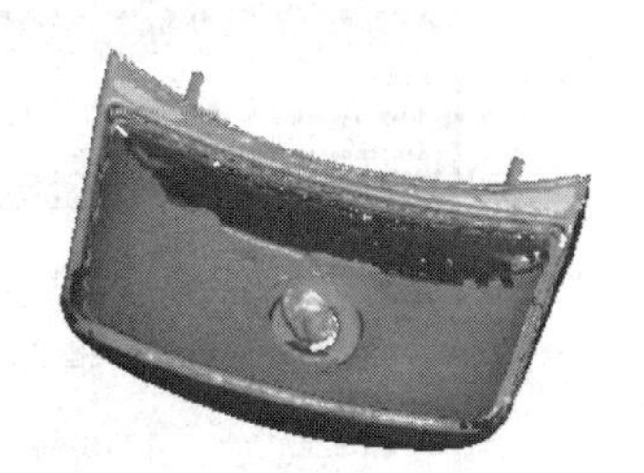

图 6-20　点云合并结果

单击“创建”→“平面”→“中心/法向”命令，弹出如图 6-21 所示的“平面(中心/法向)”对话框，平面中心默认为系统的坐标原点(0,0,0)，“平面法向”选择 Z 轴，其他选项默认，单击“应用”按钮完成平面的创建，如图 6-22 所示。该平面和圈选的点云并不在同一个平面内。平面找正就是需要在圈选的平面点云和创建的平面之间建立对应的变换矩阵，从而将整体的点云对正到绝对坐标系中，完成平面找正。

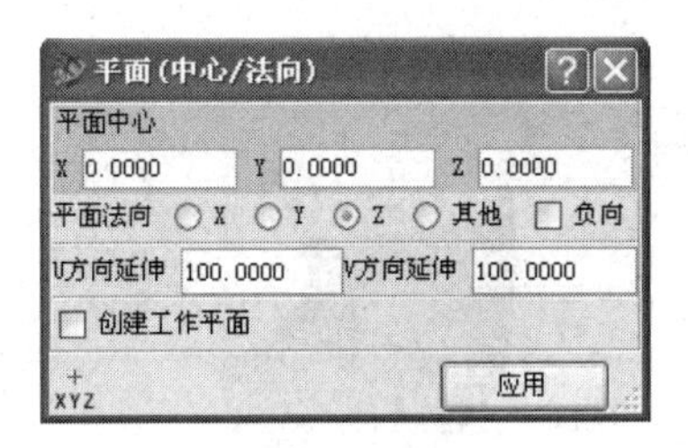

图 6-21　“平面(中心/法向)”对话框

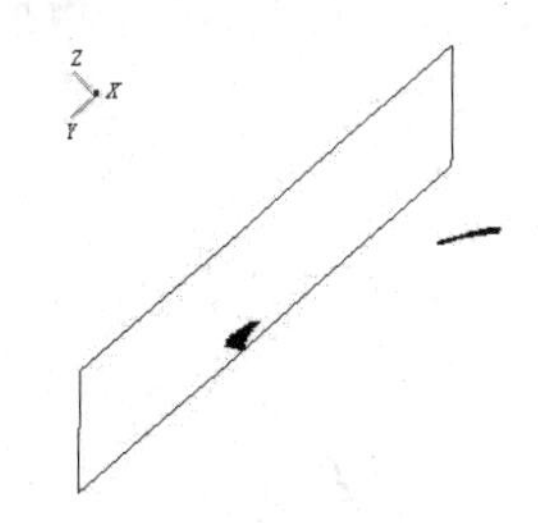

图 6-22　创建的平面和圈选的点云

单击“修改”→“定位”→“最佳拟合”命令，弹出如图 6-23(a)所示的“最佳拟合定位”对话框，在“移动对象”选项中选择合并的点云 AddCld，“来源对象”选项中选择合并的点云 AddCld“目的对象”选项中选择创建的平面 Plane，其他选项默认，单击“应用”按钮在“来源对象”圈选的平面点云和“目的对象”创建的平面之间建立对应的变换矩阵，在对话框下方的定位结果中有具体的点云旋转角度、移动距离等信息，如图 6-23(b)所示。

最终的对齐结果如图 6-24 所示，从图 6-25 中可以看到仅仅是平面点云对齐了，原始灯罩点云并没有移动，单击“修改”→“定位”→“坐标系重新建对齐”命令，弹出如图 6-26 所示的“坐标系重新建对齐”对话框，在“移动对象”选项中选择原始灯罩点云 dengzhao，“定位移动”选项中选择上一步建立的变换矩阵 DirectReg，单击“应用”按钮完成原始灯罩点云的对齐，如图 6-27 所示。

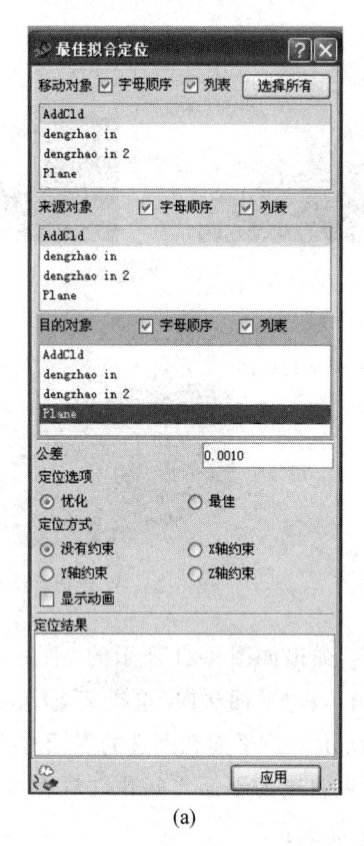

(a)

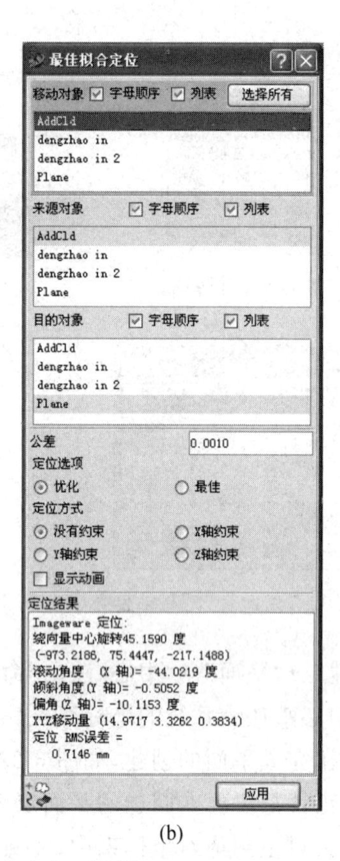

(b)

图 6-23 “最佳拟合定位”对话框

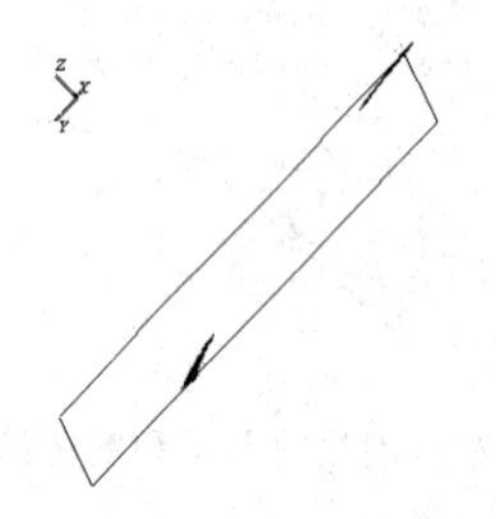

图 6-24 对齐的平面点云

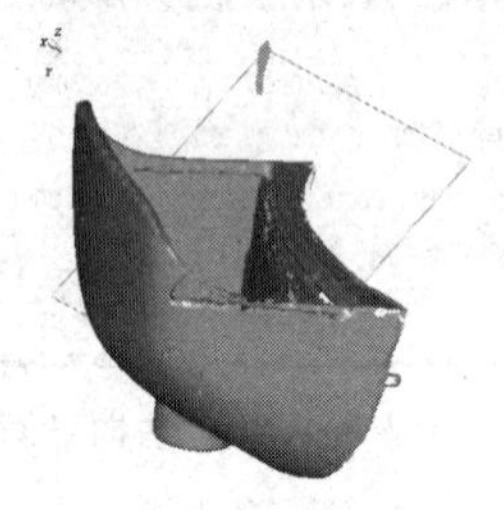

图 6-25 未对齐的灯罩点云

坐标系重新建对齐
移动对象 字母顺序 列表 选择所有
AddCld
dengzhao
Plane
定位移动 字母顺序 列表
DirectReg
应用 应用反向

图 6-26 “坐标系重新建对齐”对话框

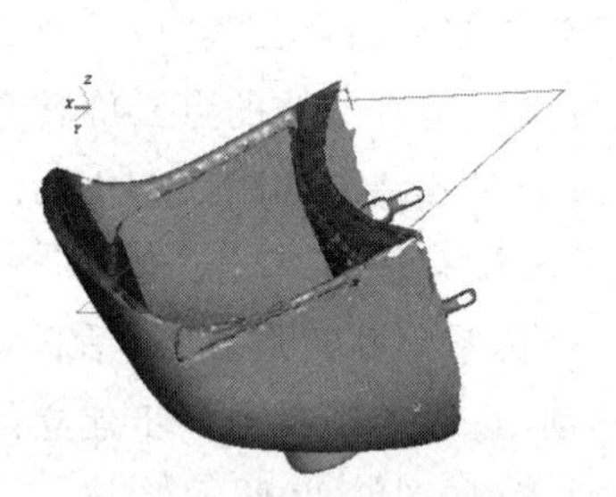

图 6-27 对齐的灯罩点云

2. 轴线找正

从图 6-16 中可以明显地看到该灯罩上有两个安装固定用的圆柱台，从而可以确定已找正平面上一轴线的相位。在同一截面上找到两个圆柱的截面圆心，使其连成一条直线后，将绝对坐标系的一轴旋至与该直线重合，从而确定工件坐标系的 *XOY* 平面。

将灯罩点云转至合适位置，单击“构造”→“剖面截取点云”→“交互式点云截面”命令，或者在点云上右击，选择“交互式点云截面”命令，弹出如图 6-28 所示的“交互式点云截面”对话框，选中 dengzhao 点云，单击“选择屏幕上的直线”命令，用鼠标在所需要的位置单击画直线，如图 6-29 所示，其他选项默认，单击“应用”按钮完成操作。

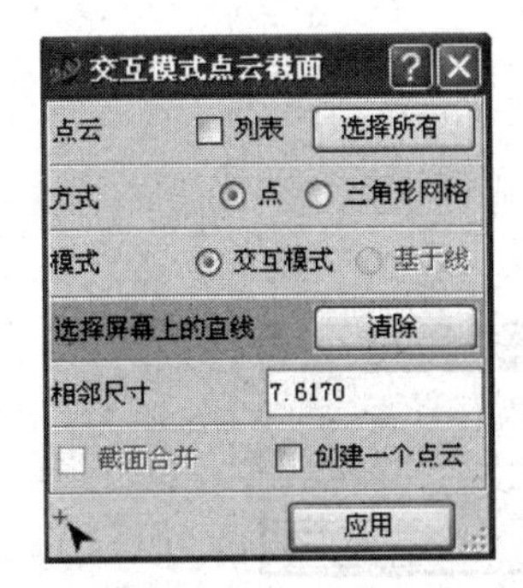

图 6-28 “交互模式点云截面”对话框

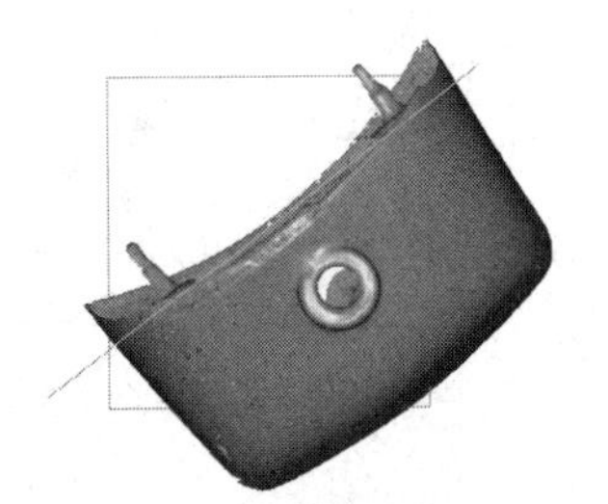

图 6-29 截面直线

单击“创建”→“简单曲线”→“圆(3 点)”命令，弹出如图 6-30 所示的“圆(3 点)”对话框，在上一步截取的截面点云上选取如图 6-30 所示的 3 点绘制整圆，点的选取间隔距离越远误差越小，单击“应用”按钮完成操作，同样的方法完成另一侧整圆的绘制。

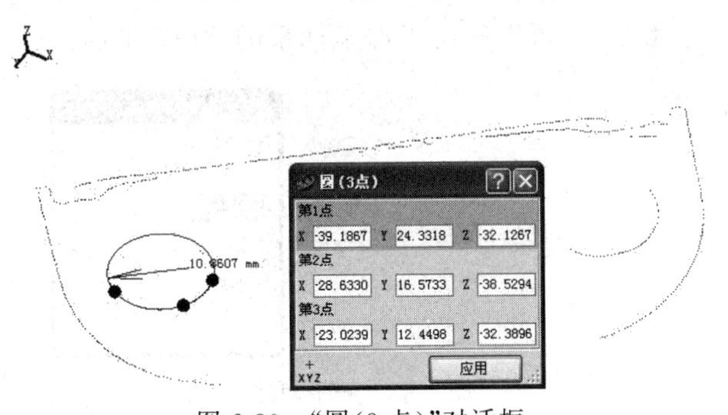

图 6-30 “圆(3 点)”对话框

单击“创建”→“简单曲线”→“直线”命令，弹出如图 6-31 所示的“直线”对话框，在“对象捕捉”选项中选择“圆心”选项，分别选取上一步创建的两个整圆的圆心，单击“应用”按钮完成直线绘制。

单击“创建”→“简单曲线”→“矢量线”命令，弹出如图 6-32 所示的“矢量线”对话框，在“对象捕捉”选项中选择“圆心”选项，在“起点”选项中选择左边整圆的圆心，在“方向”选项中选择 *X* 轴，长度为 60，单击“应用”按钮完成矢量线绘制。

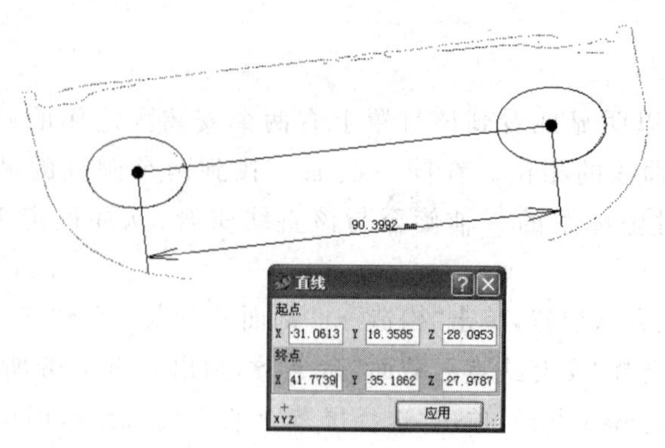

图 6-31 “直线”对话框

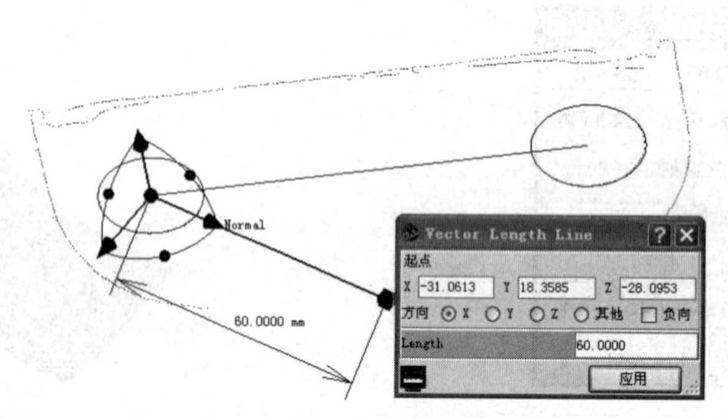

图 6-32 绘制矢量线

单击“测量”→“角度/相切方向”→“切线间”命令，弹出如图 6-33 所示的“两条曲线切线角度”对话框，分别选中刚创建的两条直线，在对话框下方的结果栏中会显示出“相切角度 36.3215”。该角度就是灯罩点云和绝对坐标系的 X 轴之间的角度，将灯罩点云旋转至和绝对坐标系的 X 轴重合，就可以确定工件坐标系的 XOY 平面。

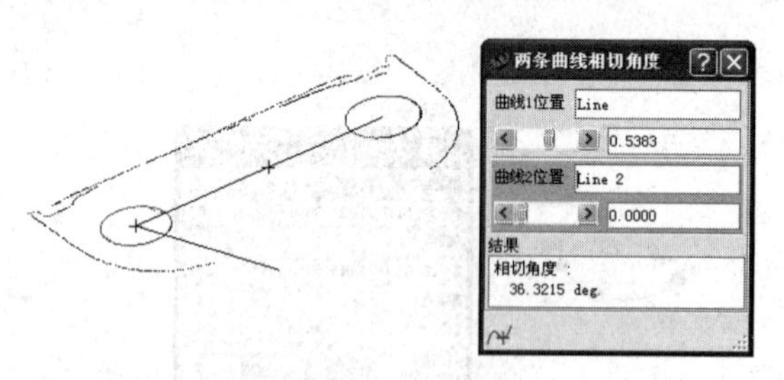

图 6-33 测量角度

单击“修改”→“对象位置”→“旋转”命令，弹出如图 6-34 所示的“旋转对象”对话框，在“对象”选项中选择需要旋转定位的灯罩点云，“轴方向”选择 Z 轴，“角度”输入36.3215，其他选项默认，单击“预览”按钮查看点云的旋转方向是否正确，不满意单击“负向”选项，满意后单击“应用”按钮完成灯罩点云 X 轴的找正。

此时，点云已基本对齐，按快捷键 F1 和 F5 分别将点云转向上视图(图 6-35)和前视图(图 6-36)，将工件坐标系显示出来，会发现工件坐标系并不在左右对称面上，这样会给后续的处理造成不便，因此，还需要确定合适的原点位置。

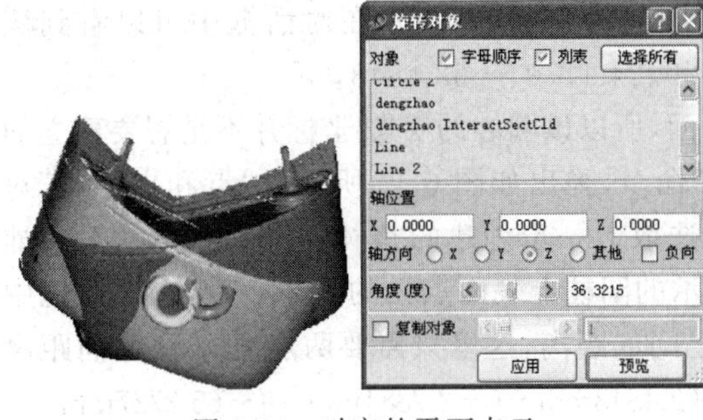

图 6-34　对齐的平面点云

图 6-35　上视图

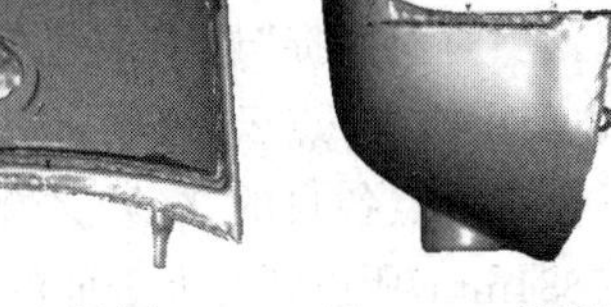

图 6-36　前视图

3. 原点找正

取被测零件上的任一点为工件坐标系 Z 轴的射线点，由射线点发出的射线与找正平面相交所得的点为工件坐标系的原点，相对该原点即确定 X、Y 轴的正向。通过观察，取灯罩正中间的圆柱上表面圆心为坐标原点。

将灯罩点云转至合适位置，单击“构造”→“剖面截取点云”→“交互式点云截面”命令，弹出如图 6-37 所示的“交互式点云截面”对话框，选中 dengzhao 点云，单击“选择屏幕上的直线”命令，用鼠标在所需要的位置单击画直线，如图 6-37 所示，其他选项默认，单击“应用”按钮完成操作。

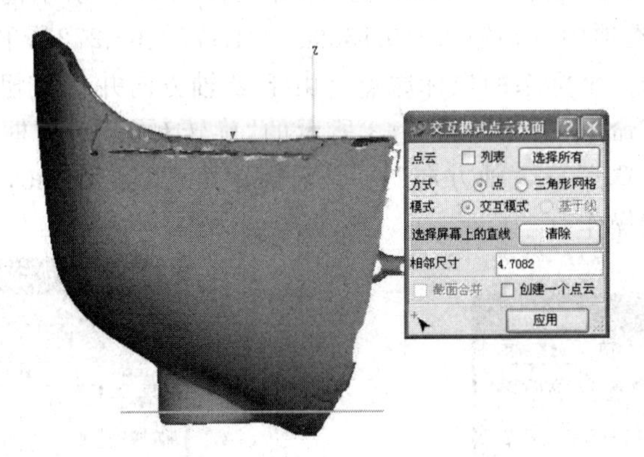

图 6-37　“交互模式点云截面”对话框

单击“创建”→“简单曲线”→“圆(3 点)”命令，弹出“圆(3 点)”对话框，在上一步截取的截面点云上选取如图 6-38 所示的 3 点绘制整圆，单击“应用”按钮完成操作。

单击“测量”→“位置”→“点位置”命令，弹出如图 6-39 所示的“点位置”对话框，在“对

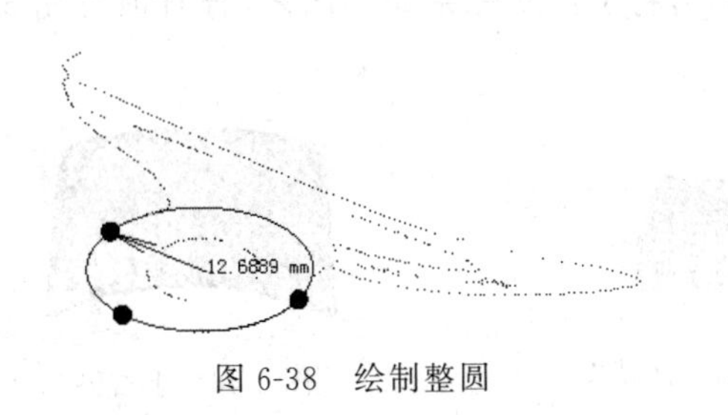

图 6-38　绘制整圆

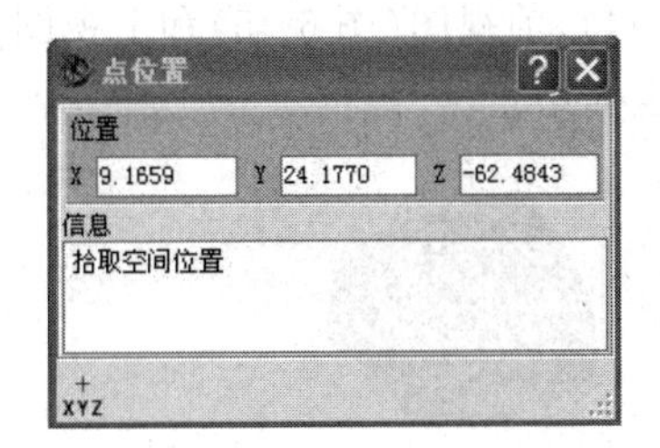

图 6-39　“点位置”对话框

象捕捉”选项中选择“圆心”选项,选取上一步创建的整圆的圆心,在对话框中可以看到该圆心在坐标系中的 X、Y、Z 坐标分别是 9.1659、24.1770、−62.4843。

由图 6-37 可以看出该界面并非圆柱的表面,所以该圆心的 Z 轴坐标并不是想要建立的坐标原点的值,单击“测量”→“距离”→“点间”命令,弹出如图 6-40 所示的“点和点距离”对话框,在“对象捕捉”选项中选择“圆心”选项,选取上一步创建的整圆的圆心,再在“对象捕捉”选项中选择“点云”选项,选取如图 6-41 所示的圆柱上表面点云的其中一点,在对话框中可以看到两点各自的 X、Y、Z 坐标以及两点之间的距离,这里只需要两点之间的 Z 向距离 −2.7884mm,所以圆柱上表面的 Z 向坐标=−62.4843mm+(−2.7884mm)=−65.2727mm。

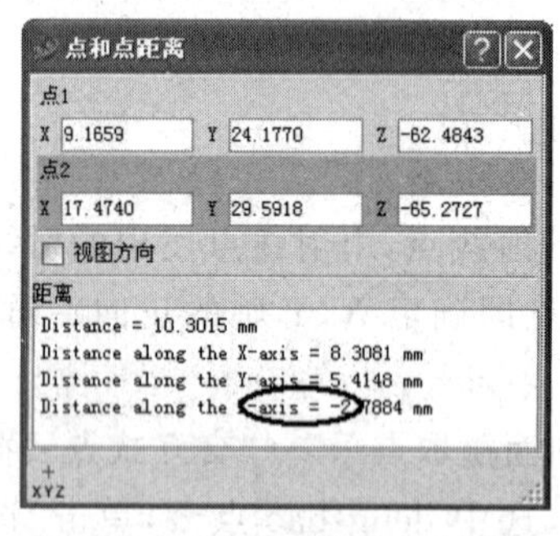

图 6-40 “点和点距离”对话框

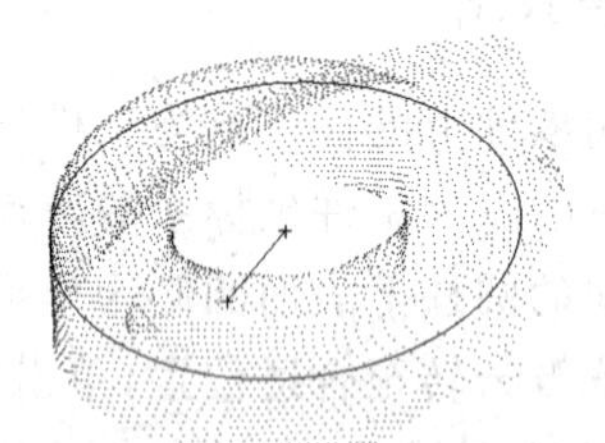

图 6-41 测量点位置

单击“修改”→“对象位置”→“移动”命令,弹出如图 6-42 所示的“变换对象”对话框,在“X,Y,Z 移动量”选项中分别输入−9.1659、−24.1770、65.2727,单击“应用”按钮,完成将圆柱上表面圆心作为坐标系的坐标原点。由于 Z 轴方向并不是朝上的,单击“修改”→“对象位置”→“旋转”命令,弹出如图 6-43 所示的“旋转对象”对话框,在“对象”选项中选择需要旋转定位的灯罩点云,“轴方向”选择 Y 轴,“角度”输入 180,其他选项默认,单击“应用”按钮完成旋转操作。

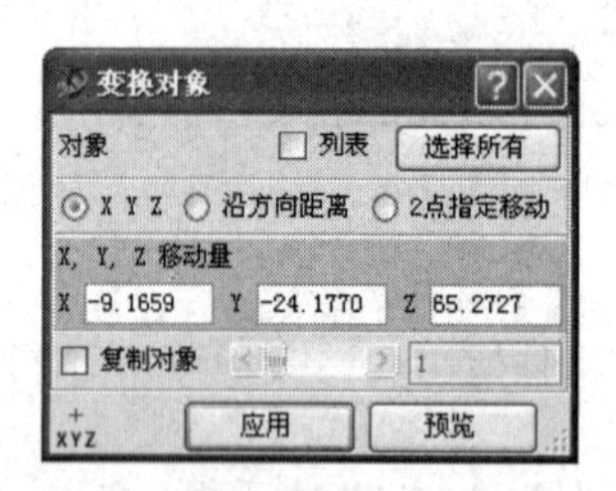

图 6-42 “变换对象”对话框

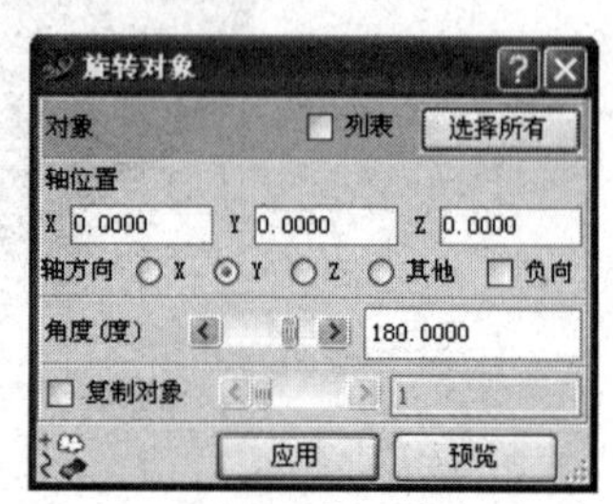

图 6-43 “旋转对象”对话框

此时,点云坐标系已建立完成,按快捷键 F7、F5 和 F1 分别将点云转向轴侧图(图 6-44)、前视图(图 6-45)和上视图(图 6-46),将工件坐标系显示出来,查看最终完成的工件坐标系。

图 6-44 轴侧图

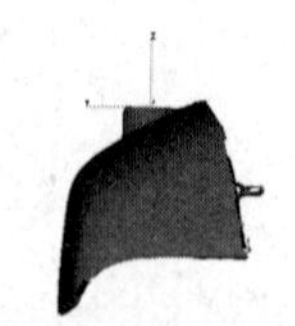

图 6-45 前视图

图 6-46 上视图

6.3.4　关键特征提取及截面线剖切

1. 大面截面点云剖切

大面截面点云剖切

按快捷键 F1 将灯罩点云转至如图 6-47 所示上视图位置，单击“构造”→“剖面截取点云”→“平行点云截面”命令，或者在点云上右击，在弹出的快捷菜单中选择“圈选点”命令，弹出如图 6-48 所示的“平行点云截面”对话框，选中 dengzhao 点云，“方向”选择 Y 轴，单击“起点”选项，激活对象捕捉中的点云选项，在灯罩点云上选择剖切的起点如图 6-47 所示，在“截面”选项中输入 5，“间隔”中输入 10，单击“应用”按钮即可在 Y 向间隔 10mm 剖切 5 个平行的点云截面。

图 6-47　Y 向平行点云截面剖切

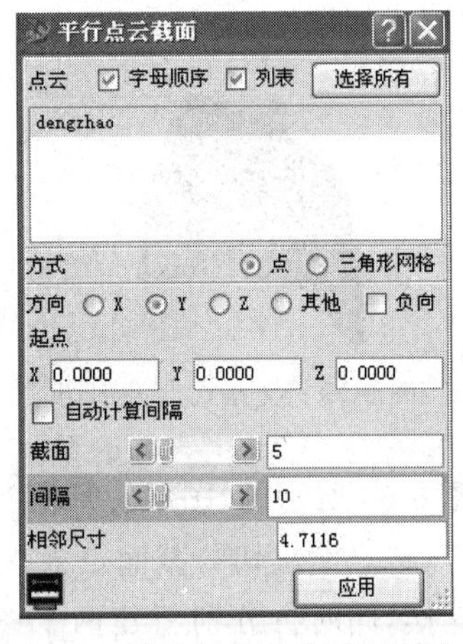

图 6-48　“平行点云截面”对话框

剖切结果如图 6-49 所示，从图中可以看出并不是点云，而是线段，由于 Imageware 软件平行点云截面剖切后默认的点云显示方式是“多段线”，按 Ctrl＋D 组合键，弹出如图 6-50 所示的“点显示”对话框，将点云显示方式改为“分散点”，将“点显示模式”选项改为“十字”，单击“应用”按钮完成操作，结果如图 6-51 所示。同理，完成 X 向平行点云截面剖切如图 6-52 所示。

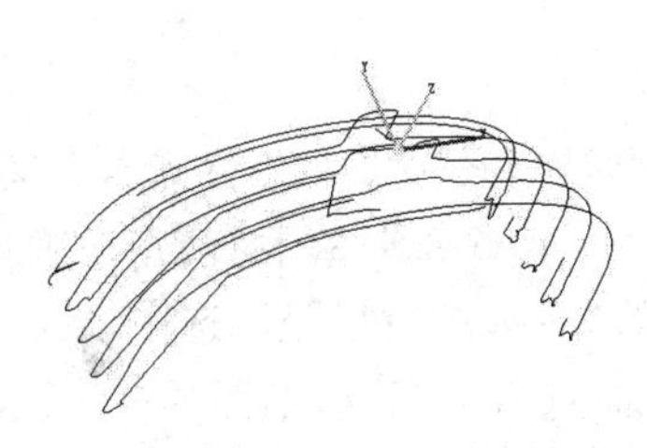
图 6-49　多段线显示截面

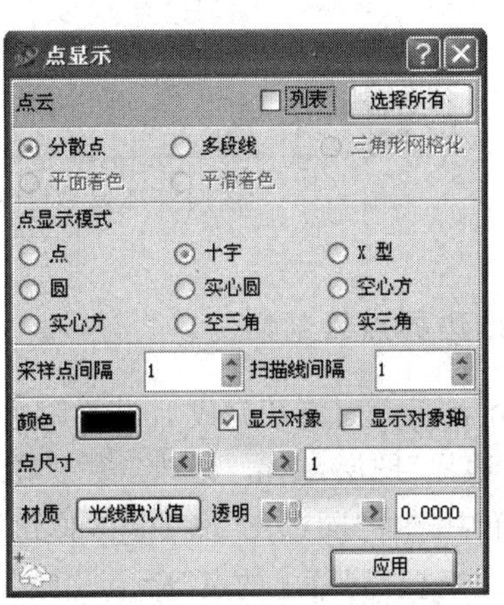

图 6-50　“点显示”对话框

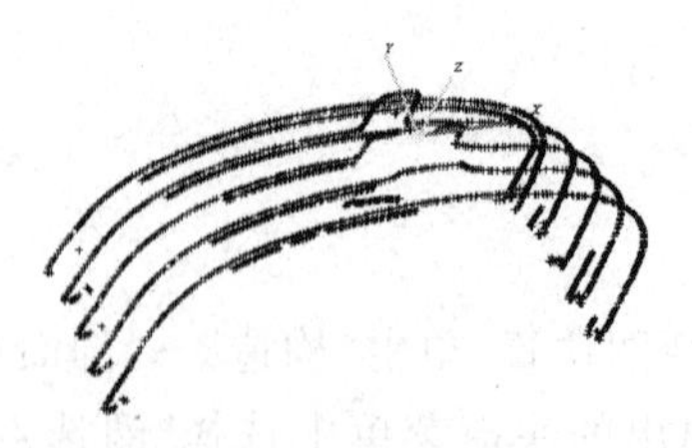

图 6-51　点显示截面

图 6-52　X 向平行点云截面剖切

将灯罩点云转至合适位置,单击“构造”→“剖面截取点云”→“交互式点云截面”命令,弹出“交互式点云截面”对话框,选中 dengzhao 点云,单击“选择屏幕上的直线”命令,用鼠标在所需要的位置单击画直线如图 6-53 所示,其他选项默认,单击“应用”按钮完成操作,剖切结果如图 6-54 所示。

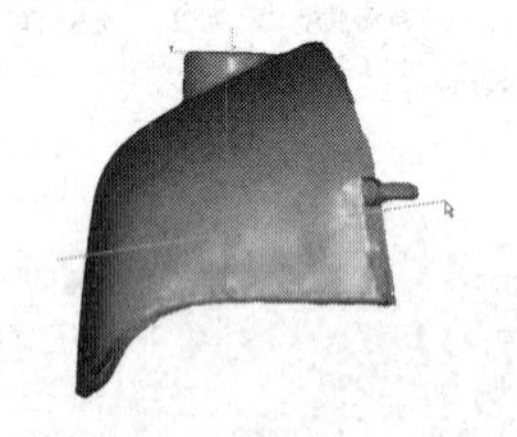

图 6-53　交互式点云剖切

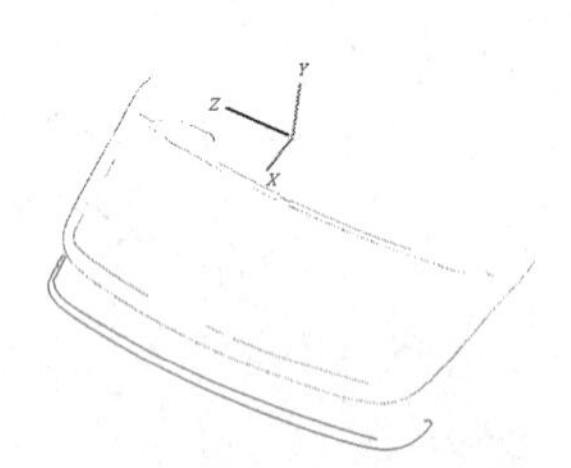

图 6-54　Z 向点云剖切

在图 6-55 所示的“图层管理器”中单击“新建图层”按钮,新建一个图层,并重命名为“大面”,将之前剖切的截面点云移动至“大面”图层,这样可以方便后续的点云输出,方便选择操作,同时再分别新建两个图层 bianjie 和 anzhuangkong。最终完成的大面截面点云如图 6-56 所示。

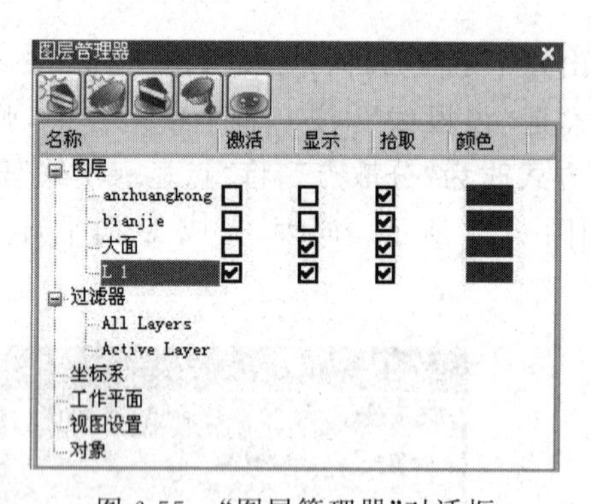

图 6-55　“图层管理器”对话框

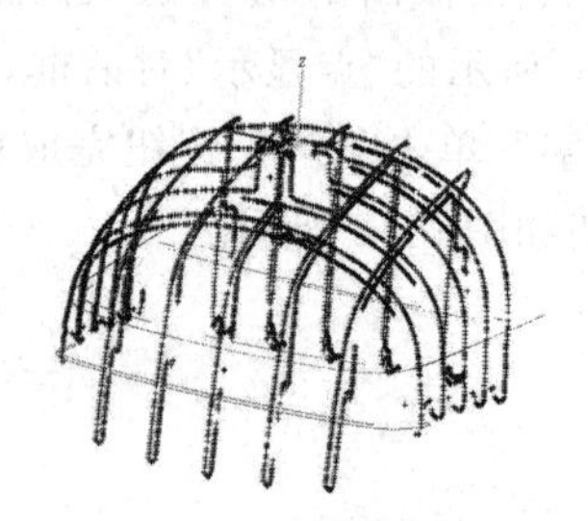

图 6-56　大面截面点云

2. 边界点云剖切

边界点云剖切

外表面大面特征完成后需要用边界曲面进行修剪,所以还需要将边界点云分离出来,激活“边界”图层,单击“修改”→“抽取”→“圈选点”命令,或者在点云上右击,在弹出的快捷菜单中选择“圈选点”命令,弹出如图 6-57 所示的“圈选点”对话框,选中 dengzhao 点云,单击“选择屏幕上的点”命令,用鼠标在所需要的平面点云上圈选,如图 6-58 所示,设置“保留点云”为“内侧”,并且选择“保留原始数据”,单击“应用”按钮完成操作。同理,完成如

图 6-59 所示的边界点云圈选，完成后删除不需要的部分，最终的边界点云如图 6-60 所示。

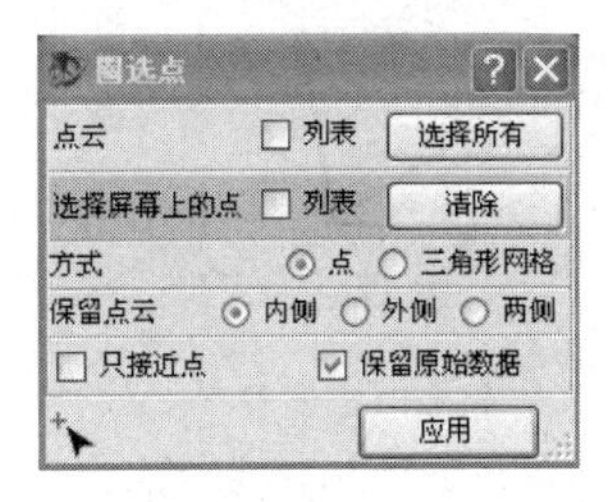

图 6-57　“圈选点”对话框

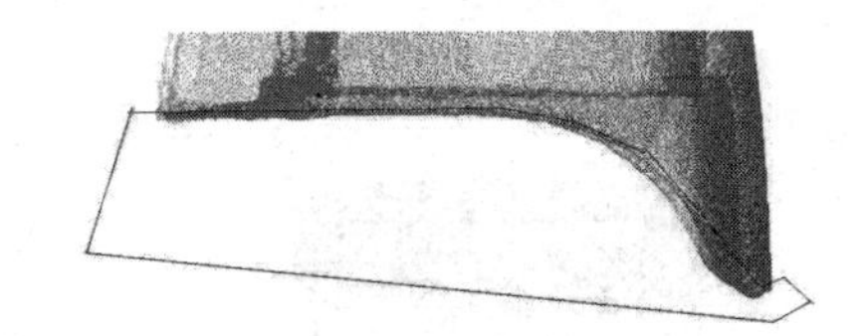

图 6-58　边界点云 1

按 F3 键将灯罩点云转至如图 6-61 所示的位置，单击“构造”→“剖面截取点云”→“交互式点云截面”命令，弹出“交互式点云截面”对话框，选中 dengzhao 点云，单击“选择屏幕上的直线”命令，分别用鼠标在所需要的位置单击画两条直线如图 6-61 所示，其他选项默认，单击“应用”按钮完成操作，剖切结果如图 6-62 所示。

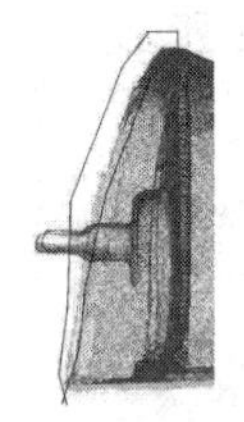

图 6-59　边界点云 2

图 6-60　边界点云结果

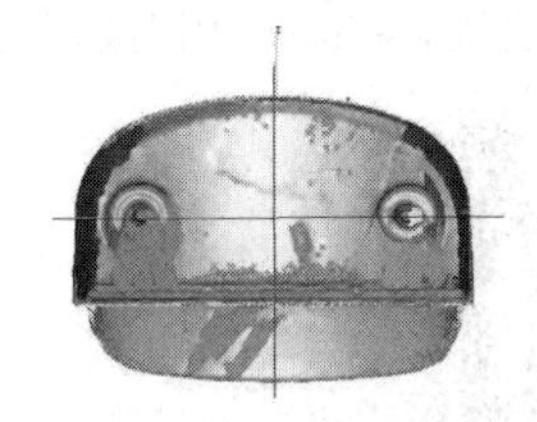

图 6-61　内侧面剖切

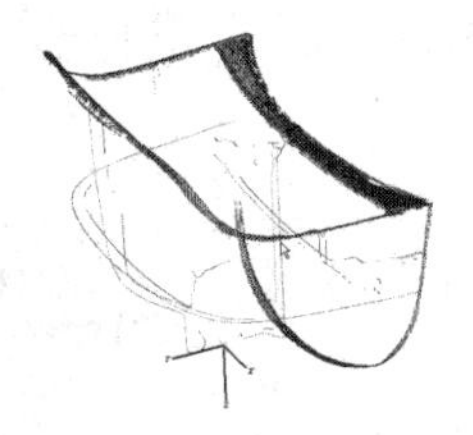

图 6-62　内侧面剖切结果

由于灯罩产品有壁厚，剖切完成后，可以在部分截面处测量产品的壁厚，为后续的建模提供数据。单击“测量”→“距离”→“点间”命令，弹出如图 6-63 所示的“点和点距离”对话框，分别选中如图 6-64 所示的两个点，在对话框中即可看到两点之间的距离为 2.7921mm，同样的方法，测量其他截面位置的壁厚。

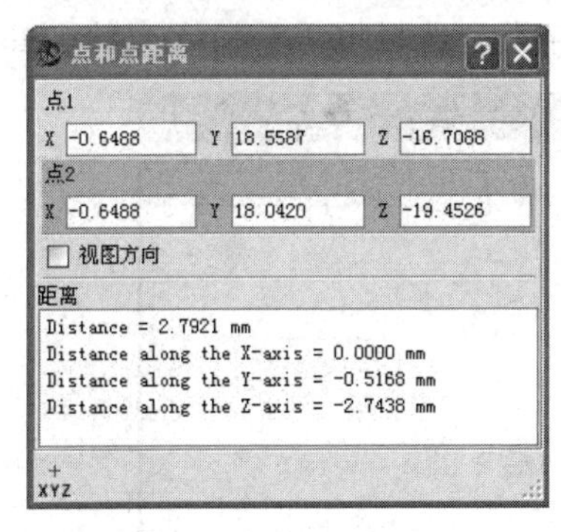

图 6-63　“点和点距离”对话框

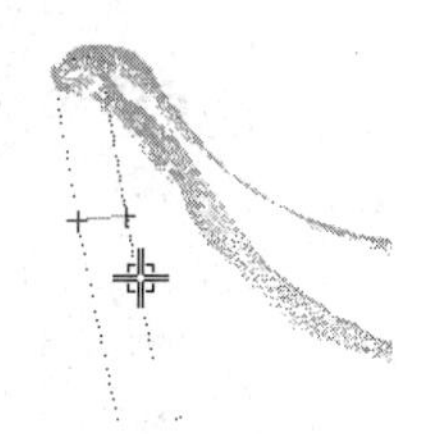

图 6-64　壁厚测量

3. 安装孔特征提取

按 F4 键将灯罩点云转至如图 6-65 所示位置，激活“安装孔”图层，单击“构造”→“剖面截取点云”→“交互式点云截面”命令，弹出“交互式点云截面”对话框，选中 dengzhao 点云，单击“选择屏幕上的直线”命令，分别用鼠标在所需要的位置单击画两条直线如

图 6-65 所示,其他选项默认,单击“应用”按钮完成操作,剖切结果如图 6-66 所示。

安装孔特征点云剖切

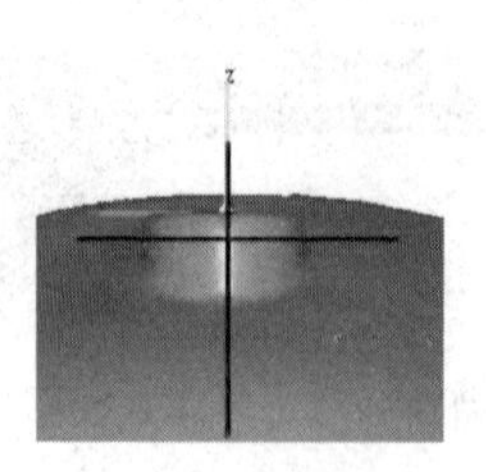
图 6-65 安装孔剖切

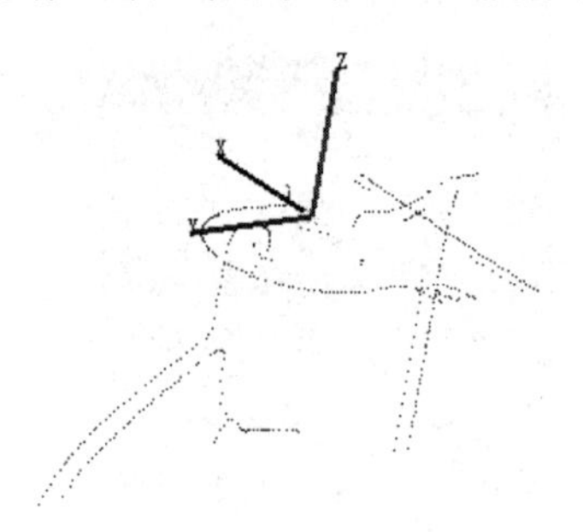
图 6-66 安装孔剖切结果

同样的方法,按 F6 键将灯罩点云转至如图 6-67 所示的位置,单击“构造”→“剖面截取点云”→“交互式点云截面”命令,弹出“交互式点云截面”对话框,选中 dengzhao 点云,单击“选择屏幕上的直线”命令,分别用鼠标在所需要的位置单击画三条直线如图 6-67 所示,其他选项默认,单击“应用”按钮完成操作,剖切结果如图 6-68 所示。

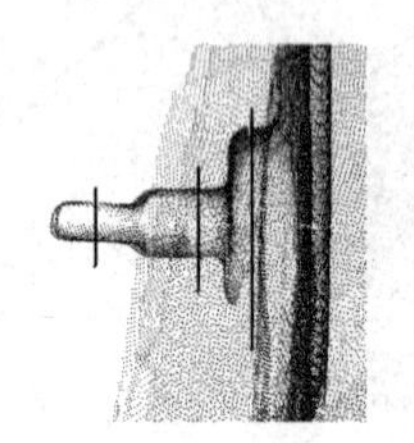
图 6-67 安装孔 2 剖切

图 6-68 安装孔 2 剖切结果

6.3.5 后处理数据导出

激活“大面”图层,并且将大面图层的所有点云显示出来,单击“文件”→“另存为”命令,弹出如图 6-69 所示的“另存为”对话框,保存类型选择 IGES,输入文件名 damian,在

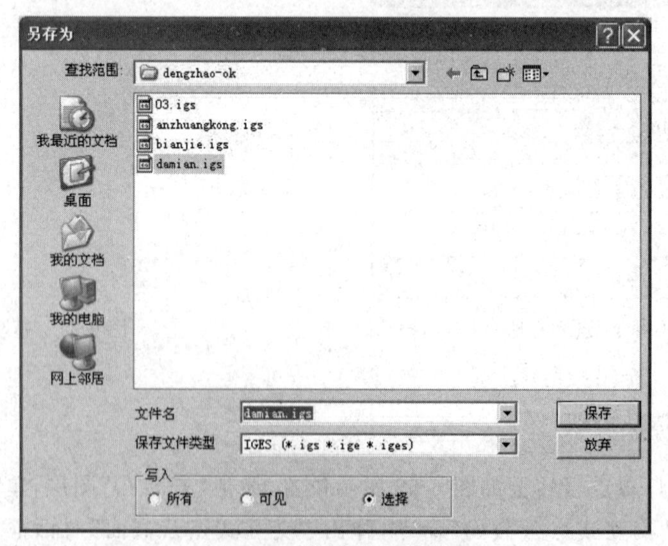

图 6-69 “另存为”对话框

"写入"选项中选中"选择"单选按钮,用鼠标框选视图窗口的所有点云,或者选中"可见"单选按钮,将视图区域的所有可见点云保存,单击"保存"按钮完成输出。同理,完成"边界"图层和"安装孔"图层的输出。

虽然 Imageware 软件中的点云已分图层,但输入 UG 软件中会丢失图层信息,所以将各个图层分别输出,再分别输入 UG 软件建立图层,可以方便后续曲面重构时选择点云的操作。

6.4 拓展训练

(1) 根据本项目所学习的基于 Imageware 的数据处理和建立坐标系方法,利用 Imageware 软件对图 6-70 所示的淋浴喷头支架模型进行数据处理并建立坐标系,使淋浴喷头支架点云如图 6-71 所示。

图 6-70 淋浴喷头支架模型

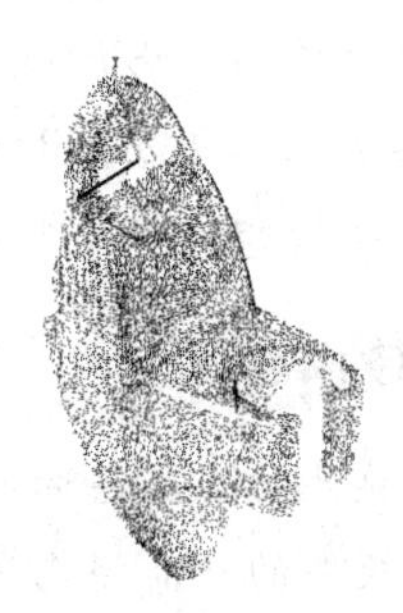

图 6-71 淋浴喷头支架点云

(2) 根据本项目所学习的基于 Imageware 的数据处理和建立坐标系方法,利用 Imageware 软件对图 6-72 所示的玩具汽车模型进行数据处理并建立坐标系,使玩具汽车模型点云如图 6-73 所示。

图 6-72 玩具汽车模型

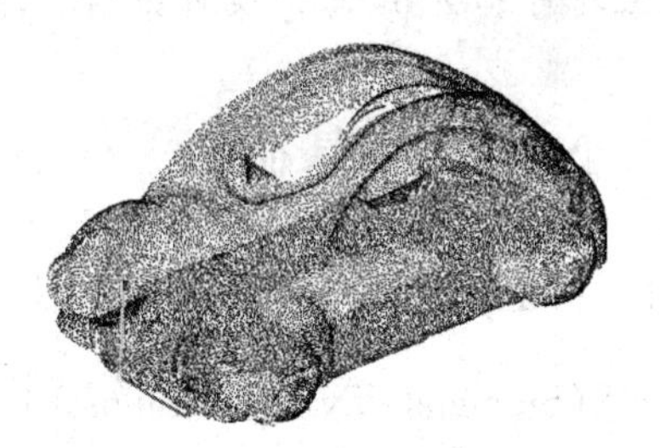

图 6-73 玩具汽车模型点云

项目7

基于NX的产品逆向造型设计

项目目的

(1) 使学生掌握NX软件的产品逆向造型设计的一般方法；
(2) 掌握NX软件的产品逆向造型设计的技巧；
(3) 为后续的创新设计或者模具设计提供三维模型数据；
(4) 培养学生独立分析和解决实际问题的实践能力；
(5) 培养学生独立思考和创新设计的能力。

项目内容

(1) NX软件的产品逆向造型设计的一般方法；
(2) NX软件的产品逆向造型设计的技巧；
(3) 按实训的教学要求，熟练操作NX软件对灯罩产品进行逆向造型设计；
(4) 根据测量的点云数据完成玩具汽车的逆向造型设计。

课时分配

本项目共3节，参考课时为20学时。

7.1 NX软件基础

7.1.1 NX软件简介

NX(Siemens NX)是Siemens PLM Software公司出品的一个产品工程解决方案，它为用户的产品设计及加工过程提供了数字化造型和验证手段。它不但拥有现今CAD/CAM软件中功能最强大的Parasolid实体建模核心技术，更提供高效能的曲面建构能力，能够完成最复杂的造型设计。NX是一种交互式计算机辅助设计、计算机辅助制造和计算机辅助工程(CAD/CAM/CAE)系统。CAD功能使当今制造业公司的工程、设计以及制图能力得以自动化。CAM功能采用NX设计模型为现代机床提供NC编程，以描述所完成的部件。CAE功能提供了很多产品、装配和部件性能模拟能力，跨越了广泛的工程学科范围。NX软件界面如图7-1所示。

NX的整个系统由许多模块构成，涵盖了CAD/CAM/CAE各种技术，其中常用的几个模块如下。

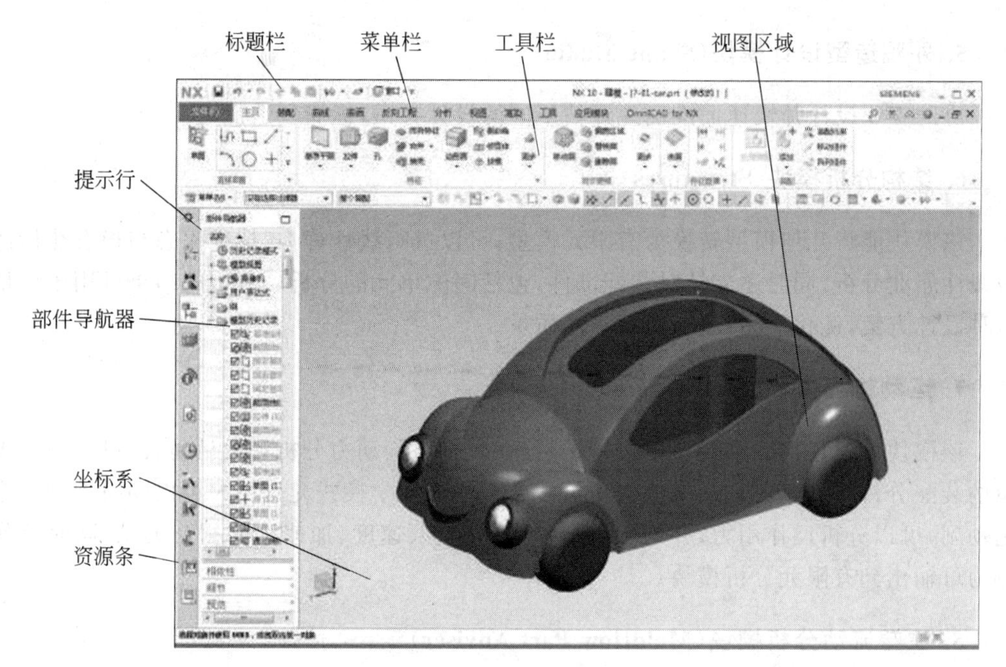

图 7-1　NX 软件界面

1. 基本环境模块(Gateway)

该模块是进入 NX 的入口,它仅提供一些最基本的操作,如新建文件、输入/输出不同格式的文件、层的控制、视图定义等,是其他模块的基础。

2. 建模模块(Modeling)

该模块提供了曲线、直线和圆弧、编辑曲线、成型特性、特征操作、编辑特征曲面、编辑曲面、自由曲面成型、形象化渲染等三维造型常用工具。曲线工具用来构建线框图;特征工具完全整合基于约束的特征建模和显示几何建模的特性,因此可以自由使用各种特征实体、线框架构等功能;曲面工具是架构在融合了实体建模及曲面建模技术基础上的超强设计工具,能设计出如工业造型设计产品般的复杂曲面外形。

3. 制图模块(Drafting)

该模块可使设计人员方便地获得与三维实体模型完全相关的二维工程图。3D 模型的任何改变都会同步更新工程图,从而使二维工程图与 3D 模型完全一致,同时也减少了因 3D 模型改变更新二维工程图的时间。

4. 装配模块(Assembling)

该模块提供了并行的自顶而下或自底而上的产品开发方法,在装配过程中可以进行部件的设计、编辑、配对和定位,同时还可对硬干涉进行检查。在使用其他模块时,可以同时选择该模块。

5. 外观造型设计模块(Shape Studio)

协助工业设计师快速而准确地评估不同的设计方案,提高创造能力。

6. 结构分析模块(Structures)

该模块能将几何模型转换为有限元模型,可以进行线性静力、标准模态与稳态热传递及线性屈曲分析,同时还支持对装配部件,包括间隙单元的分析。分析的结果可用于评估各种设计方案,优化产品设计,提高产品质量。

7. 运动仿真模块(Motion Simulation)

该模块可对任何二维或三维机构进行运动学分析、动力分析和设计仿真,可以完成大量的装配分析,如干涉检查、轨迹包络等。交互的运动学模式允许用户可以同时控制5个运动副,可以分析反作用力,并用图表示各构件位移、速度、加速度的相互关系,同时反作用力可输出到有限元分析模块。

8. 注塑流动分析模块(Moldflow Part Adviser)

使用该模块可以帮助模具设计人员确定注塑模的设计是否合理,可以检查出不合适的注塑模几何体并予以修正。

7.1.2 NX逆向造型的一般方法和技巧

NX的逆向造型遵循:点→线→面→体的一般原则。

1. 数据点测量

如果使用三坐标测量机进行数据采集,测点之前规划好该怎么打点。由设计人员提出曲面打点的要求。一般原则是在曲率变化比较大的地方打点要密一些,平滑的地方则可以稀一些。由于一般的三坐标测量机取点的效率大大低于激光扫描仪,所以在零件测点时要做到有的放矢。值得注意的是除了扫描剖面、测分型线外,测轮廓线等特征线也是必要的,它会在构面的时候带来方便。

如果使用三维扫描仪进行数据采集,通常扫描测到的数据点多达几十万个,这么多的数据点输入NX是很困难的,因此一般需要在Imageware软件里对点云数据进行除噪、稀疏等预处理。而为了准确地保持原来的特征点和轮廓点,也可以在Imageware软件大体构造轮廓线和特征线,或者直接剖切截面点云数据导入NX中。

点云导入NX后要整理好点,同方向的剖面点放在同一层里,分型线点、孔位点单独放一层,轮廓线点也单独放一层,以便管理。

2. 通过点构造曲线

(1) 连线要做到有的放矢,根据样品的形状、特征大致确定构面方法,从而确定需要连哪些线条,不必连哪些线条。特别是连分型线点尽量做到误差最小并且光顺,因为在许多情况下分型线是产品的装配结合线。

（2）常用到的是直线、圆弧和样条线（spline），其中最常用的是样条线。一般选用“通过点（through point）”方式，选点间隔尽量均匀，有圆角的地方先忽略，做成尖角，做完曲面后再倒圆角。阶次最好为3阶，因为阶次越高，柔软性越差，即变形困难，且后续处理速度慢，数据交换困难。此外，曲线的断开（divide）、桥接（bridge）和光顺曲线（smooth spline）也经常用到。

（3）因测量时有误差以及模型外表面不光滑等原因，连成样条线的曲率半径变化往往存在突变，对以后的构面的光顺性有影响。因此，连成的样条线不光顺时还需要进行调整，否则构造出的曲面也不光滑。因此曲线必须经过调整，使其光顺。调整时常用的一种方法是编辑样条线（edit spline），一般常用 edit poly 选项，用鼠标拖动控制点。有许多选项，如限制控制点在某个平面内移动、往某个方向移动、添加控制点、控制极点沿某个方向移动、粗调还是细调以及打开显示样条线的“梳子”开关等。另外，调整样条线经常还要用到移动样条线的一个端点到另一个点，使构建曲面的曲线有交点。但必须注意的是，无论用什么命令调整曲线都会产生偏差，调整次数越多，累积误差越大，误差允许值视样件的具体要求决定。

总之，在生成面之前需要做大量的调线工作，调线时可以使用曲率梳对其进行分析，以保证曲线的质量，从而保证重构曲面的质量。

3. 构造曲面

（1）运用各种构面方法建立曲面，包括“通过曲线网格”（Though Curve Mesh）、“通过曲线组”（Though Curves）、“扫掠”（Swept）、“从点云”（From Point Cloud）等。构面方法的选择要根据样件的具体特征情况而定。最常用的是“通过曲线网格”，将调整好的曲线用此命令编织成曲面。通过曲线网格构面的优点是可以保证曲面边界曲率的连续性，因为通过曲线网格可以控制四周边界曲率（相切），因而构面的质量更高。而通过曲线组只能保证两边曲率，在构面时误差也大。假如两曲面交线要倒圆角，因通过曲线网格的边界就是两曲面的交线，显然这条线要比两个通过曲线组曲面的交线光顺，这样混合（Blend）出来的圆角质量是不一样的。

（2）在构造曲面时，经常会遇到三边曲面和五边曲面。一般的处理方法是做条曲线，把三边曲面转化为四边曲面，或将边界线延伸，把五边曲面转化成四边曲面，用以重构曲面。其中，在曲面上做样条线（Curve on Surface）和修剪（Trim）是常用到的两个命令。

（3）结构对称的产品构造完外表面，要进行镜像处理。在曲面的中心处常会出现凸起，显得曲面不光顺，最常用的解决方法是把曲面的中心处剪切掉，两个对称面之间的空隙再进行桥接（Bridge），以保证曲面光滑过渡。

（4）初学逆向造型的时候，两个面之间往往有“折痕”，这主要是由两个面不相切所致。解决这个问题可以通过调整参与构面（Though Curve Mesh）曲线的端点与另一个面中的对应曲线相切，再加上“通过曲线网格”边界相切选项即可解决。只有曲线相切才能保证根据此曲线构造的曲面相切。

（5）如果做一个单张且比较平坦的曲面时，直接用点云构面（From Point Cloud）更方便。但是对那些曲率半径变化大的曲面则不适用，构造面时误差较大。

(6) 在构建曲面的过程中,有时还要再加一些线条,用于构面。连线和构面经常要交替进行。曲面建成后,要检查曲面的误差,一般测量点到面的误差不要超过1mm。对外观要求较高的曲面还要检查表面的光顺度。当一张曲面不光顺时,可求此曲面的一些剖切,调整这些剖切使其光顺,再利用这些剖切重新构面,效果会好些,这是常用的一种方法。

(7) 构面最关键的是抓住样件特征,还需要简洁,曲面面积尽量大,张数少,不要太碎。另外,还要合理分面以提高建模效率。

(8) 构造曲面阶次要尽量小,一般推荐为3阶。因为高阶次的片体使其与其他CAD系统间成功交换数据的可能性减少,其他CAD系统也可能不支持高阶次的曲面。阶次高,则片体比较"刚硬",曲面偏离极点较远,在极点编辑曲面时很不方便。另外,阶次低还有利于增加一些圆角、斜度和增厚等特征,有利于下一步编程加工,提高后续生成数控加工刀轨的速度。

4. 构造实体

当外表面完成后,下一步就要构建实体模型。当模型比较简单且所做的外表面质量比较好时,用缝合增厚指令就可建立实体。但大多数情况却不能增厚,所以只能采用偏置(Offset)外表面。因此,首先需要偏置外表面的各个片体,再构建出内、外表面的横截面,最后把做出的横截面和内、外表面缝合起来,使之成为封闭的片体,从而自动转化为实体,此过程一般包括以下四个方面。

(1) 曲面的偏置。用Offset指令可同时选多个面或用窗口全选,这样会提高效率。不是任何曲面都能够实现偏置,对于那些无法偏置的曲面,要学会分析原因。不能实现偏置一般有以下几种原因:①由于曲面本身曲率太大,基本曲面有法线突变的情况;②偏置距离太大而造成偏置后自相交,导致偏置失败(有些软件的算法与此算法不同,如犀牛王就可偏置那些会产生自相交的曲面),如小圆角;③被偏置曲面的品质不好,局部有波纹,这种情况只能修改好曲面后再偏置;④还有一些曲面看起来光顺性很好,但就是不能偏置,遇到这种情况可抽取几何特征成B曲面后,再偏置,基本会成功。

(2) 曲面的缝合。偏置后的曲面还需要裁剪或者补面,用各种曲面编辑手段构建内表面,然后缝合内表面和外表面。缝合时,经常会缝合失败,一般有下列几种可能:①缝合时,缝合的偏体太多,应该每次只缝合少数几个片体,需要多次缝合;②缝合公差小于两个被缝合曲面相邻边之间的距离,遇到此类问题,一般是加大缝合公差后,再进行缝合;③两个表面延伸后不能交汇,边缘形状不匹配,如果片体不是B曲面,则需要先将片体转化为B曲面,使之与对应的另一片体的边匹配,再进行缝合;④边缘上有难以察觉的微小畸形或其他几何缺陷,可局部放大,进行表面分析检查几何缺陷,如果确实存在几何缺陷,则修改或重建片体后重新缝合。

(3) 缝合的有效性。最后需要注意的是,虽然执行了缝合命令,计算机也没有给出错误提示,看似缝合成功,其实未必。有的片体在缝合完成后,放大时会看到有高亮显示点或高亮显示线,甚至还有空隙。因此,在缝合完成后,一定要立即检查缝合的有效性。若在缝合线上出现了高亮显示点或高亮显示线,就意味着此部位没有缝合成功,必须取消缝合操作,重新进行缝合,否则将给后续的实体建模工作带来困难,但如果仅仅外周边高亮显示,则说明缝合成功。

（4）生成实体。偏置后的曲面有的需要裁剪，有的需要补面，用各种曲面编辑手段完成内表面的构建，把内、外表面和横截面缝合成一个闭合的片体，则片体将自动转化为实体（solid）。最后再进行产品结构设计，如加强筋、安装孔等。

7.2　灯罩产品 NX 逆向造型设计

7.2.1　测量数据导入 NX 软件

（1）双击桌面上的 NX 10.0 图标或单击“开始”→“所有程序”→Siemens NX 10.0→NX 10.0 命令，启动 NX 软件界面。

（2）单击“标准”工具条上的“新建”图标，新建文件。

（3）在“模板”选项卡中选择“模型”文件类型，单位选择“毫米”。

（4）在“名称”栏中输入新建文件的文件名称 dengzhao.prt。

（5）单击“文件夹”栏右侧的命令图标来定义文件存放路径 E:\，单击“确定”按钮。

灯罩点云数据导入 UG

（6）单击“文件”→“导入”→IGES，弹出如图 7-2 所示的对话框，选择项目 6 输出的大面点云的位置，单击“确定”按钮即可将三坐标测量的点云导入 NX 软件，如图 7-3 所示。

图 7-2　“导入自 IGES 选项”对话框

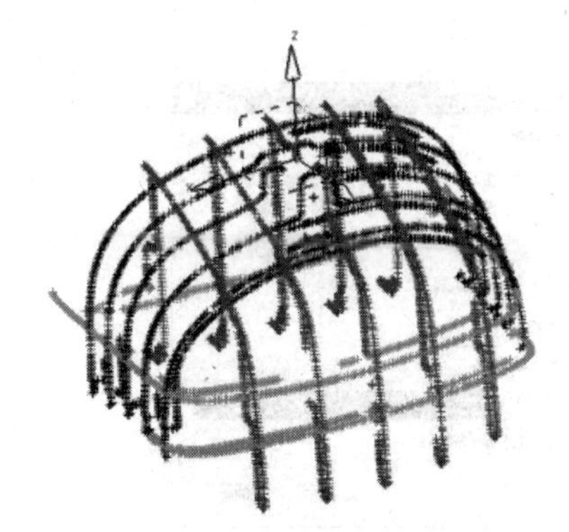

图 7-3　导入 NX 的大面点云

（7）导入的大面点云是 3 个方向的截面点云，为了后续的选择方便和管理，也应该分图层放置。第一种方法是在 Imageware 输出时直接分三个方向分别输出，再分别输入即可分层管理。第二种方法是在 NX 软件中分别选择后分层，方法如下，鼠标框选如图 7-4 所示的 Z 向中间截面点云，单击“编辑”→“对象显示”命令，弹出如图 7-5 所示的“编辑对象显示”对话框，在“颜色”选项后单击，弹出如图 7-6 所示的“颜色”对话框，选择需要设置的颜色，单击“确定”按钮，完成点云颜色的更改，单击“格式”→“移动至图层”命令，弹出如图 7-7 所示的“图层移动”对话框，在“目标图层”处输入 11，将所选点云移动至 11 层，单击“确定”按钮，完成点云图层的更改。同样的方法，将 X 向和 Y 向截面的点云分别移动至图层 22 和图层 33，并更改颜色，以方便后续的建模过程中选取和识别操作。

（8）将上面建立的三个图层全部隐藏，同样的方法导入边界点云，直接用鼠标框选视图界面的所有点云，单击“编辑”→“对象显示”命令，更改边界点云的颜色，单击“格式”→“移动至图层”命令，将边界点云移动至 44 图层，结果如图 7-8 所示。隐藏 44 图层，同样的方法导入安装孔点云,直接用鼠标框选视图界面的所有点云,单击“编辑”→“对象显示”命令,更改边界点云的颜色,单击“格式”→“移动至图层”命令,将边界点云移动至55图层,结果如图7-9所示。

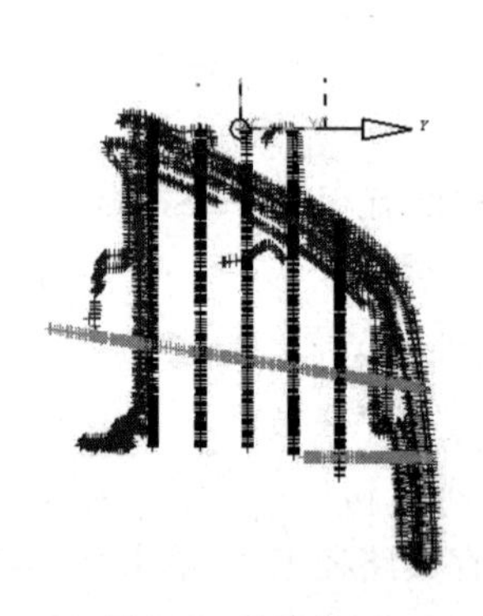

图7-4　选取点云

图7-5　“编辑对象显示”对话框

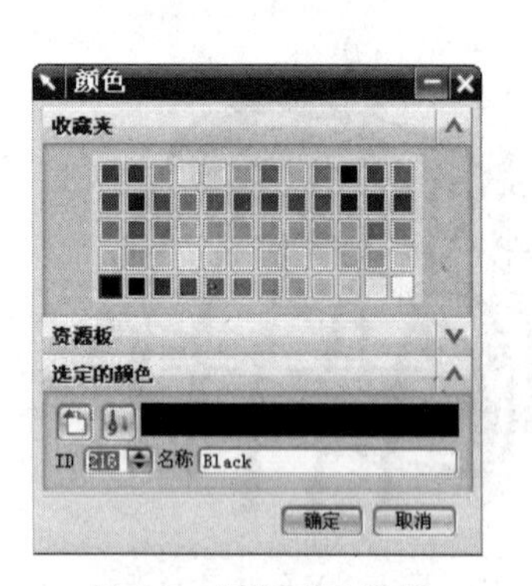

图7-6　“颜色”对话框

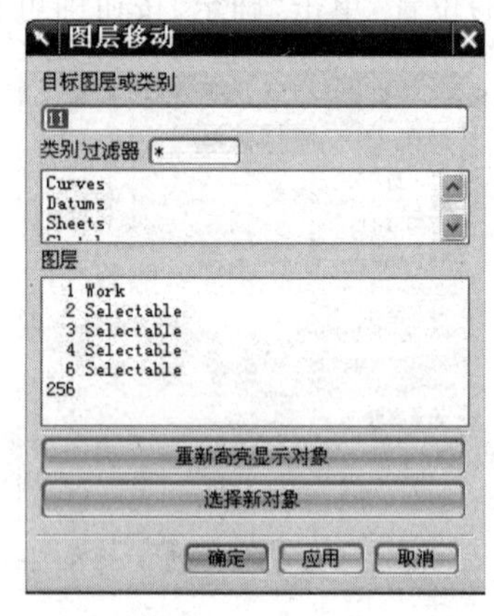

图7-7　“图层移动”对话框

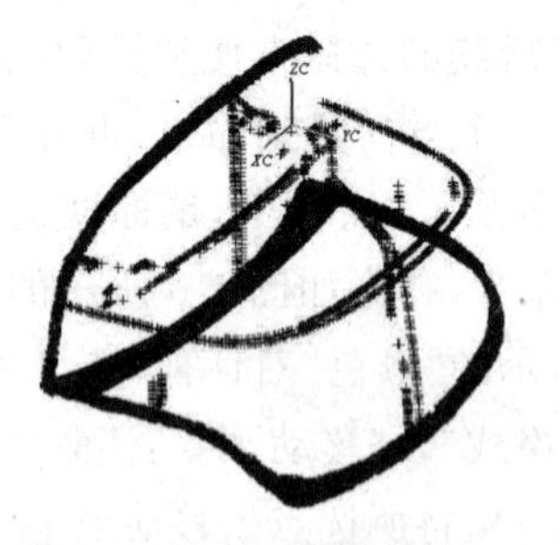

图7-8　导入NX的边界点云

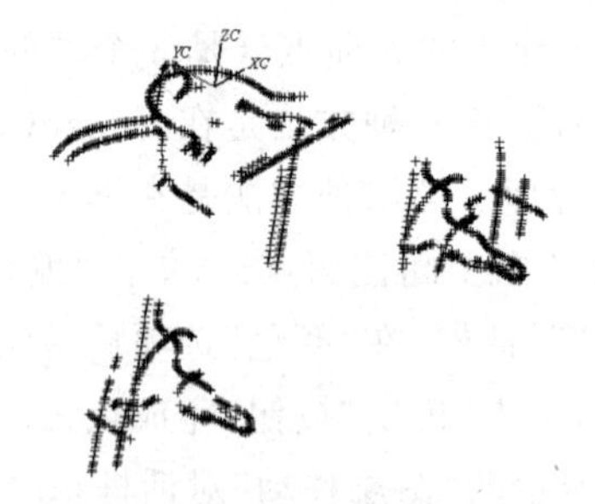

图7-9　导入NX的安装孔点云

7.2.2　灯罩大面构建

(1) 首先构建灯罩的外表面大面特征,由于产品是左右对称的,所以只构建一半即可,将11、22、33图层显示出来,选取如图7-10所示的三个截面点云来创建截面曲线,单击“曲线”工具条中的“样条”按钮～，系统弹出如图7-11所示的“样条”对话框，选择“通过点”选项，根据现有的点云来构造样条线，系统弹出如图7-12所示的“通过点生成样条”对话框，“线段类型”选择“多段”选项，“曲线阶次”输入3，定义为3阶曲线，因为阶次越高，柔软性越差，即变形困难，且后续处理速度慢，数据交换困难。单击“确定”按钮，系统弹出如图7-13所示的“样条”对话框，选择“点构造器”选项，系统弹出如图7-14所示的“点”对话框，单击“点类型”后方的下拉三角，弹出如图7-15所示的选项，选择“现有点”选项，或者打开“对象捕捉”对话框中的“现有点”选项（图7-16），就可以直接在点云上选取点来构造曲线，在图7-19所示的点云上选择三个点，选点间隔尽量均匀，有圆角的地方先忽略，做成尖角，做完曲面后再倒圆角。选择完成后单击“确定”按钮，系统弹出如图7-17所示的“指定点”对话框，单击“确定”按钮，系统弹出如图7-18所示的“通过点生成样条”对话框，单击“确定”按钮完成样条曲线的构建，如图7-19所示。

构建灯罩大面

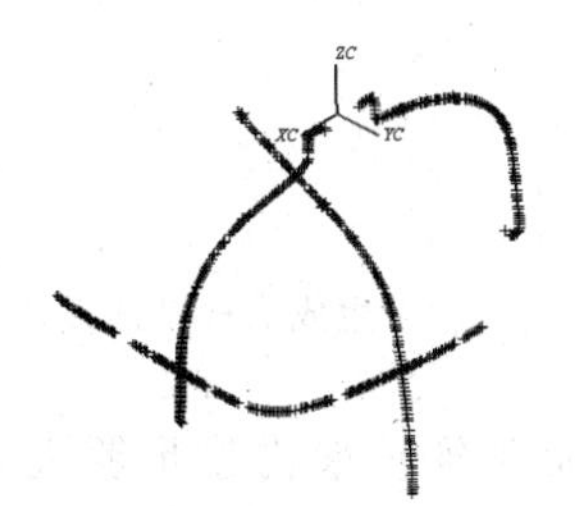

图7-10　截面点云

图7-11　“样条”对话框

图7-12　“通过点生成样条”对话框

图7-13　“样条”对话框

图7-14　“点”对话框

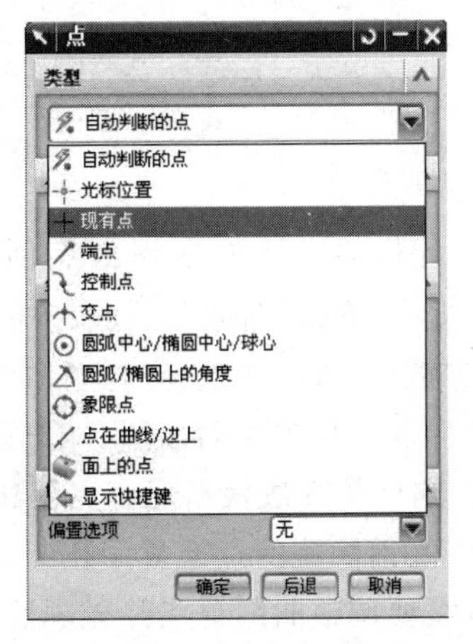

图7-15　“现有点”类型

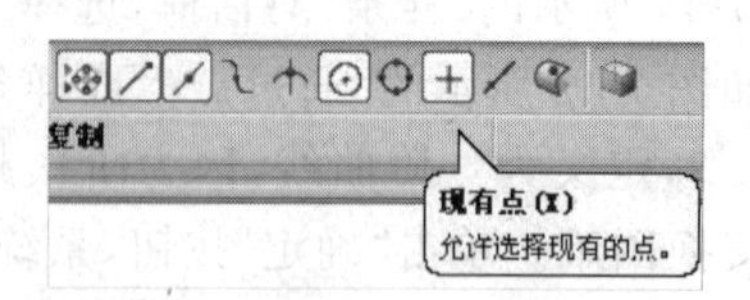

图 7-16　对象捕捉“现有点”

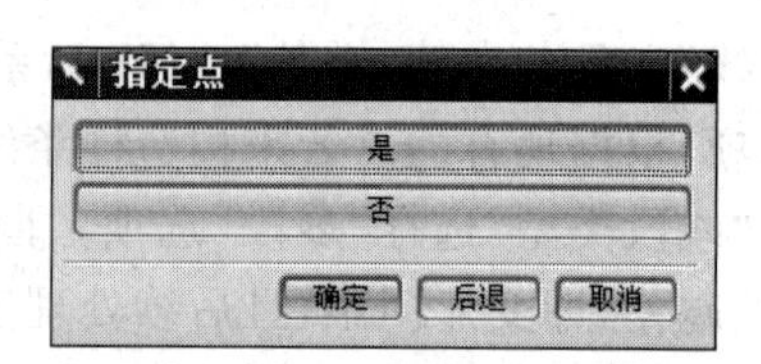

图 7-17　“指定点”对话框

图 7-18　“通过点生成样条”对话框

图 7-19　生成的样条曲线 1

(2) 从图 7-19 中可以看到构建的曲线长度不够,需要延长来构建足够大的外形曲面,单击“编辑曲线”工具条中的“曲线长度”按钮,系统弹出图 7-20 所示的“曲线长度”对话框,输入需要延长的距离,或者直接用鼠标左键拖动曲线两端的箭头即可调整曲线的长度,延长时需要将曲线延长超出圆角特征,最终结果如图 7-20 所示。

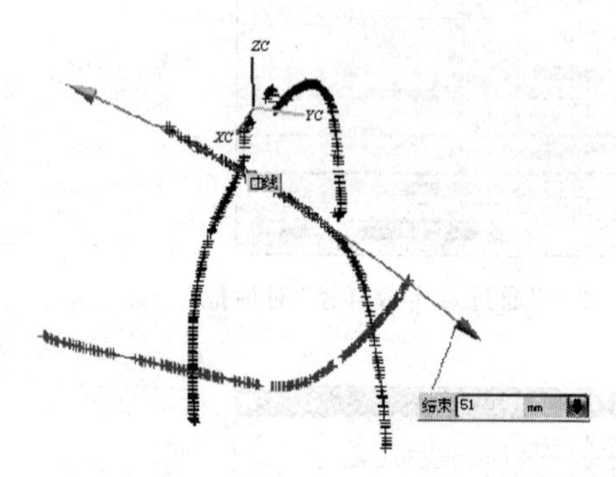

图 7-20　延伸曲线长度

(3) 同样的方法根据现有点创建如图 7-21 所示的样条曲线,并延长曲线长度如图 7-22 所示,单击“曲面”工具条中的“扫掠”按钮,系统弹出如图 7-23 所示的“扫掠”对话框,在“截面”选项中选择“样条曲线 1”,在“引导线”选项中选择“样条曲线 2”,单击“确定”按钮生成的扫掠曲面如图 7-23 所示。

(4) 同样的方法根据现有点创建样条曲线并创建另外两个扫掠曲面如图 7-24 所示,同时再将之前隐藏的点云显示出来,查看点云和曲面的贴合情况(图 7-25),如果曲面偏差太大,需要调整曲线顶点并光顺后重新构建扫掠曲面。

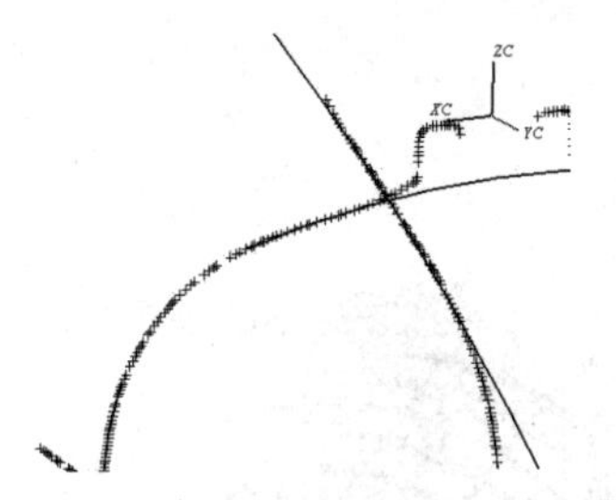

图 7-21　生成的样条曲线 2

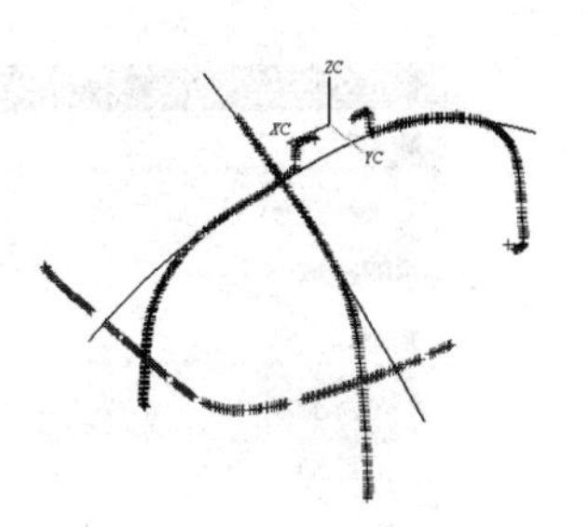

图 7-22　延伸曲线长度

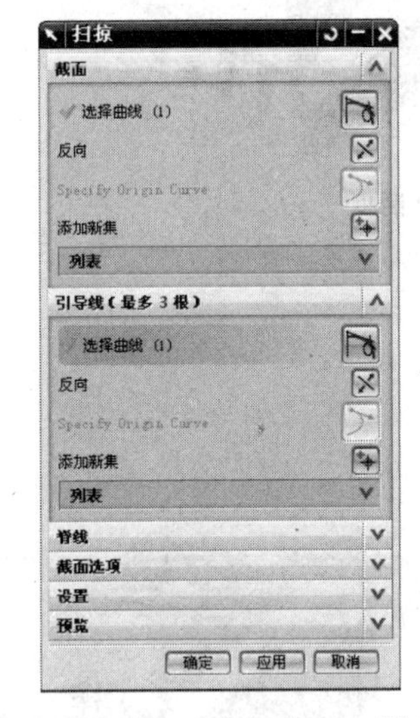

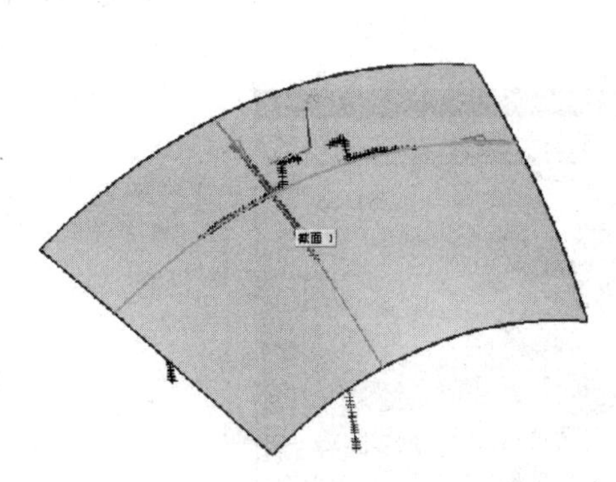

图 7-23　创建扫掠曲面

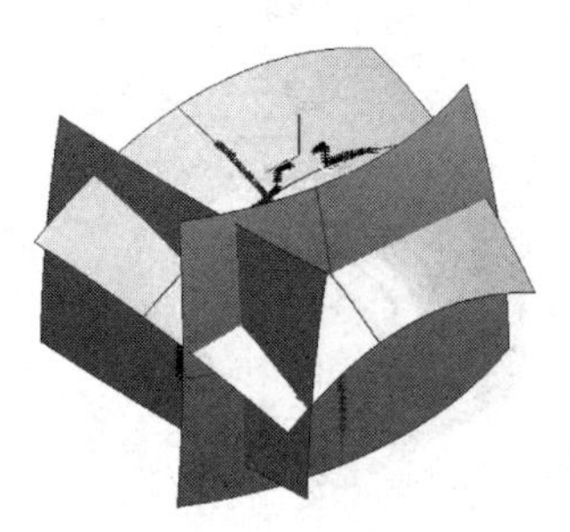

图 7-24　三个扫掠曲面

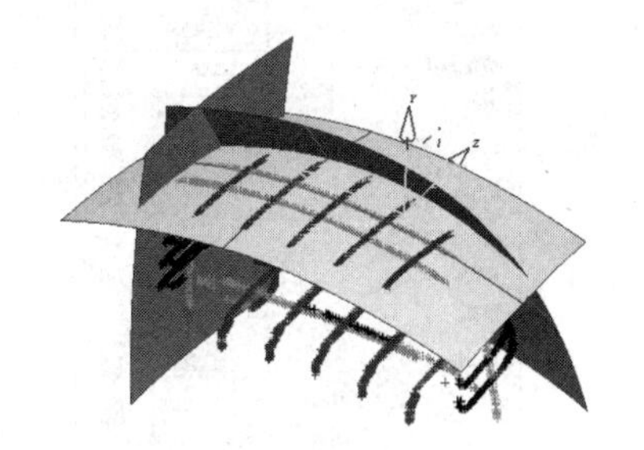

图 7-25　曲面和点云

(5) 单击“曲线”工具条中的“相交曲线”按钮，系统弹出如图 7-26 所示的“相交曲线”对话框，选择图 7-26 中的两个曲面分别作为第一组和第二组，其他选项默认，单击“确定”按钮，生成相交曲线。

(6) 单击“特征操作”工具条中的“面倒圆”按钮，系统弹出如图 7-27 所示的“面倒圆”对话框，选择图 7-28 中的两个曲面分别作为面链 1 和面链 2，由于该处圆角并不是恒定的，需要用变半径倒圆角，在“半径方法”选项中选择“规律控制的”选项，“规律类型”选择“线性”选项，“开始”半径输入 34mm，“结束”半径输入 23mm，单击“预览”按钮，查看圆角的贴点情况，不满意就更改半径值，直到满意为止，单击“确定”按钮，完成面倒圆。

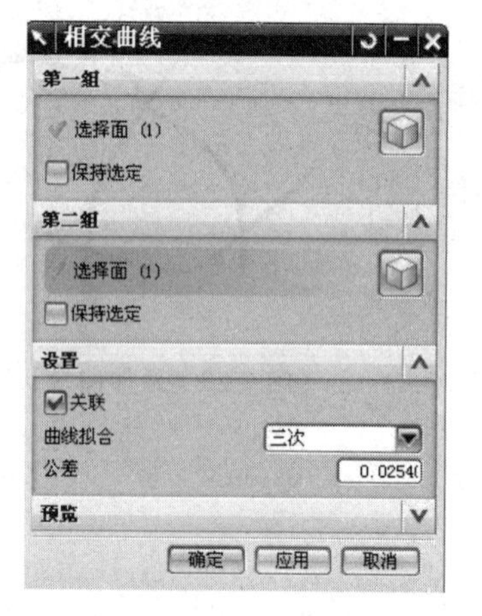

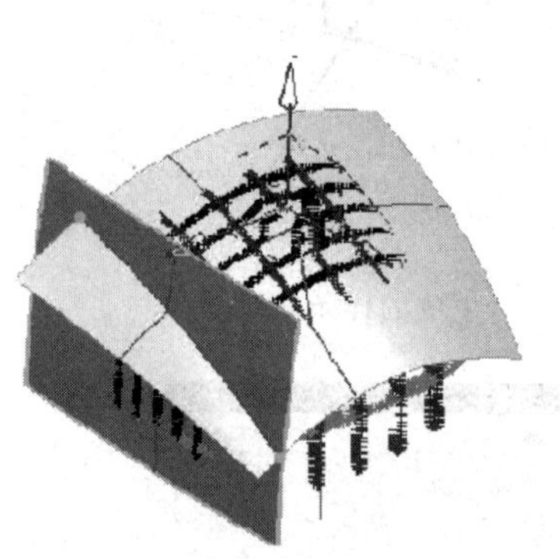

图 7-26 “相交曲线”对话框

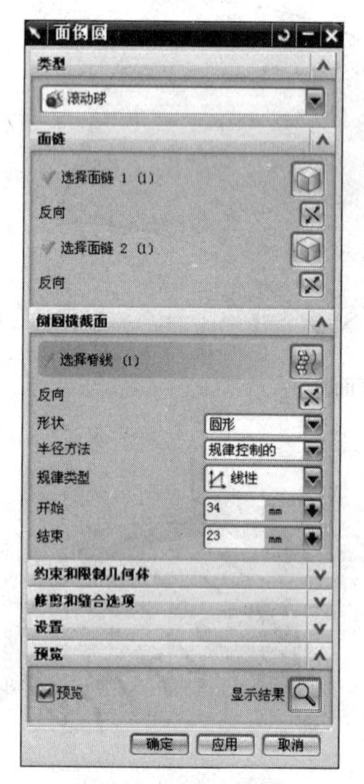

图 7-27 “面倒圆”对话框

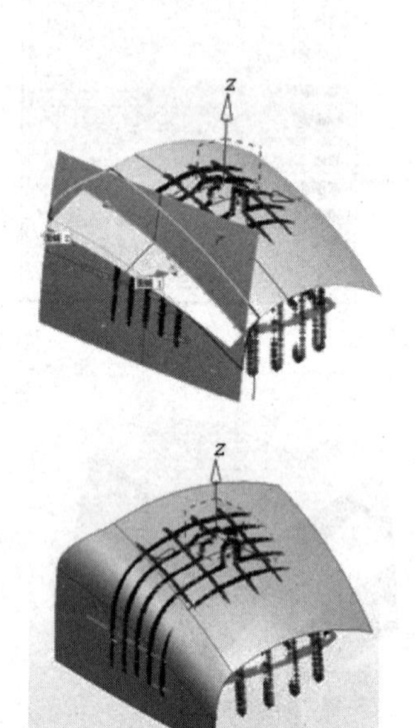

图 7-28 面倒圆前后的曲面

(7) 用同样的方法,对另一个面进行面倒圆,结果如图 7-29 所示,经观察发现图 7-30 圆角处曲面偏差太大,因此此处圆角面需要重新处理。

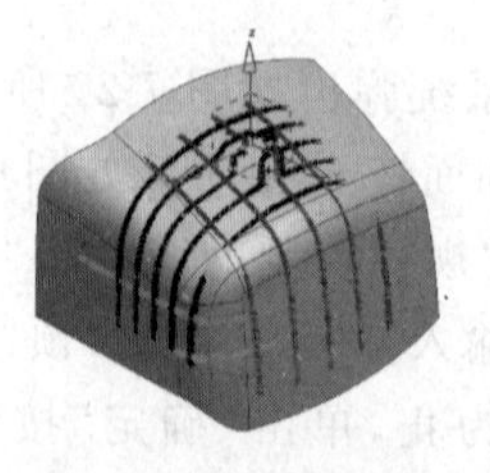

图 7-29 面倒圆结果

图 7-30 点云偏差

(8) 单击"特征"工具条中的"抽取"按钮，系统弹出如图7-31所示的"抽取"对话框，分别选择图7-32所示的曲面，单击"应用"按钮，完成面抽取。

图7-31　"抽取"对话框

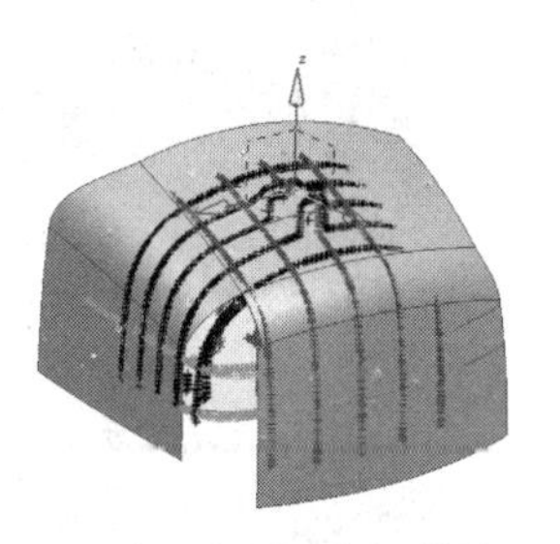

图7-32　抽取曲面结果

(9) 单击"曲线"工具条中的"桥接曲线"按钮，系统弹出如图7-33所示的"桥接曲线"对话框，分别选择图7-33所示的两条曲面边线，调整形状控制栏中的滑块，使曲线和点云拟合，结果满意后，单击"确定"按钮，完成曲线桥接。

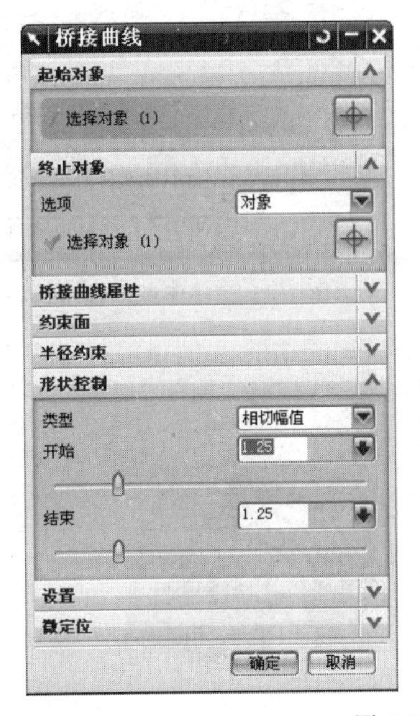

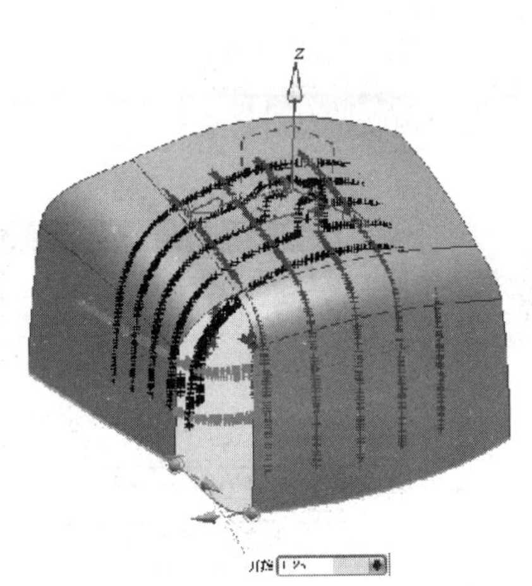

图7-33　桥接曲线

(10) 单击"曲线"工具条中的"在面上偏置曲线"按钮，系统弹出如图7-34所示的"在面上偏置曲线"对话框，选择图7-34所示的曲面边线，输入偏置距离19mm，单击"应用"按钮，完成曲线桥接。

(11) 单击"曲线"工具条中的"抽取曲线"按钮，系统弹出如图7-35所示的"抽取曲线"对话框，选择"等参数曲线"命令，系统弹出如图7-36所示的"等参数曲线"对话框，选择图7-37所示的曲面边线，选择"U恒定"单选按钮，"最小值"输入25，单击"应用"按钮，完成抽取，用同样的方法完成如图7-37所示的相同的边线距离为48的曲线抽取。

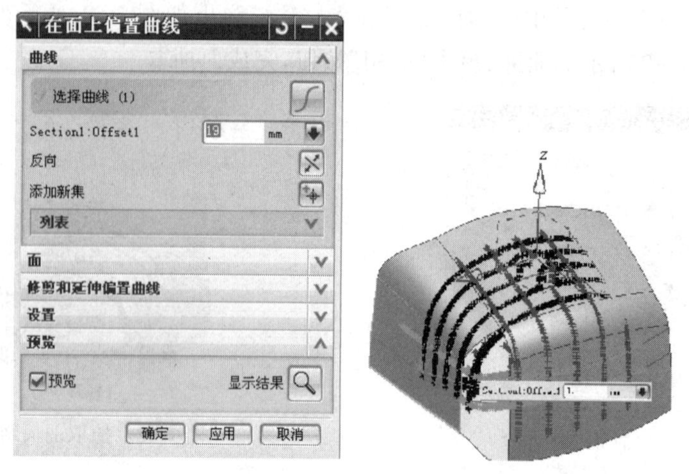

图 7-34　在面上偏置曲线

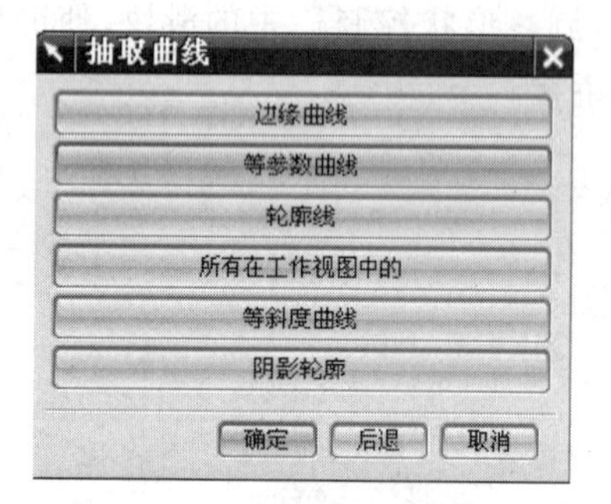

图 7-35　"抽取曲线"对话框

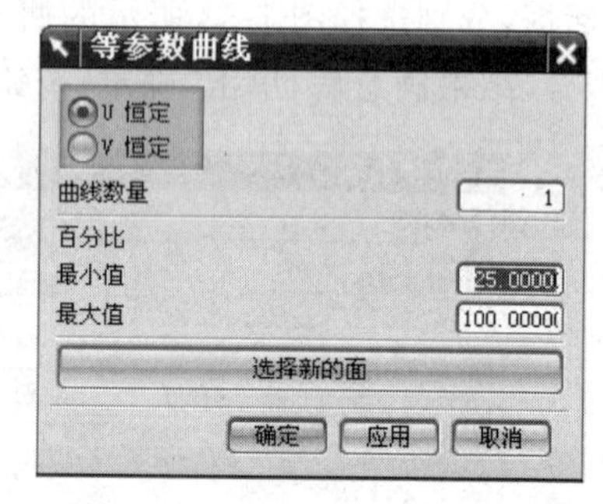

图 7-36　"等参数曲线"对话框

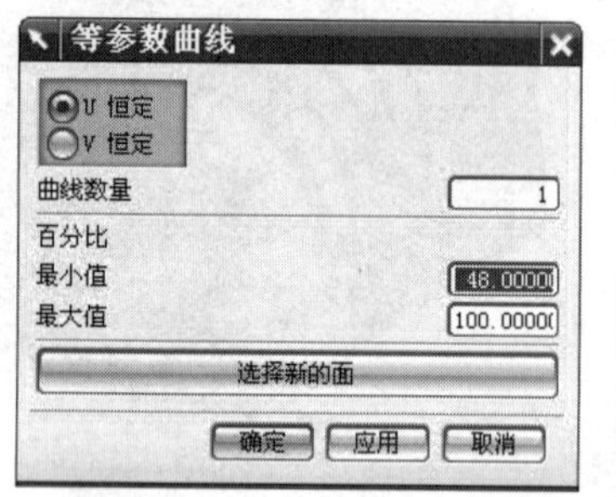

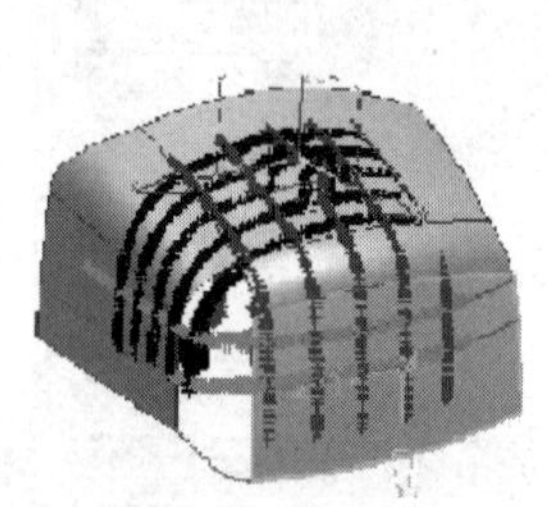

图 7-37　抽取等参数曲线

(12) 单击"曲线"工具条中的"桥接曲线"按钮，系统弹出如图 7-38 所示的"桥接曲线"对话框，分别选择图 7-38 所示的两条曲面边线，调整形状控制栏中的滑块，使曲线和点云拟合，结果满意后，单击"应用"按钮，完成曲线桥接。用同样的方法，完成图 7-39 的曲线桥接。

(13) 单击"曲面"工具条中的"通过曲线网格"按钮，系统弹出如图 7-40 所示的"通过曲线网格"对话框，分别选择图 7-40 所示的两条曲面边线作为"主曲线(Primary Curve)"，分别选择图 7-40 所示的两条桥接曲线作为"交叉曲线(Cross Curve)"，在"连续

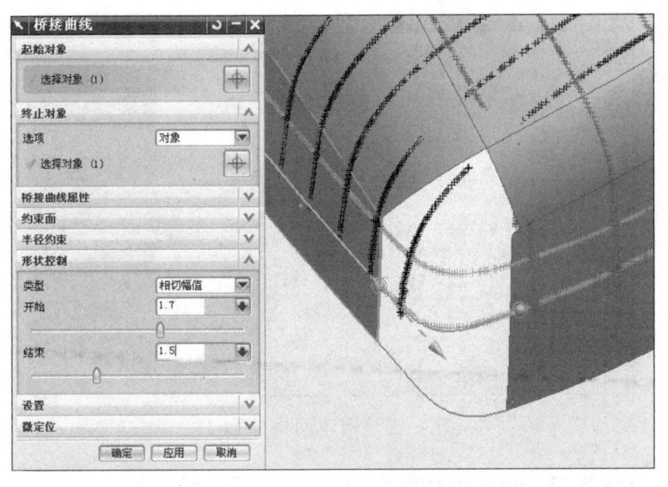

图 7-38　桥接曲线 1

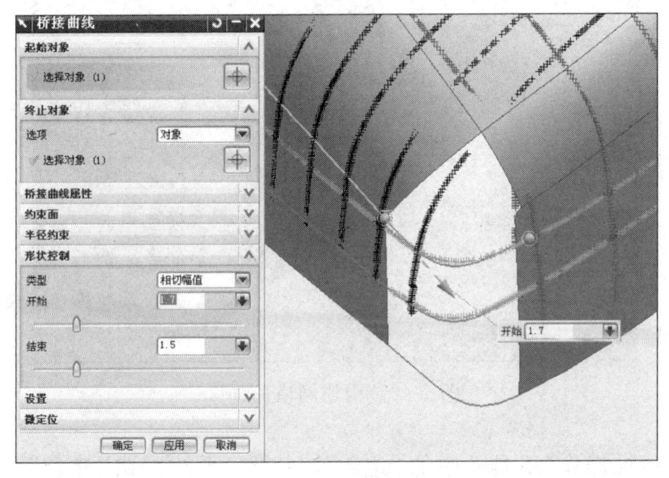

图 7-39　桥接曲线 2

性”选项卡中设置两条主曲线和各自的曲面相切(G1 相切),单击“应用”按钮,完成通过曲线网格曲面,如图 7-40 所示。用同样的方法,构建如图 7-41 和图 7-42 所示的曲面。

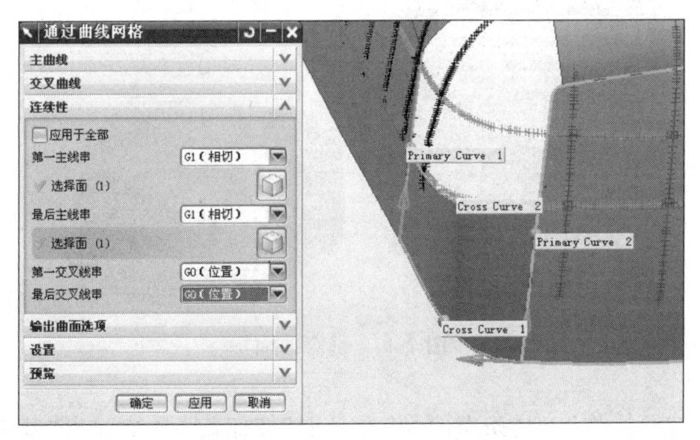

图 7-40　“通过曲线网格”对话框

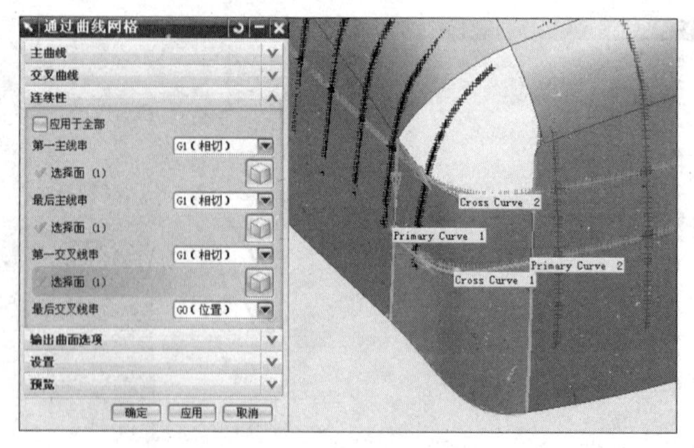

图 7-41　构建网格曲面 1

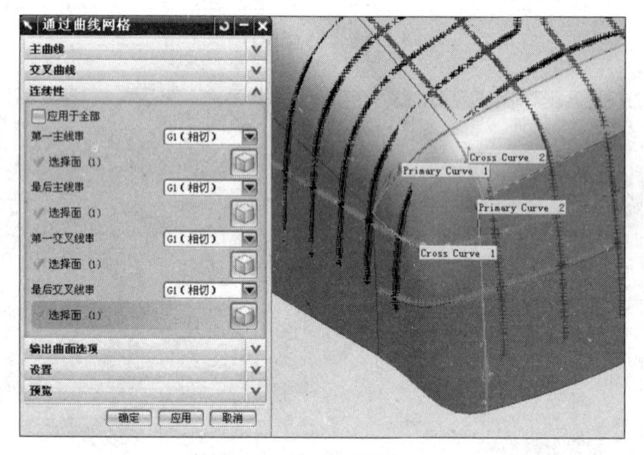

图 7-42　构建网格曲面 2

(14) 单击“特征操作”工具条中的“缝合”按钮，系统弹出“缝合”对话框，选择面倒圆后的外轮廓曲面作为“目标”，鼠标左键框选其他的面作为“刀具”，如图 7-43 所示，单击“确定”按钮，完成曲面的缝合。

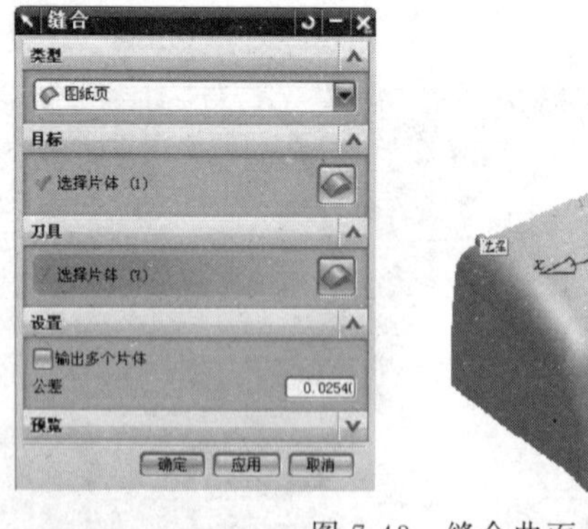

图 7-43　缝合曲面

(15) 单击“特征操作”工具条中的“基准平面”按钮，系统弹出“基准平面”对话框，选择“按某一距离”选项，选择 YZ 平面为基准，输入距离 5mm，如图 7-44 所示，单击“确定”按钮，完成操作。

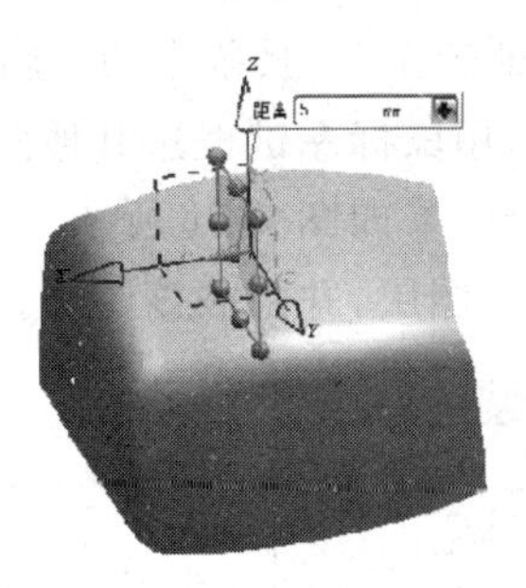

图 7-44　创建基准平面

(16) 单击“曲面”工具条中的“修剪的片体”按钮，系统弹出如图 7-45 所示的“修剪的片体”对话框，选择图 7-46 中的外轮廓曲面作为“目标”，也就是被修剪的曲面，上一步创建的基准平面作为 “边界对象”，单击“确定”按钮，完成外轮廓曲面的修剪。

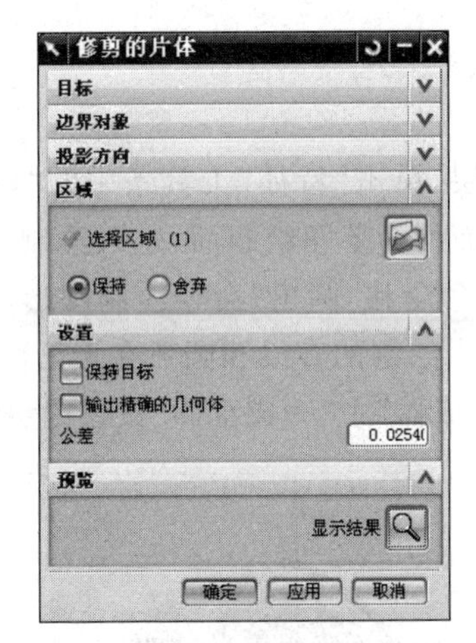

图 7-45　“修剪的片体”对话框

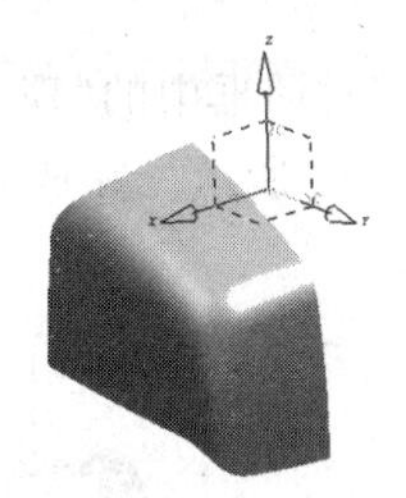

图 7-46　修剪结果

(17) 单击“特征操作”工具条中的“镜像体”命令，系统弹出如图 7-47 所示的“镜像体”对话框，选择上一步修剪完成的底面特征为镜像特征，选择 *Y-Z* 平面为镜像平面，单击“确定”命令按钮，生成镜像特征如图 7-48 所示。

图 7-47　“镜像体”对话框

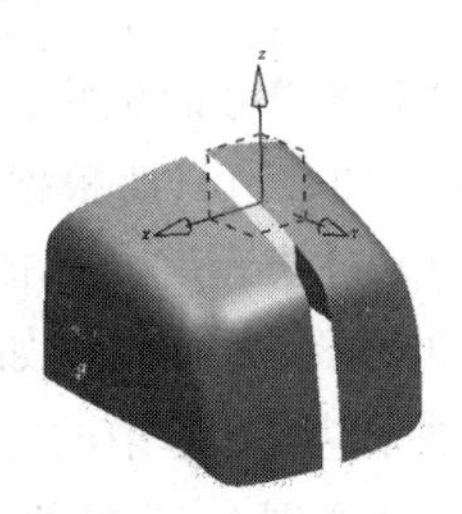

图 7-48　镜像结果

(18) 单击“曲面”工具条中的“桥接”命令,系统弹出如图7-49所示的“桥接”对话框,分别选择如图4-50所示的两个曲面的边线,单击“应用”按钮,生成桥接曲面如图7-50所示。用同样的方法完成其他面的桥接。

(19) 单击“特征操作”工具条中的“缝合”按钮,系统弹出“缝合”对话框,选择镜像的曲面作为“目标”,用鼠标左键框选其他的面作为“刀具”,如图7-51所示,单击“确定”按钮,完成曲面的缝合结果如图7-51所示。选中完成的大面,单击“格式”→“移动至图层”命令,将其放置于66图层,并隐藏该图层,方便后面的选择。

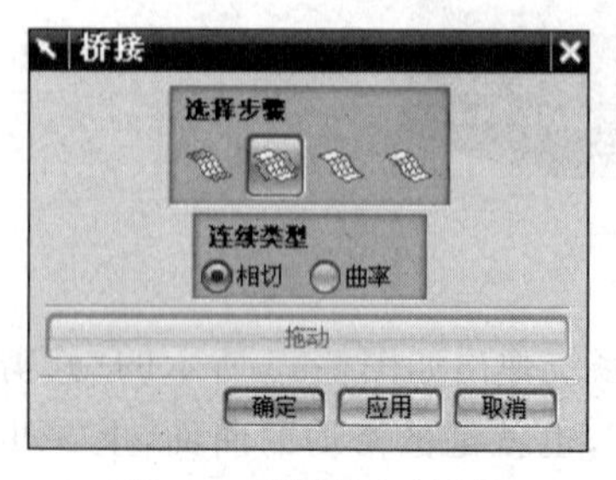

图7-49 “桥接”对话框

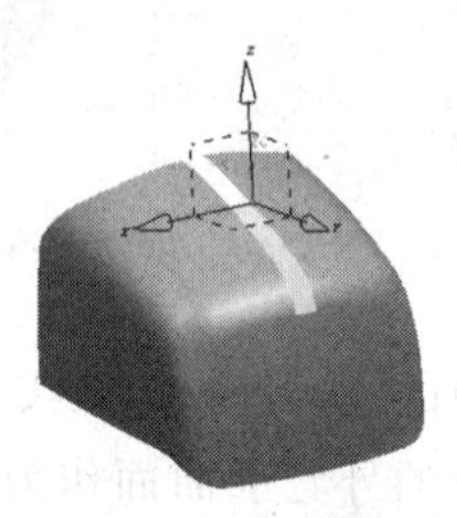

图7-50 桥接结果

图7-51 最终大面

7.2.3 灯罩边界修剪和实体生成

(1) 激活并显示出边界点云所在的44图层,单击“特征”工具条中的“草图”按钮,系统弹出“创建草图”对话框,选择*YZ*基准平面作为草图绘制面,进入绘制草图界面。分别选择“草图工具条”中的“直线”命令、“圆弧”命令和“圆角”命令绘制图形,绘制过程中,打开“对象捕捉”对话框中的“现有点”选项,约束绘制的直线和圆弧在点云数据上,图形绘制好以后如图7-52所示。完成后单击“草图生成器”中“完成草图”按钮。

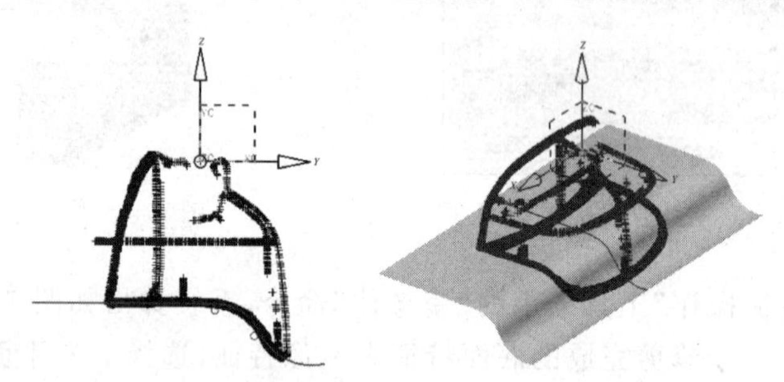

图7-52 底部边界草图和底部边界曲面

修剪灯罩边界

(2) 选择“特性”工具条中的“拉伸”命令,系统弹出“拉伸”对话框,选择刚刚绘制好的轮廓草图,在“拉伸”对话框中“限制”选项中设置拉伸方式为“对称值”,修改距离为100mm,此处的拉伸数值只要根据点云超出外形轮廓即可,没有精确的数值,如图7-52所示,设置选项卡中“体类型”为“片体”,单击“确定”按钮,生成曲面。同理,根据边界点云绘制图7-53所示的草图,拉伸生成如图7-54所示的曲面。

(3) 单击“曲面”工具条中的“修剪的片体”按钮,系统弹出如图7-55所示的“修剪的片体”对话框,选择图7-55中的外轮廓曲面作为“目标”,也就是被修剪的曲面,上一步创建的底部边界曲面作为“边界对象”,单击“确定”按钮,完成外轮廓曲面的修剪。同理,用侧面边界曲面对外轮廓大面进行修剪,结果如图7-56所示。

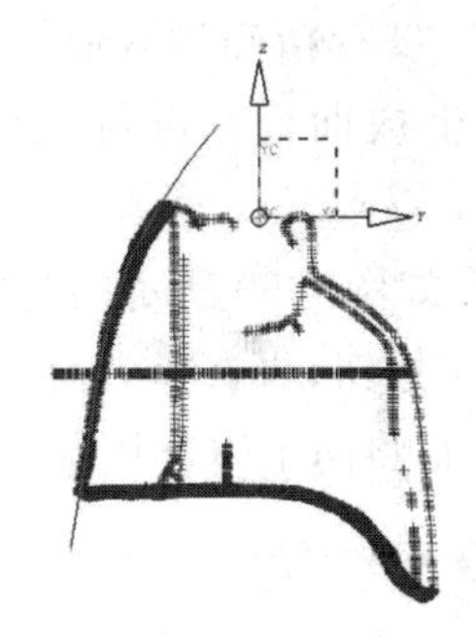

图7-53 侧面边界草图

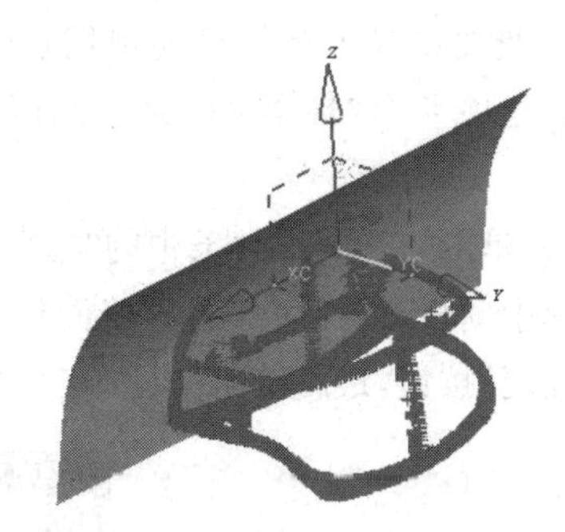

图7-54 侧面边界曲面

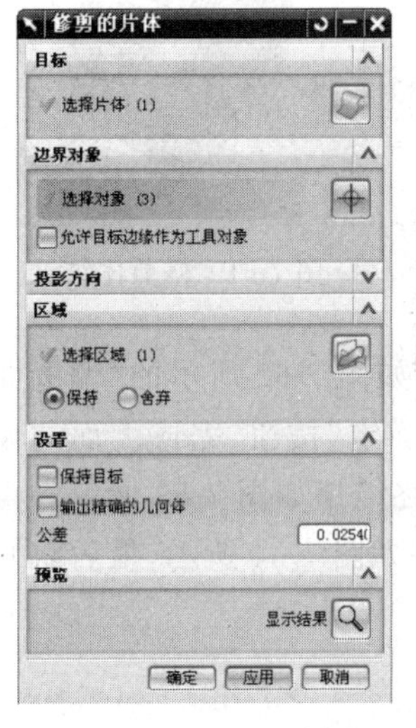

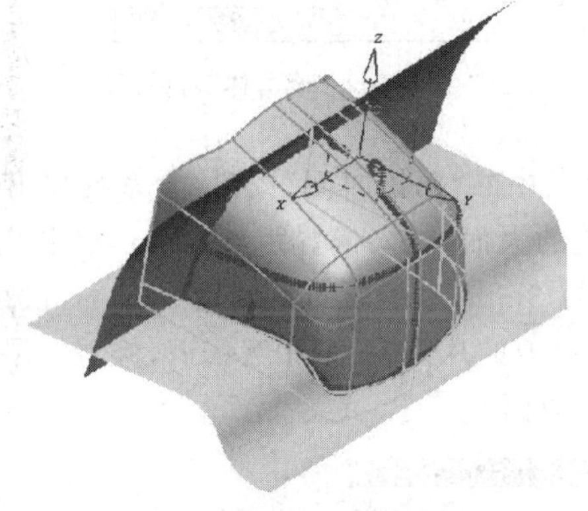

图7-55 “修剪的片体”对话框

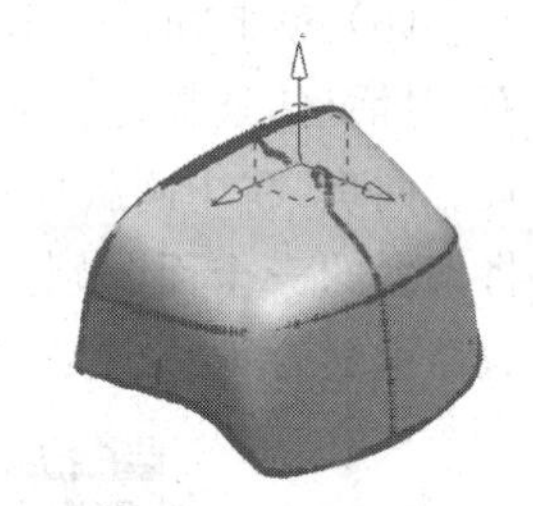

图7-56 修剪结果

(4) 单击“特征”工具条中的“加厚”按钮,系统弹出“加厚”对话框,选择修剪完成的曲面,输入厚度6mm,单击“确定”按钮,结果如图7-57所示。

(5) 单击“特征”工具条中的“草图”按钮,系统弹出“创建草图”对话框,选择*XY*基准平面作为草图绘制面,进入绘制草图界面。打开对象捕捉对话框中的“现有点”选项,约束绘制的直线和圆弧在点云数据上,图形绘制好以后如图7-58所示。

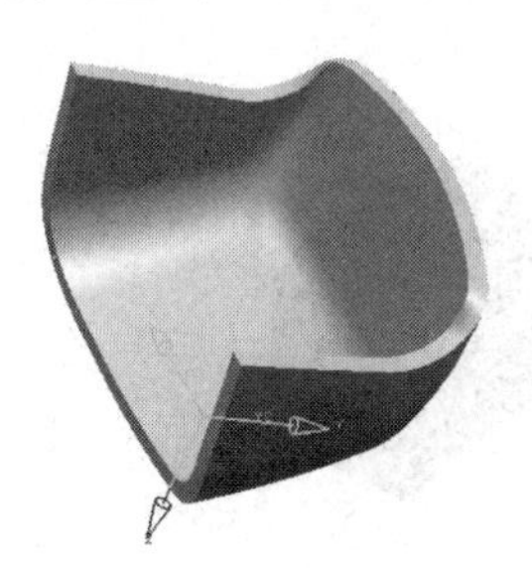

图7-57 片体加厚

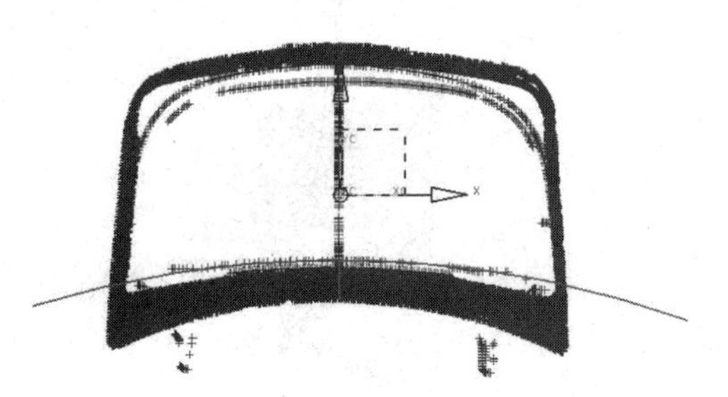

图7-58 中间板草图

(6) 选择“特性”工具条中的“拉伸”命令,系统弹出“拉伸”对话框,选择刚刚绘制好的轮廓草图,在“拉伸”对话框中“限制”选项中设置拉伸方式为“对称值”,修改距离为100mm,此处的拉伸数值只要根据点云超出外形轮廓即可,没有精确的数值,如图 7-59 所示,设置选项卡中“体类型”为“片体”,单击“确定”按钮,生成曲面。再对生成的片体加厚 6mm。

(7) 单击“特征”工具条中的“修剪体”按钮,系统弹出如图 7-60 所示的“修剪体”对话框,选择中间板,选择底部边界曲面作为“刀具”,单击“确定”按钮,再选择大面作为“刀具”,单击“确定”按钮,最终结果如图 7-61 所示。单击“求和”按钮,将两个体合并为一个实体。

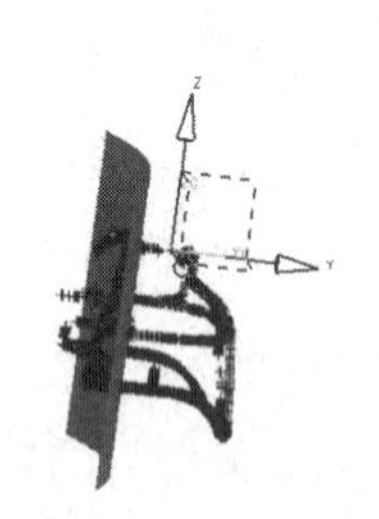

图 7-59 中间板曲面

图 7-60 “修剪体”对话框

图 7-61 修剪体结果

(8) 单击“曲面”工具条中的“偏置曲面”按钮,系统弹出如图 7-62 所示的“偏置曲面”对话框,选择缝合完成的大面,输入偏置距离 3mm,单击“确定”按钮,完成大面的偏置。同理,将中间板面偏置 3mm,水平面向下偏置 3.5mm,最终结果如图 7-63 所示。再将偏置的三个面分别用“修剪的片体”命令相互修剪,修剪结果如图 7-64 所示,最后将修剪结果缝合为一个完整的曲面。

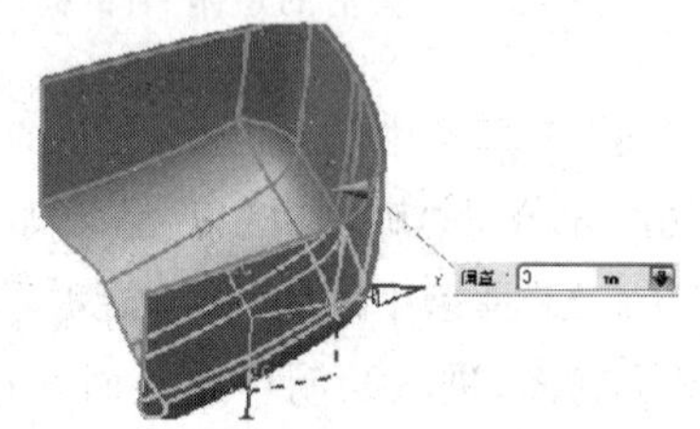

图 7-62 “偏置曲面”对话框

图 7-63 偏置三个面

图 7-64 修剪结果

(9) 单击“特征”工具条中的“修剪体”按钮，系统弹出“修剪体”对话框，选择合并完成的灯罩实体，选择上一步缝合的曲面作为“刀具”，如图 7-65 所示，单击“确定”按钮完成修剪，最终结果如图 7-66 所示，完成一个特征的创建。

(10) 单击“曲面”工具条中的“偏置曲面”按钮，系统弹出“偏置曲面”对话框，选择缝合完成的大面，输入偏置距离 3mm，单击“确定”按钮，完成大面的偏置。同理，将中间板面偏置 6mm，最终结果如图 7-67 所示。再将偏置的两个面分别用“修剪的片体”命令相互修剪，修剪结果如图 7-68 所示，最后将修剪结果缝合为一个完整的曲面。

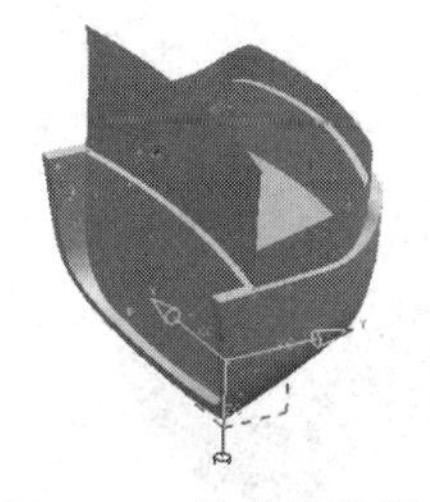
图 7-65　修剪体特征

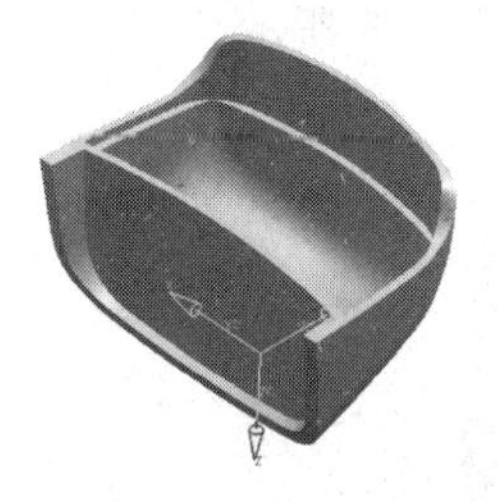
图 7-66　修剪体结果

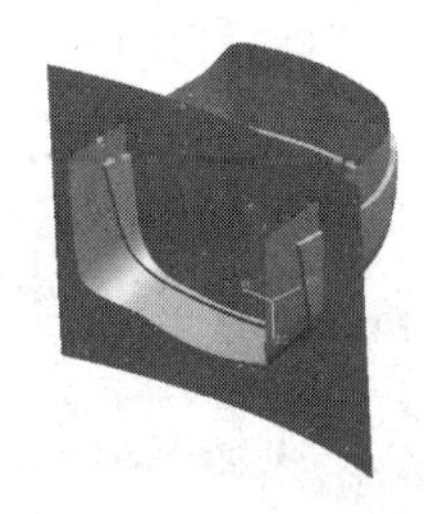
图 7-67　偏置三个面

(11) 单击“特征”工具条中的“修剪体”按钮，系统弹出“修剪体”对话框，选择修剪完成的灯罩实体，选择上一步缝合的曲面作为“刀具”，如图 7-69 所示，单击“确定”按钮完成修剪，最终结果如图 7-70 所示，完成一个特征的创建。

创建灯罩主体特征

图 7-68　修剪结果

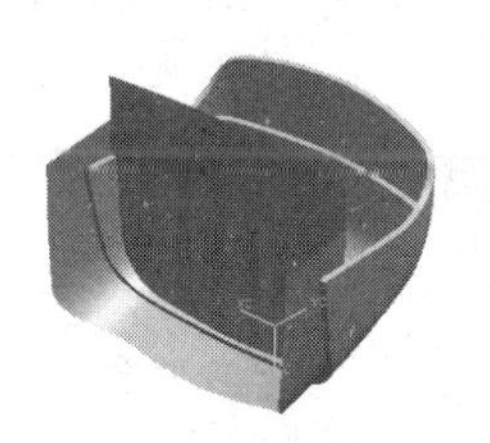
图 7-69　修剪体特征

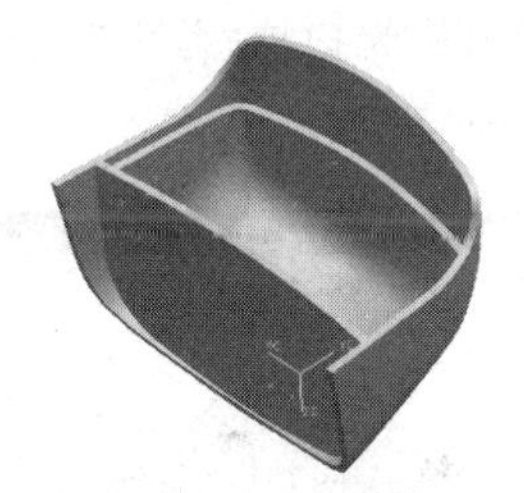
图 7-70　修剪体结果

(12) 单击“特征操作”工具条中的“基准平面”按钮，系统弹出“基准平面”对话框，“类型”选择“点和方向”，选择如图 7-71 所示的点为“通过点”，选择 Z 轴为“法向矢量”，如图 7-71 所示，单击“确定”按钮，完成操作。

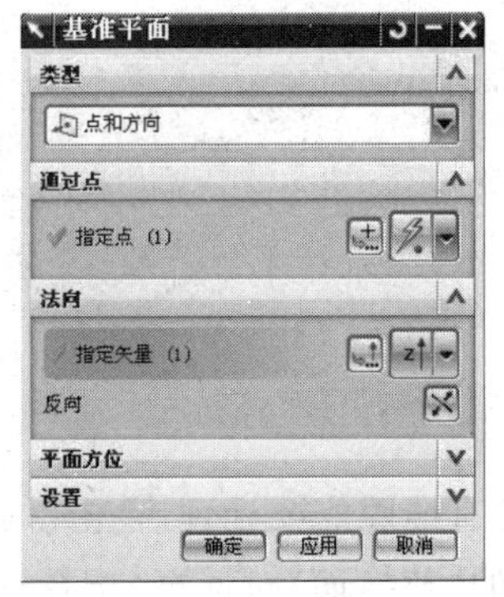

图 7-71　创建基准平面

(13) 激活并显示边界点云所在的 44 图层，单击“特征”工具条中的“草图”按钮，系统弹出“创建草图”对话框，选择上一步创建的基准平面作为草图绘制面，进入绘制草图界面。打开“对象捕捉”对话框中的“现有点”选项，约束绘制的圆弧在点云数据上，并提取修剪完成的灯罩实体边界作为草图，小平面特征绘制好以后如图 7-72 所示。

(14) 选择“特性”工具条中的“拉伸”命令，系统弹出“拉伸”对话框，选择刚刚绘制好的轮廓草图，在“拉伸”对话框中“限制”选项中设置拉伸方式为“值”，修改距离为3mm，设置“布尔”运算选项为“求和”，选择“灯罩实体”为“选择体”，设置选项卡中“体类型”为“实体”，单击“确定”按钮，结果如图 7-73 所示。

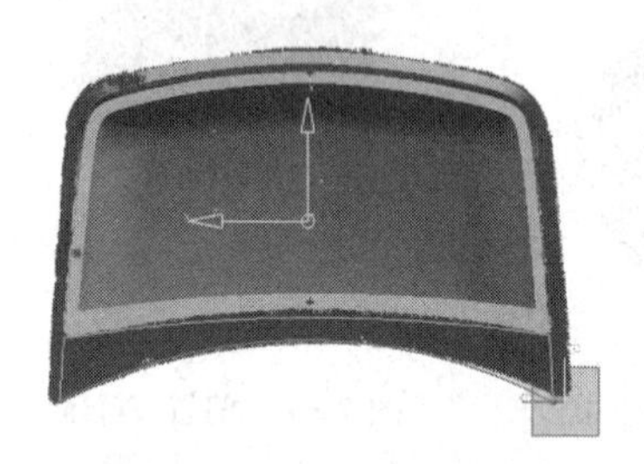

图 7-72　小平面特征草图

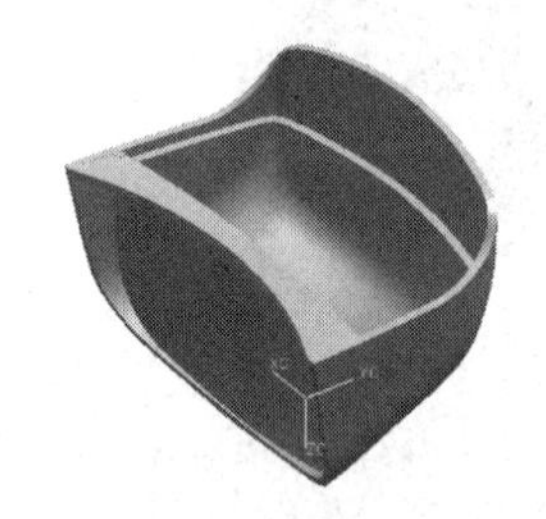

图 7-73　小平面特征拉伸结果

(15) 在 YZ 基准平面上创建如图 7-74 所示的扫掠特征的草图，一个长 7mm、宽 3mm 的矩形，单击“曲面”工具条中的“扫掠”按钮，系统弹出“扫掠”对话框，选择该矩形截面草图作为扫掠“截面”，选择图 7-74 所示的边线作为扫掠“引导线”，单击“确定”按钮，生成扫掠特征。

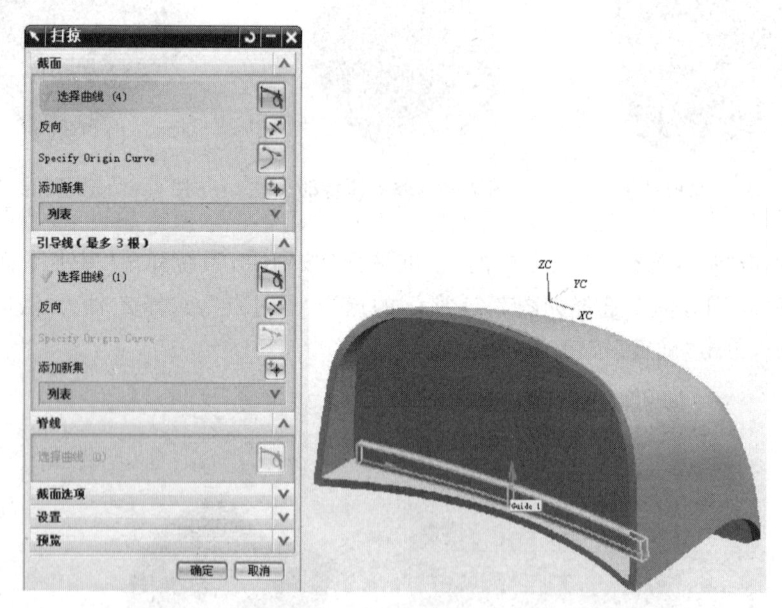

图 7-74　扫掠特征

(16) 扫掠完成的特征与灯罩实体之间还有缝隙需要处理，单击“同步建模”工具条中的“替换面”按钮，系统弹出如图 7-75 所示的“替换面”对话框，选择图 7-76 所示的扫掠特征侧面作为“要替换的面”，选择图 7-77 所示的面作为“替换面”，其他默认，单击“确定”

按钮，扫掠特征自动延伸至灯罩表面，同样的方法，完成扫掠特征另一侧的替换面操作，最后将扫掠特征和灯罩实体求和。

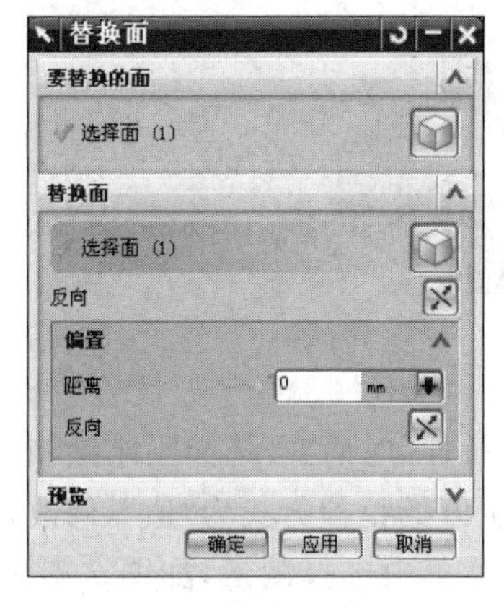

图 7-75 “替换面”对话框

图 7-76 要替换的面

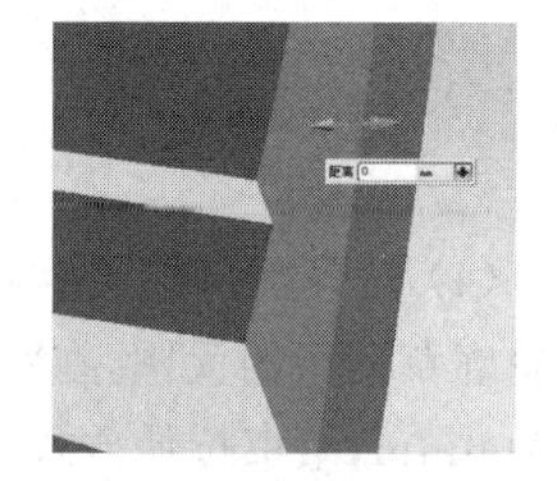

图 7-77 替换面

7.2.4 细节安装特征构建

安装特征构建

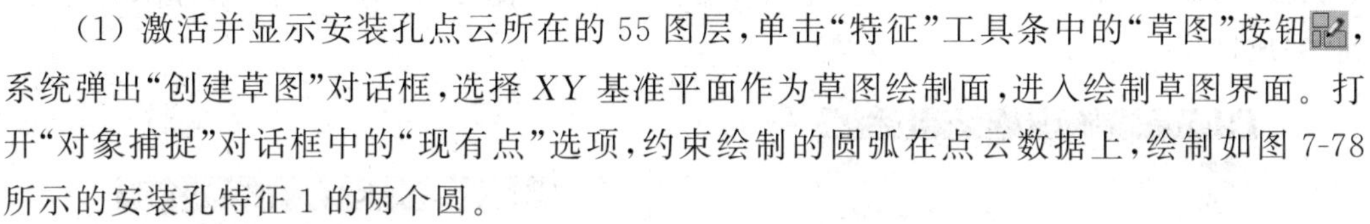

(1) 激活并显示安装孔点云所在的 55 图层，单击“特征”工具条中的“草图”按钮，系统弹出“创建草图”对话框，选择 *XY* 基准平面作为草图绘制面，进入绘制草图界面。打开“对象捕捉”对话框中的“现有点”选项，约束绘制的圆弧在点云数据上，绘制如图 7-78 所示的安装孔特征 1 的两个圆。

(2) 选择“特性”工具条中的“拉伸”命令，系统弹出“拉伸”对话框，选择刚刚绘制好的轮廓草图中的大圆，软件默认是选中整个草图，在选择提示栏中将“自动判断的曲线”改为“单条曲线”，即可只选中大圆，在“拉伸”对话框中“限制”选项中设置拉伸方式为“值”，修改距离为 100mm，此处的拉伸数值只需要超出外形轮廓即可，没有精确的数值，如图 7-79 所示，设置“布尔”运算选项为“无”，设置选项卡中“体类型”为“片体”，单击“确定”按钮，完成操作。

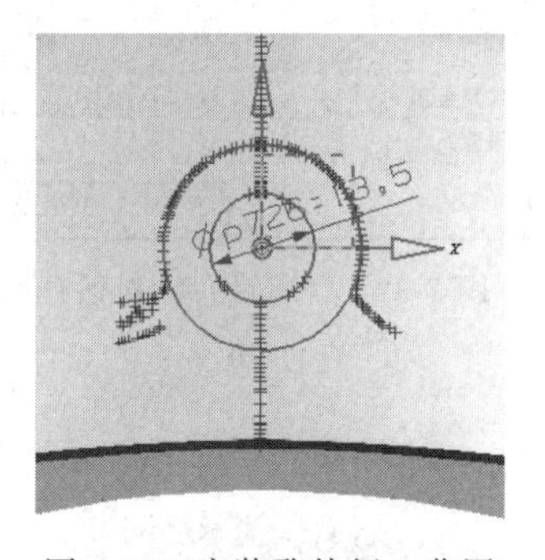

图 7-78 安装孔特征 1 草图

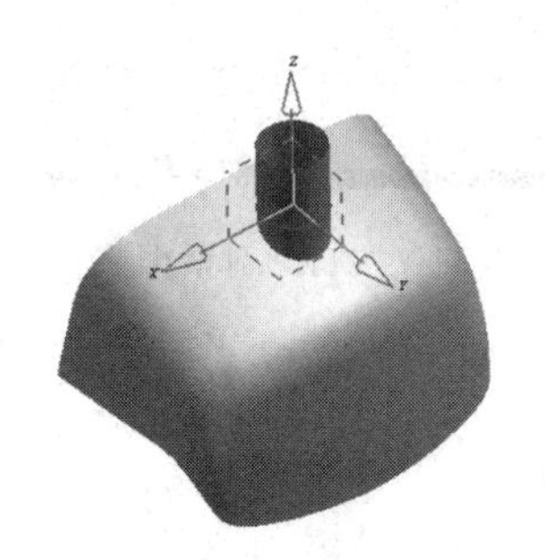

图 7-79 安装孔特征外表面拉伸结果

(3) 单击“特征”工具条中的“修剪体”按钮，系统弹出“修剪体”对话框，选择完成的灯罩实体，选择上一步拉伸的曲面作为“刀具”，如图 7-80 所示，单击“确定”按钮完成修剪。

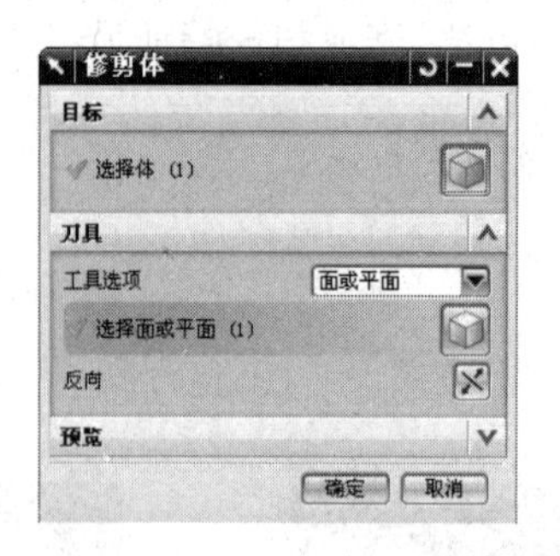

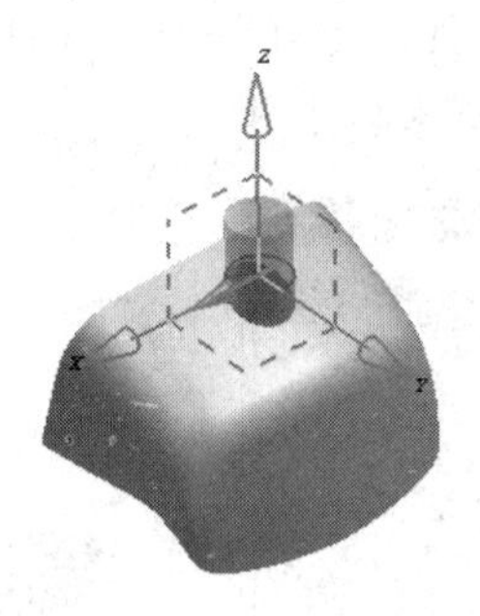

图 7-80 “修剪体”对话框

(4) 选择“特性”工具条中的“拉伸”命令，系统弹出“拉伸”对话框，选择刚刚绘制好的轮廓草图中的大圆，在“拉伸”对话框中“限制”选项中设置开始拉伸方式为“值”，修改距离为 0mm，结束拉伸方式为“值”，在“距离”选项后的下拉菜单中选择测量，如图 7-81 所示，系统弹出图 7-82 所示的“测量距离”对话框，选择图 7-83 所示的圆心为“测量起点”，选择图 7-84 所示的安装孔特征截面点云中的一个下表面上的点云为“测量终点”，系统会自动测量两点之间的距离，为 26.8418mm。单击“确定”按钮，该测量值会自动加入拉伸对话框中，设置“布尔”运算选项为“无”，设置选项卡中“体类型”为“实体”，单击“确定”按钮，完成操作。

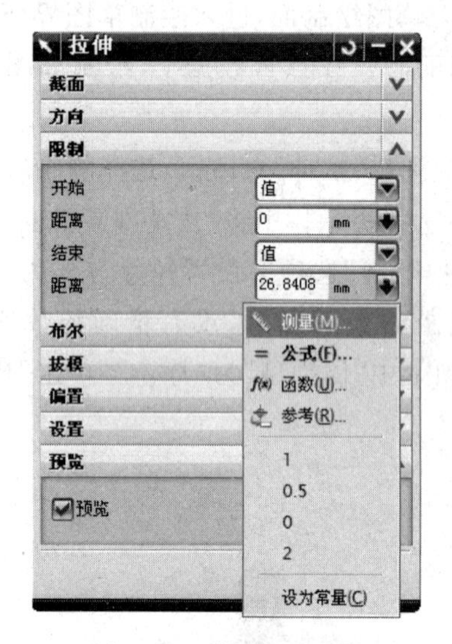

图 7-81 “拉伸”对话框

图 7-82 “测量距离”对话框

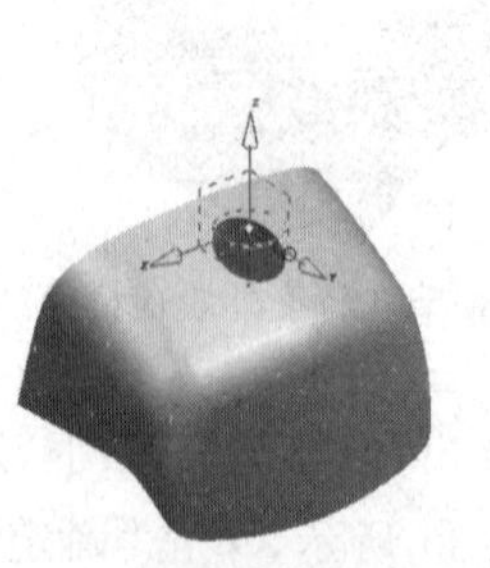

图 7-83 测量距离起点位置

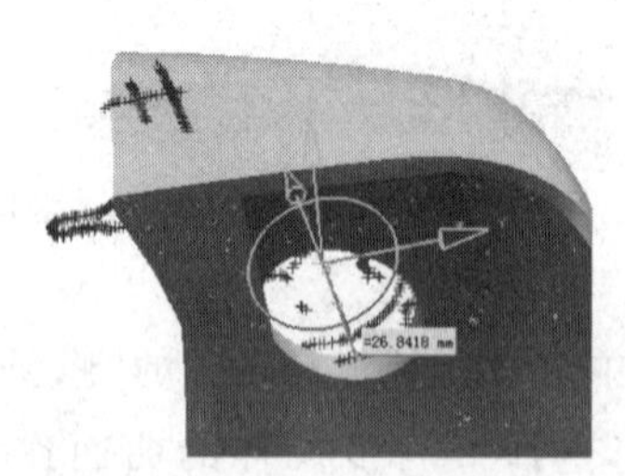

图 7-84 测量距离终点位置

(5) 单击“特征操作”工具条中的“边倒圆”按钮，系统弹出“边倒圆”对话框，在对话框中半径栏里输入 2mm，选择上一步生成实体的上表面外轮廓棱边进行边倒圆角，如图 7-85 所示，单击“确定”按钮，完成圆角的创建。

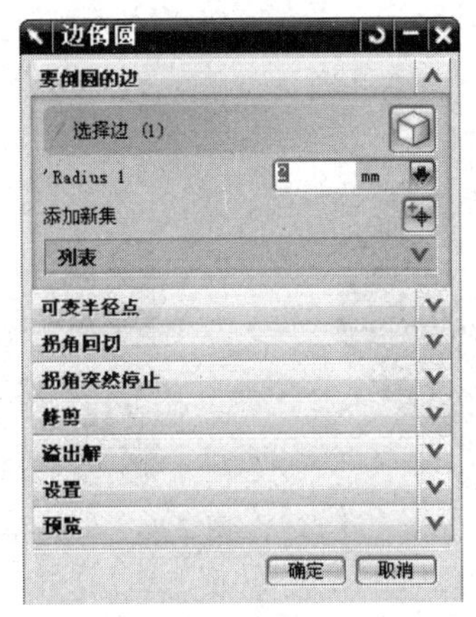

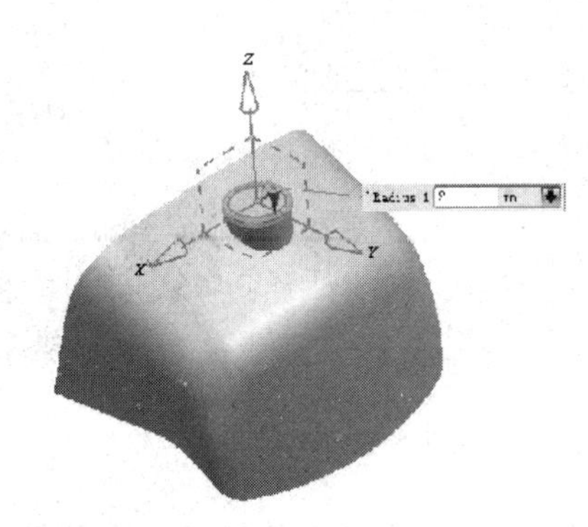

图 7-85　“边倒圆”对话框

(6) 单击“特征操作”工具条中的“抽壳”按钮，系统弹出“壳单元”对话框，选择上一步生成实体的下表面为“要抽壳的面”，如图 7-86 所示，在对话框中“厚度”栏里输入2mm，单击“确定”按钮，完成抽壳特征的创建如图 7-87 所示。

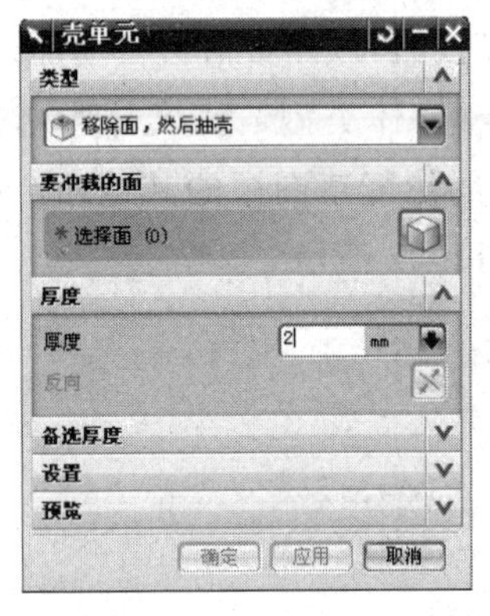

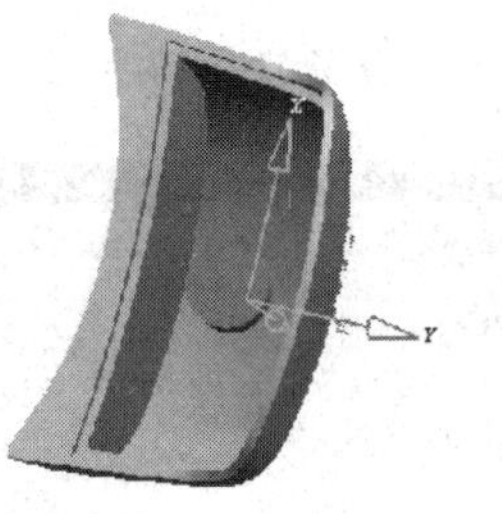
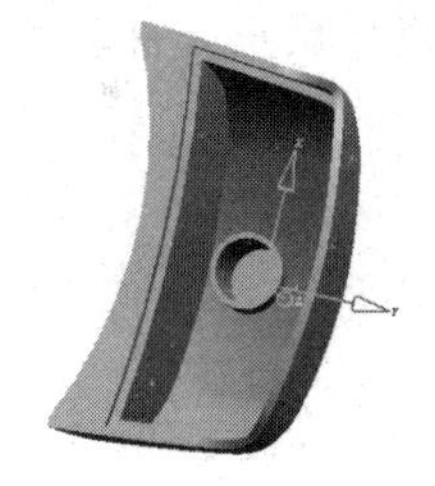
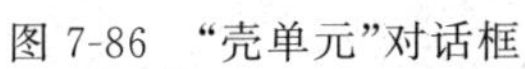

图 7-86　“壳单元”对话框　　　　图 7-87　抽壳结果

(7) 选择“特性”工具条中的“拉伸”命令，系统弹出“拉伸”对话框，选择第一步绘制好的轮廓草图中的小圆，软件默认是选中整个草图，在选择提示栏中将“自动判断曲线”改为“单条曲线”，即可只选中小圆，在“拉伸”对话框中“限制”选项中设置开始拉伸方式为“值”，修改距离为 0mm，结束拉伸方式为“贯通”，如图 7-88 所示，设置“布尔”运算选项为“求差”，和上一步抽壳完成的特征进行求差操作，“设置”选项卡中“体类型”为“实体”，单击“确定”按钮，完成操作，最后将生成的特征和灯罩实体特征进行求和操作，合并为一个整体。

(8) 激活并显示安装孔点云所在的 55 图层，单击“特征工具条”中的“草图”按钮，系统弹出“创建草图”对话框，选择 *XZ* 基准平面作为草图绘制面，进入绘制草图界面。打开“对象捕捉”对话框中的“现有点”选项，约束绘制的圆弧在点云数据上，绘制如图 7-89

所示的安装孔特征 2 的三个圆。

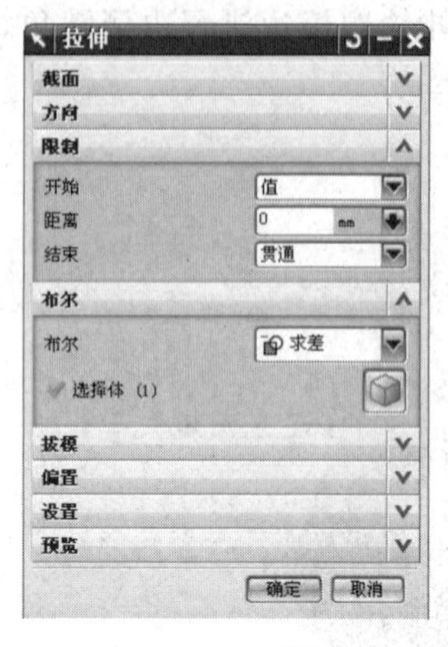

图 7-88 “拉伸”对话框

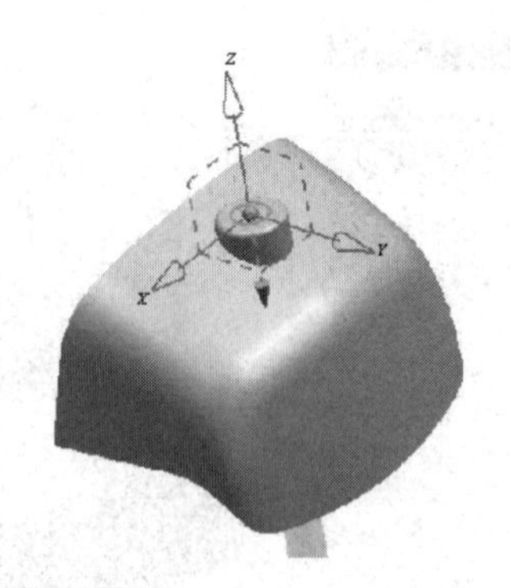

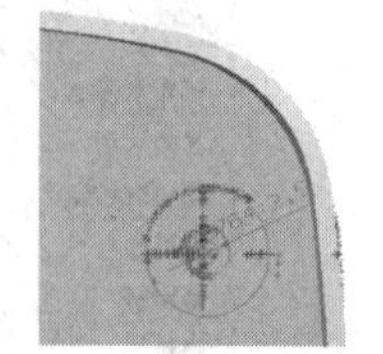

图 7-89 安装孔特征 2 草图

(9) 选择“特性”工具条中的“拉伸”命令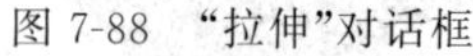,系统弹出“拉伸”对话框,选择上一步绘制好的轮廓草图中的大圆,软件默认是选中整个草图,在如图 7-90 所示的曲线选择提示栏中将“自动判断曲线”改为“单条曲线”,即可只选中大圆,在“拉伸”对话框中“限制”选项中设置开始拉伸方式为“直到选定对象”,选择如图 7-91 所示的表面为拉伸的起始位置,结束拉伸方式为“值”,在距离选项后的下拉菜单中选择测量,系统弹出 “测量距离”对话框,选择两个特征或者点云测量需要拉伸的距离,单击“确定”按钮,该测量值会自动加入拉伸对话框中,设置“布尔”运算选项为“求和”,“设置”选项卡中“体类型”为“实体”,单击“确定”按钮,完成操作。同样的方法分别拉伸上一步绘制好的轮廓草图中的其他两个圆,拉伸距离根据点云自动测量,最终完成的安装孔特征 2 如图 7-92 所示。

单条曲线
单条曲线
相连曲线
相切曲线
面的边缘
片体边缘
特征曲线
区域边界
自动判断曲线

图 7-90 曲线选择提示栏

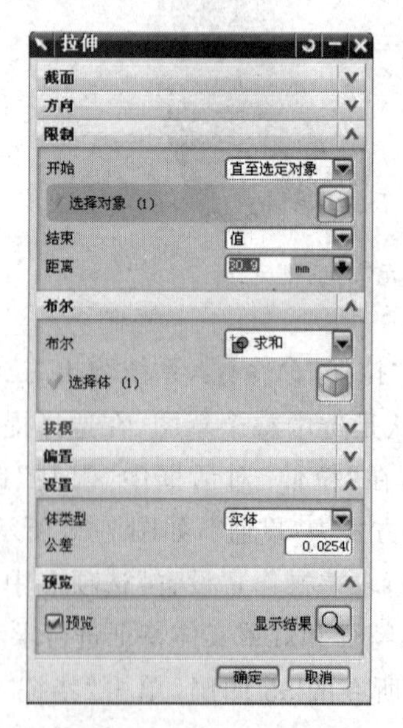

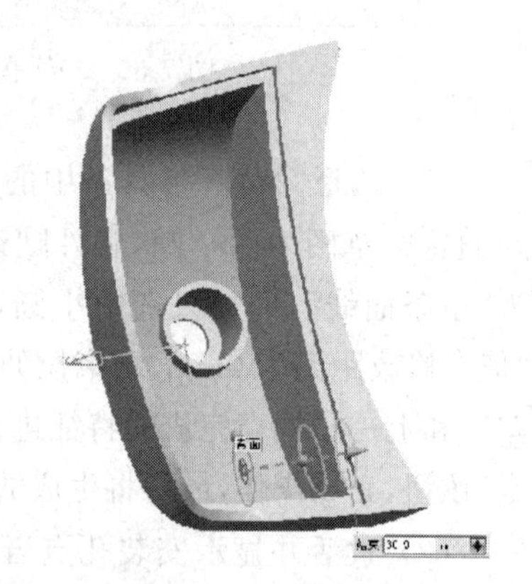

图 7-91 “拉伸”对话框

(10) 单击“特征操作”工具条中的“边倒圆”按钮，系统弹出“边倒圆”对话框，在对话框中半径栏里输入 2mm，选择上一步创建的安装孔特征的一条外轮廓棱边进行边倒圆角，如图 7-93 所示，单击“确定”按钮，完成边倒圆角的创建。

(11) 单击“特征操作”工具条中的“镜像特征”命令，系统弹出“镜像特征”对话框，选择安装孔特征为镜像特征，选择 *Y-Z* 平面为镜像平面，单击“确定”命令按钮生成的镜像特征如图 7-94 所示。

图 7-92　安装孔特征 2

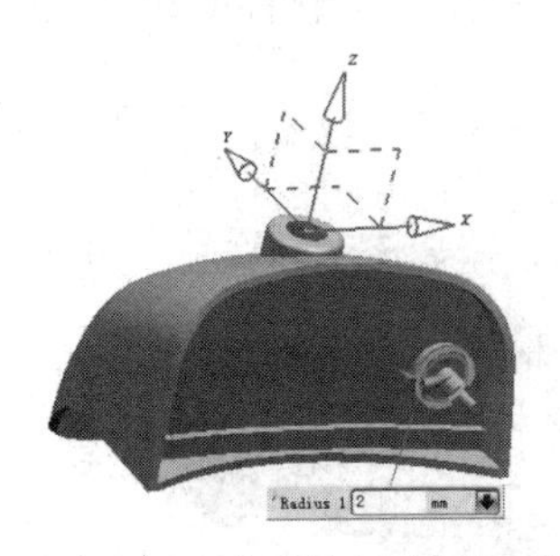

图 7-93　安装孔特征边倒圆角

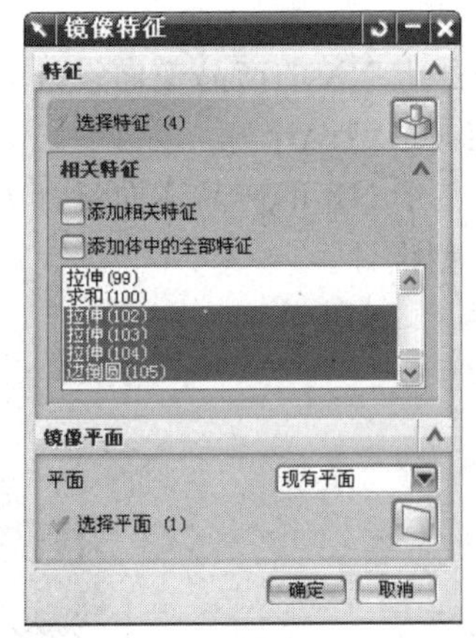

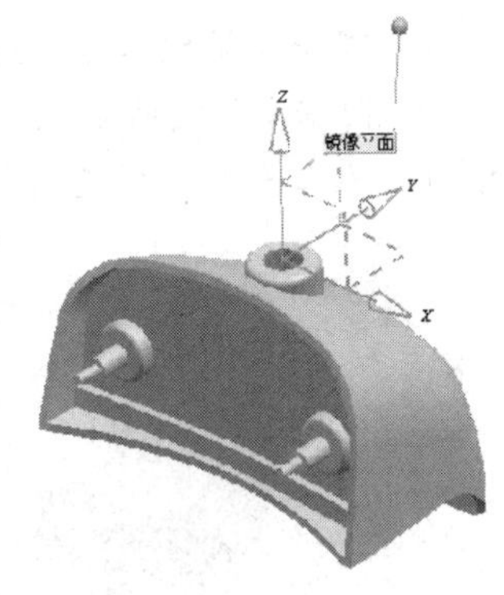

图 7-94　镜像安装孔特征实体

(12) 隐藏所有点云图层，选择菜单中的“编辑”弹出下拉菜单(图 7-95)，或者按 Ctrl+W 组合键，在这个菜单里可以对视图中的图素进行隐藏和显示操作，单击“显示和隐藏”项，系统弹出“显示和隐藏”对话框(图 7-96)，选择要隐藏的类型，隐藏草图和坐标系，使视图界面更清晰地表达构建的实体特征。

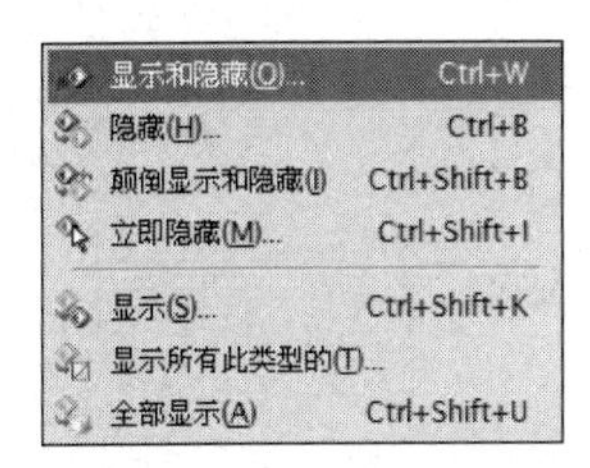

图 7-95　“编辑”下拉菜单

图 7-96　“显示和隐藏”对话框

(13) 最终完成的灯罩如图 7-97 所示，单击“标准”工具栏中的“保存”按钮，或选择下拉菜单“文件”→“保存”命令，或者按 Ctrl+S 组合键保存模型。

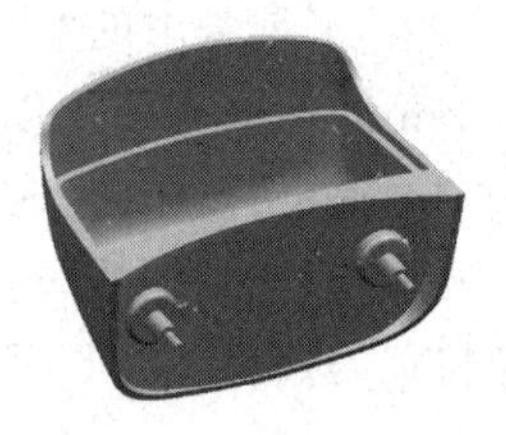

图 7-97　灯罩实体模型

7.3　拓展训练

(1) 根据本项目所学习的基于NX的产品逆向设计方法,利用NX软件对图7-98所示的淋浴喷头支架模型进行逆向造型设计。

(2) 根据本项目所学习的基于NX的产品逆向设计方法,利用NX软件对图7-99所示的玩具汽车模型进行逆向造型设计。

图 7-98　淋浴喷头支架

图 7-99　玩具汽车

项 目 8

基于 Design X 的便携式按摩器逆向造型设计

项目目的

(1) 掌握 Design X 软件产品逆向造型设计的步骤和方法；

(2) 理解 Design X 软件和 UG 软件产品逆向造型设计思路的不同及优缺点；

(3) 为后续的创新设计或者模具设计提供三维模型数据；

(4) 培养学生独立分析和解决实际问题的实践能力；

(5) 培养学生团队协作和创新设计的能力。

项目内容

(1) Design X 软件产品逆向造型设计的步骤及方法；

(2) Design X 软件产品逆向造型设计中根据点云直接拟合曲面的方法；

(3) 按照教学要求，熟练操作 Design X 软件对便携式按摩器进行逆向造型设计；

(4) 根据测量的点云数据完成某电动雕刻笔的逆向造型设计。

课时分配

本项目共 3 节，参考课时为 18 学时。

8.1 Design X 软件基础

8.1.1 Design X 软件简介

Geomagic Design X 软件是业界一款结合了基于特征的 CAD 数模与三维扫描数据处理的逆向工程软件，拥有强大的点云处理能力和正向建模能力，可以与其他三维软件无缝衔接，适合工业零部件的逆向建模工作；可实现包括提取自动的和导向性的实体模型、将精确的曲面拟合到有机三维扫描、编辑面片以及处理点云在内的诸多功能，从而完成其他软件无法完成的工作；支持中性的计算机辅助设计或多边形文件的综合输出，自动和制导的固体模型提取，精确的表面拟合有机三维扫描，网格编辑和点云处理。Geomagic Design X 软件界面如图 8-1 所示。

Geomagic Design X 基本操作界面由菜单栏、工具面板、工具栏、特征树、模型树、显示 & 帮助 & 视点、精度分析等部分组成。

(1) 菜单栏：包含程序中所有的功能，如文件操作等。

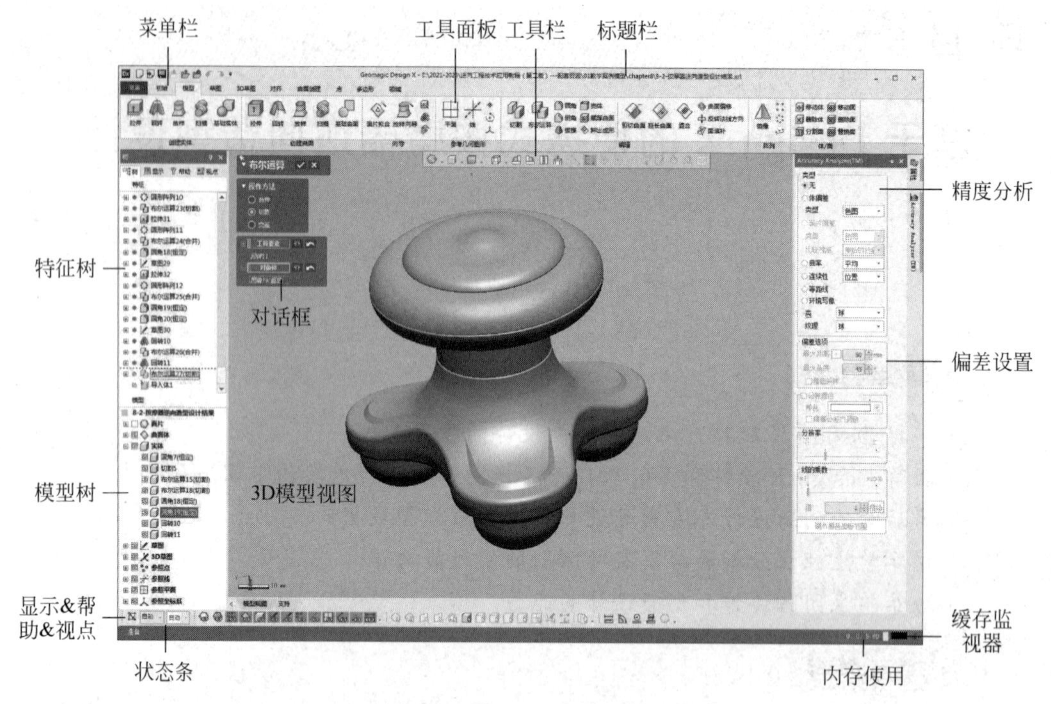

图 8-1 Design X 软件界面

(2) 工具面板：由面片、领域组、点云、面片草图、草图、3D 面片草图、3D 草图七部分构成，每一种模式都有其对应的工具栏，便于创建和编辑特征。

(3) 工具栏：在工具栏中，会根据模型显示区实体或曲线来激活相应命令，例如创建出实体时，“布尔运算、剪切实体”等编辑实体的命令就会显示激活状态。在工具栏区域右击，选择“自定义”，可以定制工具栏。

(4) 特征树：Geomagic Design X 使用参数化履历建模的模式。参数化履历模式允许存储构建几何形状并创建实体，同样也可存储操作的顺序和它们彼此之间的关系。在重新编辑更改特征时，可以双击特征，也可以选中某一特征右击选择编辑；若删除特征，则关联特征也将失效。

(5) 模型树：通过分类显示的所有创建的特征。此窗口可以用来选择和控制特征实体的可见性。单击显示/隐藏图标可以在隐藏和显示之间切换。

(6) 显示 & 帮助 & 视点：显示 & 帮助 & 视点、特征树和模型树都在同一个窗口显示，使用以上按钮就可以实现切换。

(7) 精度分析：精度分析对于检查实体、面片、草图的质量非常重要。在创建曲面之后，可直接检查扫描数据和所创建的曲面之间的偏差。精度分析在默认模式、面片模式以及 2D/3D 草图模式下均可使用。

8.1.2 Design X 软件优势功能

传统的设计软件如 SolidWorks、NX、Inventor、Creo、Pro/E 等，在逆向造型设计过程中遵循点→线→面→体的一般原则进行设计，即使扫描不完整也可以进行正向建模。但是 Design X 软件依靠强大的点云和三角面片处理能力和快速而自动化逆向设计能力，成为逆向工程领域功能最全面的逆向工程软件，软件主要优势功能如下。

（1）自动分割领域。自动分割领域功能是 Design X 的专有功能，它会根据面片的曲率和特征，自动将面片表面归类为不同的领域加以分割，可以快速地识别平面、圆柱面、回转面、圆面等。后续设计过程中可以根据这些分割的领域快速构建实体特征。

（2）面片草图。在扫描数据上，通过一个截面建立截面轮廓，可以根据在上面直接绘制截面草图，方便构建拉伸体、回转体等。

（3）自动草图。自动从多段线提取直线和弧线，并创建草图轮廓，同时可以智能识别相互之间的约束，为建模节约大量的时间，大大提高建模的效率。

（4）智能尺寸。智能尺寸命令可以很方便地将尺寸应用到草图上，而且非常智能，可以自动测量角度半径长度等，方便快捷地构建出需要的模型。

（5）基础实体（曲面）。根据划分的领域，自动建立实体或者曲面特征，快速地从领域提取实体或者曲面特征，例如球体、圆柱、圆环、长方体等。

（6）偏差分析功能。在建模过程中，Design X 可以快速而方便地进行体偏差分析、面偏差分析、曲线偏差分析等，可以轻易知道逆向的模型和原始扫描数据之间的偏差，从而调整更改逆向设计模型。

8.1.3　Design X 软件工作流程

Design X 软件的工作流程如图 8-2 所示。

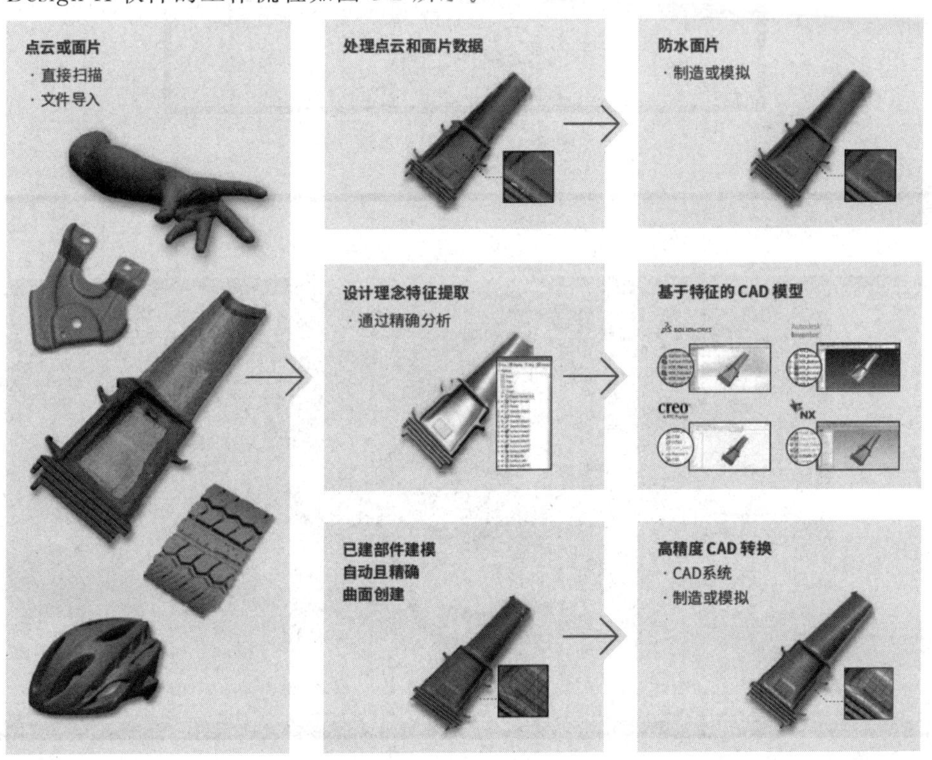

图 8-2　Design X 软件的工作流程

8.2 便携式按摩器逆向造型设计

8.2.1 按摩器坐标系建立

按摩器坐标系建立

(1) 双击桌面上的 Geomagic Design X 图标或单击“开始”→“所有程序”→Geomagic Design X 命令,即可启动 Geomagic Design X。单击导入命令按钮,系统弹出“导入”对话框。如图 8-3 所示,单击计算机中已经存在的“按摩器”文件,单击按钮 仅导入 ,导入点云文件。导入 Geomagic Design X 的按摩器点云如图 8-4 所示。

图 8-3 软件导入界面

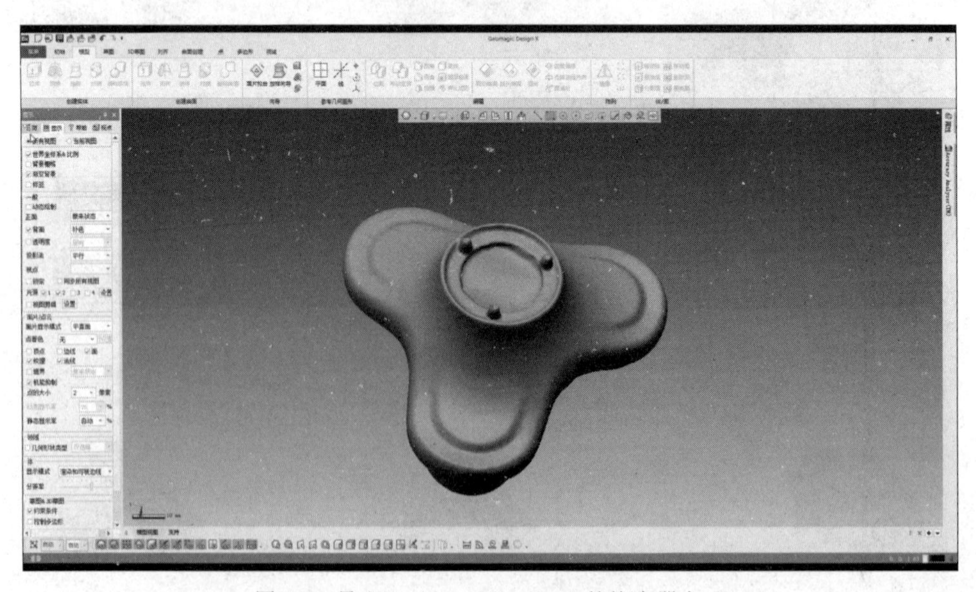

图 8-4 导入 Geomagic Design X 的按摩器点云

(2) 绘制领域，单击“特征工具条”中的“领域”后使用画笔工具对所需领域范围进行涂抹，对底部按摩头的三部分领域进行绘制，创建用于对齐坐标系的回转中心轴，如图8-5所示。完成后单击“插入”命令。

(3) 单击“特征工具条”中的“模型”后使用“线”命令按钮，系统弹出“添加线”对话框，此时在方法中选择已有平面“回转轴阵列”，在“要素”中选择先前创建的三处领域，完成后单击按钮，即可生成轴线，如图8-6所示。

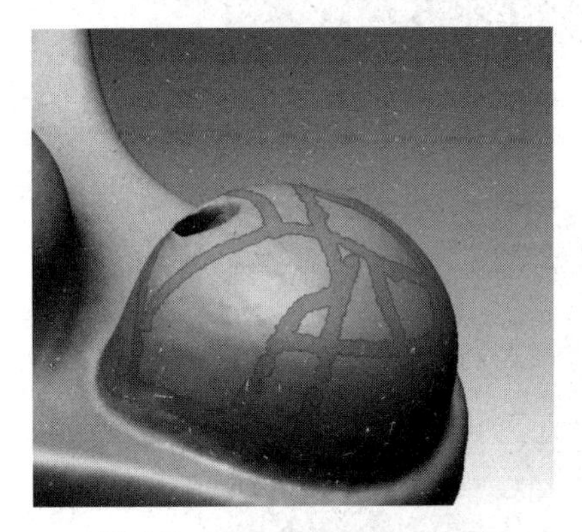

图8-5　按摩器底部领域绘制

图8-6　创建按摩头回转阵列轴线

(4) 选择“模型”工具条中的“平面”命令，系统弹出“追加平面”对话框，选择“方法”为选择多个点，在“要素”中选择按摩器上段圆环面上数点，完成后单击按钮，创建平面，如图8-7所示。

图8-7　创建顶部平面

(5) 单击“特征工具条”中的“模型”后使用“点”命令按钮，系统弹出“添加点”对话框，此时选择已有平面“平面1”和先前创建的按摩头回转中心轴“线1”即可创建点。如图8-8所示，以平面与曲面的相交点作为点，完成后单击按钮，生成点。

(6) 选择“模型”工具条中的“平面”命令，系统弹出“追加平面”对话框，选择“方法”为选择点和法线轴，在“要素”中选择先前创建按摩头回转轴为法线轴，如图8-9所示，选择先前创建的平面与轴的交点，完成后单击按钮，创建平面。

(7) 单击“特征工具条”中的“草图”后使用“面片草图”命令按钮，系统弹出“面片草图设置”对话框，单击选择“平面投影”，在“基准平面”中选择所需草图绘制

图 8-8　创建顶部平面与回转轴交点

图 8-9　创建法线轴垂直于点的平面

平面即可进入绘制草图界面。如图 8-10 所示的面 2 作为草图绘制面。选择“草图工具条”中的“直线”命令,绘制按摩器中心点到三个安装柱其中一个的圆心,可以确定坐标系的其中一个方向,如图 8-10 所示。完成后单击“面片草图工具条”中的“退出”命令。

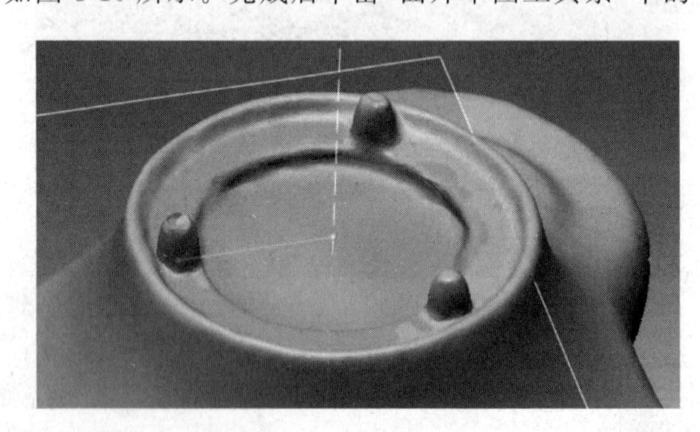

图 8-10　绘制坐标系直线

(8) 单击“特征工具条”中的“对齐”后使用“手动对齐”命令按钮,系统弹出“手动对齐”对话框,单击进入下一阶段,选择移动方式中的 3-2-1 进行坐标系对齐。如图 8-11 所示,以上端平面 2 选作为平面,选择草图中直线作为线,选择按摩头回转中心轴线作为位置,然后单击按钮,完成按摩器坐标系的建立,可以调整不同的视图方向查看产品的主要特征是否摆正对齐。

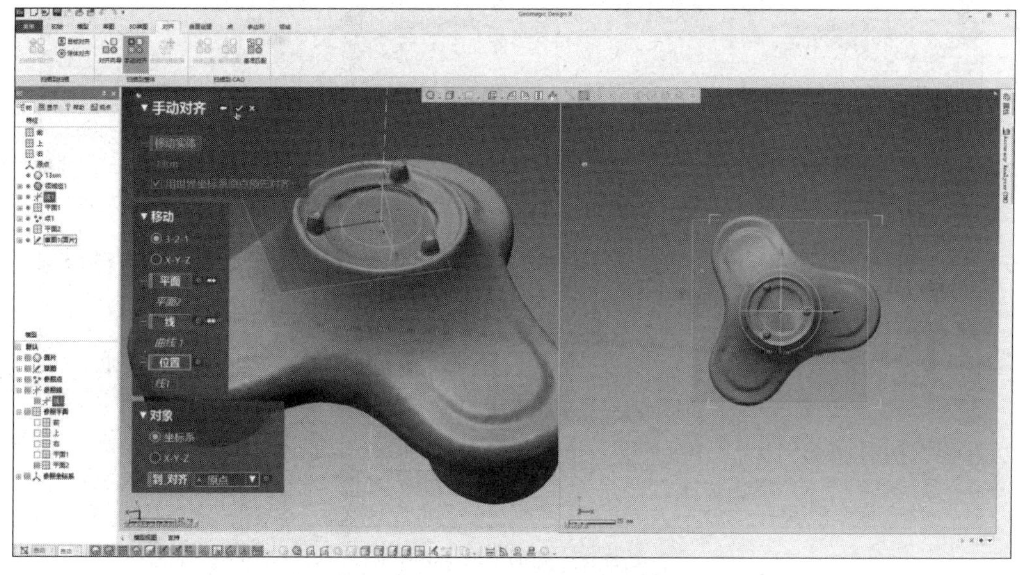

图 8-11　对齐坐标系

8.2.2　按摩器主曲面构建

按摩器主曲面构建

（1）根据 8.2.1 小节便携式按摩器产品坐标系建立完成的点云数据，进行主曲面的构建。绘制领域，单击"特征工具条"中的"领域"命令后使用画笔工具对所需领域范围进行涂抹，同时对如图 8-12 所示的两部分领域进行领域绘制，用于曲面创建时的面片拟合，如图 8-12 所示，完成后单击"插入"命令，系统会自动创建两块所选区域的点云数据。

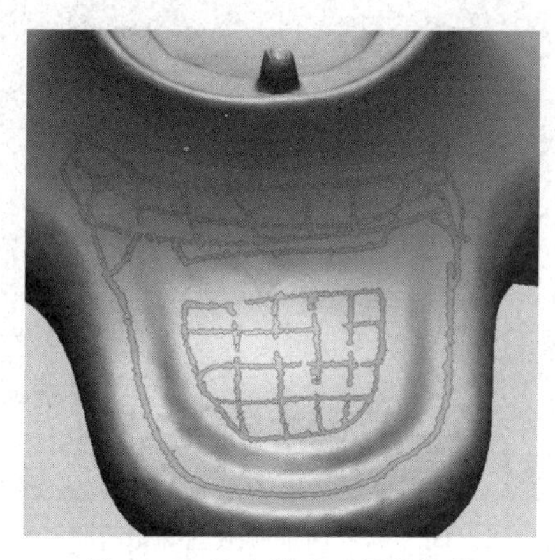

图 8-12　按摩器表面领域绘制

（2）单击"特征工具条"中的"模型"工具条使用"面片拟合"命令按钮，系统弹出"面片拟合"对话框，单击选择外部已经绘制的领域，在对话框中设置 UV 方向的控制点数即可创建拟合曲面。如图 8-13 所示，以外部领域作为拟合领域，完成后单击按钮，生成曲面。

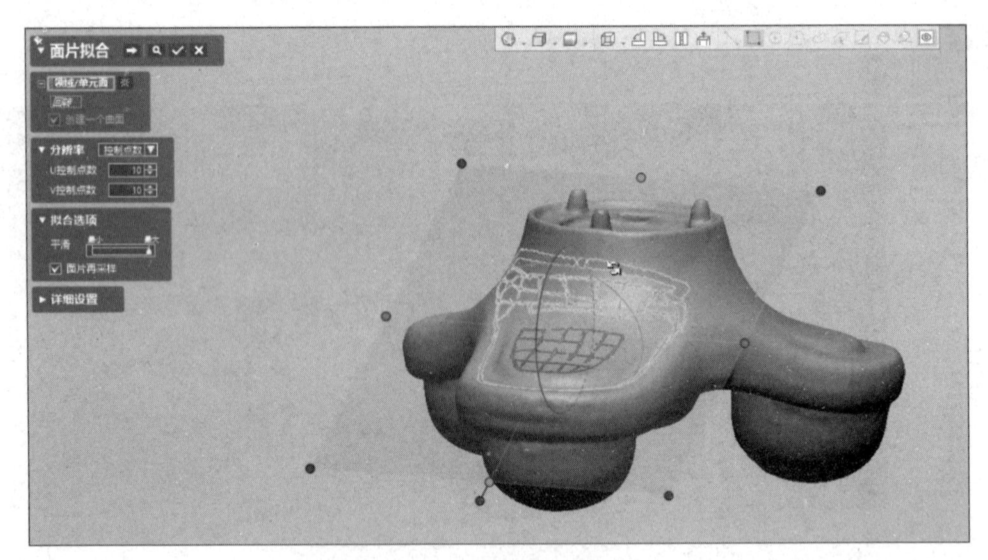

图 8-13 外部领域面片拟合

(3) 用同样的方法对另一部分领域进行拟合曲面,如图 8-14 所示,以内部领域作为拟合领域,完成后单击按钮,生成曲面。

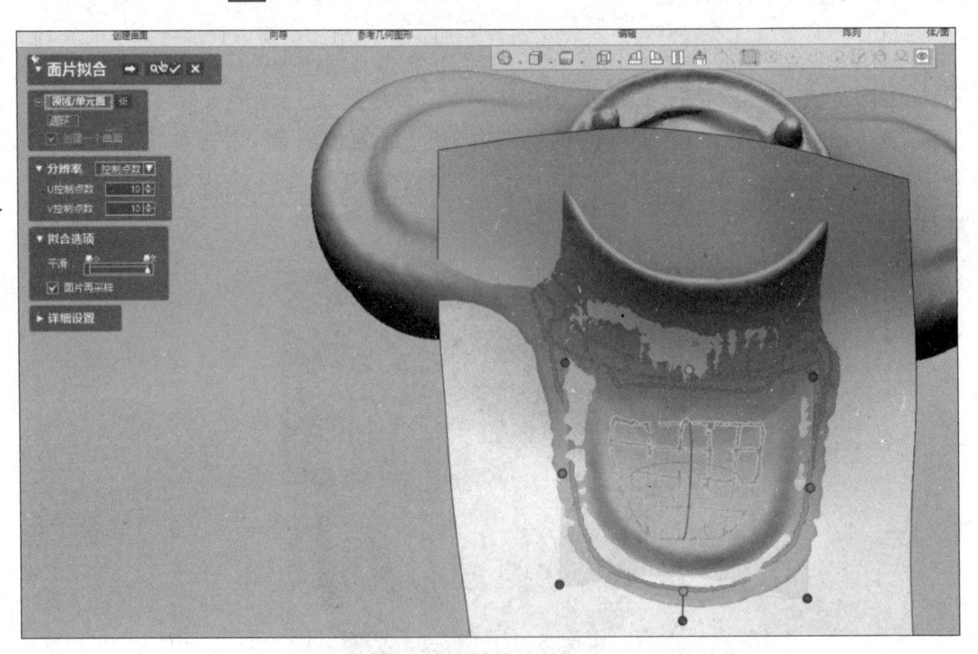

图 8-14 内部领域面片拟合

(4) 单击"特征工具条"中的"草图"后使用"草图"命令按钮,系统弹出"设置草图"对话框,单击选择所需草图绘制平面 X-Y 平面即可进入绘制草图界面。选择"草图工具条"中的"直线"与"圆弧"命令,绘制如图 8-15 所示的按摩器单片主曲面形状,图形绘制好后进行尺寸约束。完成后单击"草图工具条"中的"退出"命令。

(5) 选择"模型"工具条中的"拉伸"命令,系统弹出"拉伸"对话框,选择刚刚绘制好

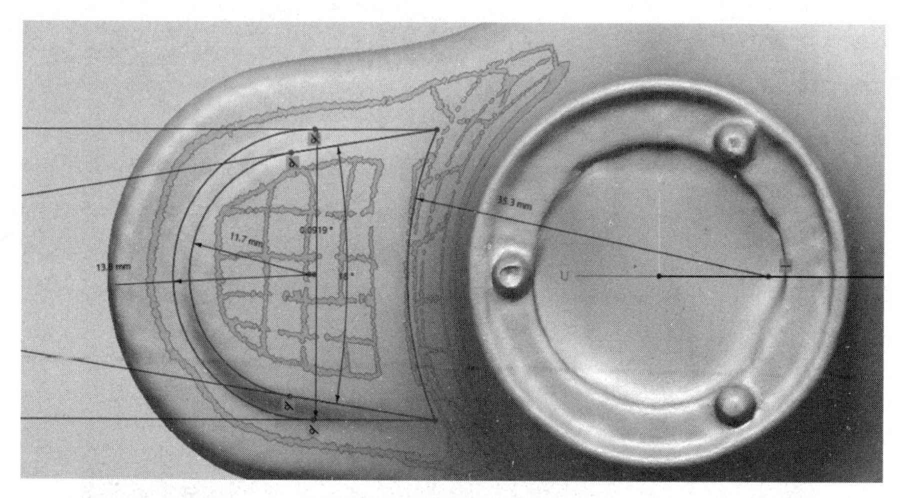

图 8-15 轮廓草图绘制

的轮廓草图，在“拉伸”对话框的“方向”选项中设置拉伸方式为“距离”并修改为50mm，选择轮廓特征如图8-16所示。完成后单击按钮，生成曲面。

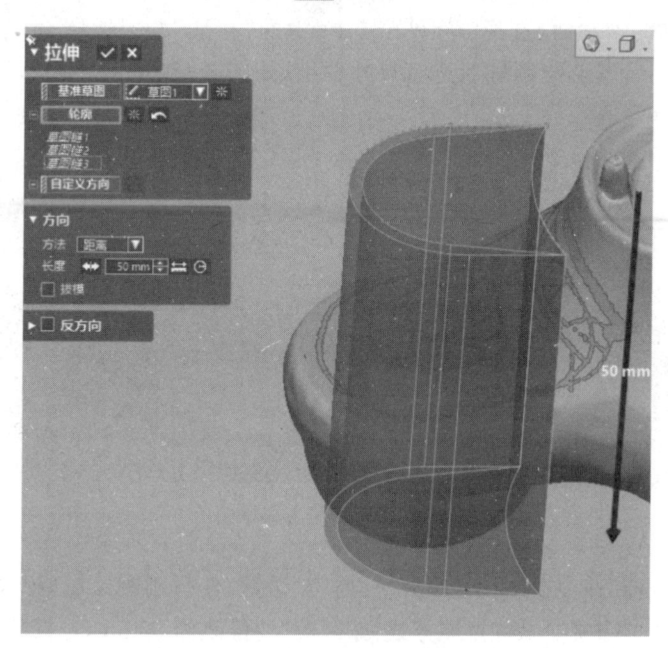

图 8-16 拉伸轮廓曲面

(6) 单击“模型”工具条中的“修剪曲面”命令，系统弹出“修剪曲面”对话框，用步骤(5)中拉伸的曲面对步骤(2)、步骤(3)中曲面拟合的片体进行修剪。在“工具要素”工具要素中选择“拉伸1-2”和“拉伸1-3”，在“对象体”对象体中选择“面片拟合1”和“面片拟合2”，随后在结果的残留体中选择“面片拟合1”的外部和“面片拟合2”的内部，如图8-17所示。完成后单击按钮，完成曲面的修剪。

(7) 单击“特征工具条”中的“草图”命令按钮，系统弹出“设置草图”对话框，选择

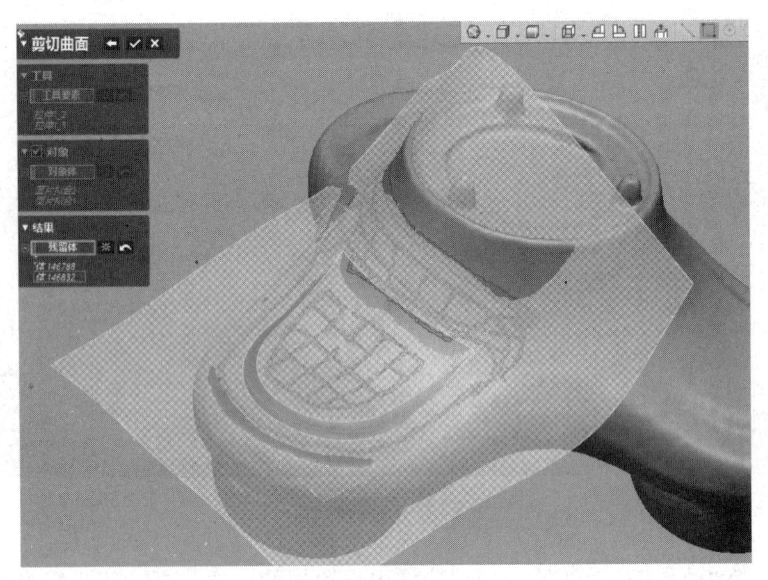

图 8-17　曲面相互修剪

X-Y 平面作为草图绘制面，选择“草图工具条”中的“直线”与“圆弧”命令，绘制按摩器单片主曲面尾部形状，图形绘制好后进行尺寸约束，如图 8-18 所示。完成后单击“草图工具条”中的“退出”命令。

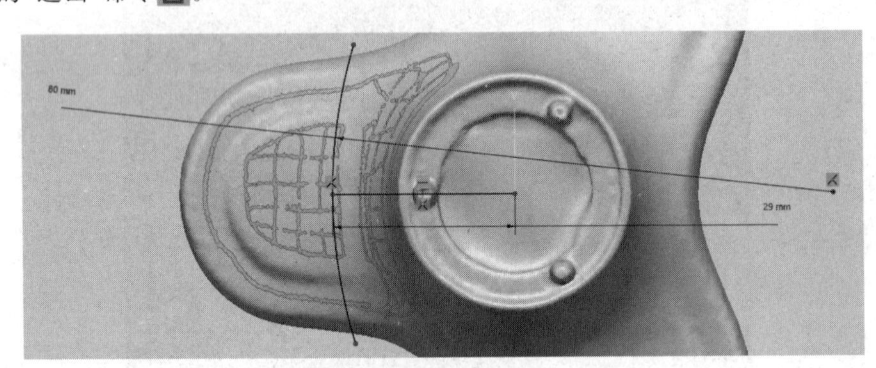

图 8-18　叶片尾部草图

(8) 选择“拉伸”命令，系统弹出“拉伸”对话框，选择刚刚绘制好的轮廓草图，在“拉伸”对话框的“方向”选项中设置拉伸方式为“距离”并修改为 50mm，选择轮廓特征如图 8-19 所示。完成后单击按钮，生成曲面。

(9) 单击“模型”工具条中的“修剪曲面”命令，系统弹出“修剪曲面”对话框，在“工具要素”工具要素中选择“拉伸 2”，在“对象体”对象体中选择“修剪曲面 1-1”，随后在结果的残留体中选择对象体的外面部分，如图 8-20 所示。完成后单击按钮，完成曲面的修剪。

(10) 在步骤(2)、步骤(3)中曲面拟合的两张片体是系统自动生成的，不能保证曲面相切连续。单击“模型”工具条中的“放样”命令，系统弹出“放样”对话框，在对话框中单击“轮廓”按钮轮廓，在此时选中上下两曲面的边线，随后在“约束条件”约束条件

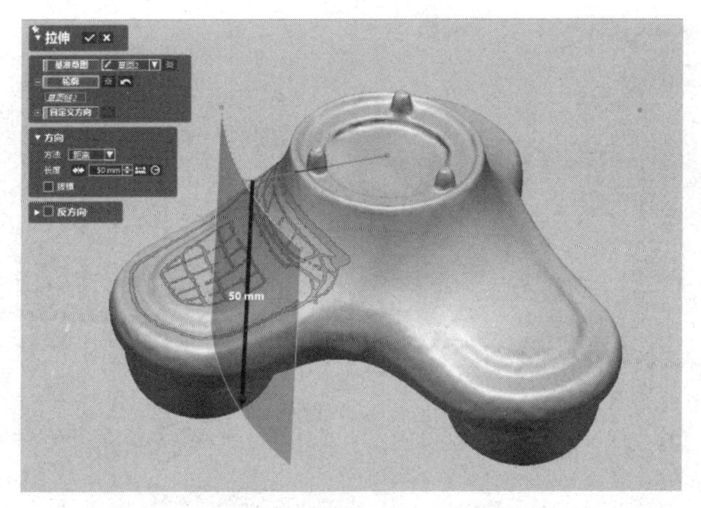

图 8-19　拉伸草图生成曲面

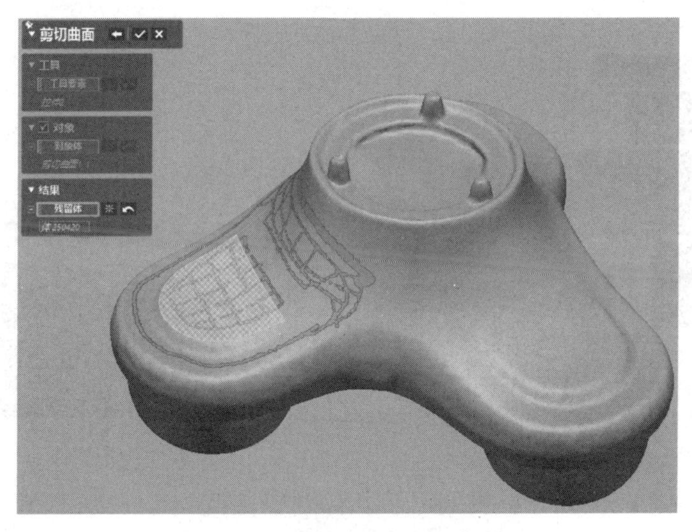

图 8-20　拉伸后曲面修剪拟合曲面

中将“起始约束”的约束条件选择为“与面相切”

，将“终止约束”的约束条件选择为“与面相切”，如图 8-21 所示。完成后单击按钮，完成曲面之间的放样。

(11) 为了保证在主曲面修剪时可以让工具体与曲面相交，需要将曲面边缘进行延伸。单击“特征工具条”中的“延长曲面”命令，系统弹出“延伸曲面”对话框，在“边线/面”中选择先前放样曲面的两边线“边线 1”和“边线 2”作为延伸曲面的边线选择。在“终止条件”中选择“距离”修改为 1mm。在中选择，如图 8-22 所示。完成后单击按钮，完成曲面边线的延伸。

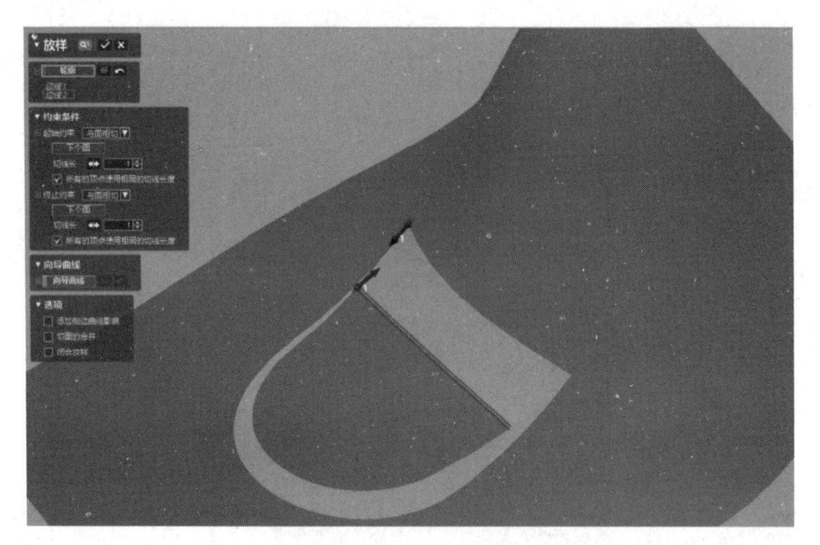

图 8-21　曲面之间放样过渡

图 8-22　放样曲面两端延伸

（12）单击“模型”工具条中的“修剪曲面”命令，系统弹出“修剪曲面”对话框，在“工具要素”工具要素中选择“拉伸1-2”和“拉伸1-3”，在“对象体”对象体中选择“放样1”。随后在结果的残留体中选择需要保留的片体，如图8-23所示，完成后单击按钮，完成曲面的修剪。

（13）单击“特征工具条”中的“缝合”命令，系统弹出“缝合”对话框，在“曲面体”曲面体中选择之前放样并将修剪后的两曲面“修剪曲面2”和“修剪曲面3”作为所需缝合的曲面选择，如图8-24所示。完成后单击按钮，完成两曲面的缝合。

（14）单击“模型”工具条中的“放样”命令，系统弹出“放样”对话框，在对话框中，单击“轮廓”轮廓，选中上一步缝合的曲面外圈与之前的外端大曲面的内圈“复合轮廓1”“复合轮廓2”上下两曲面的边线，随后在约束条件中，将起始约束的约束条件选择为“无”，将终止约束的约束条件选择为“无”，如图8-25所示，完成后单击按钮，完成曲面之间的放样。

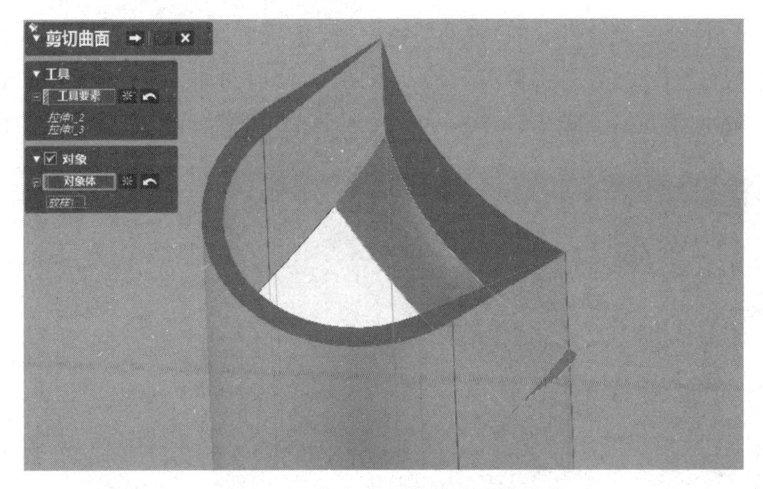

图 8-23　轮廓曲面修剪多余部分

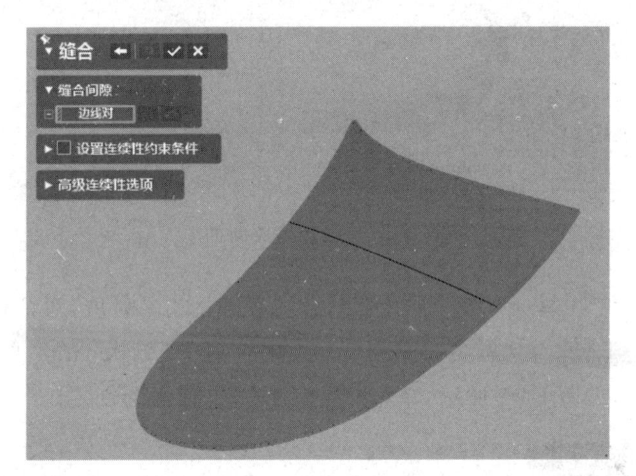

图 8-24　整体曲面缝合

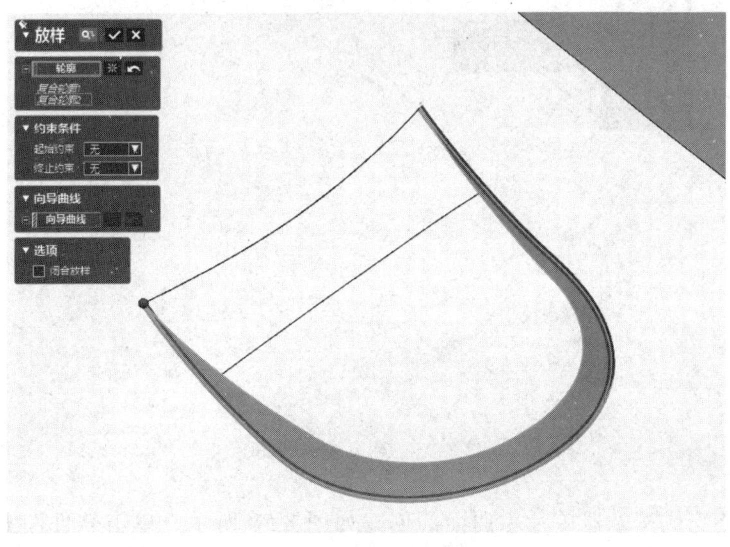

图 8-25　放样过渡两曲面

(15) 单击“特征工具条”中的“缝合”命令，系统弹出“缝合”对话框，在“曲面体”中选择之前放样，并将修剪后的3张曲面“修剪曲面1”“放样2”和“修剪曲面3”作为所需缝合的曲面选择，如图8-26所示。完成后单击按钮，完成曲面的缝合。

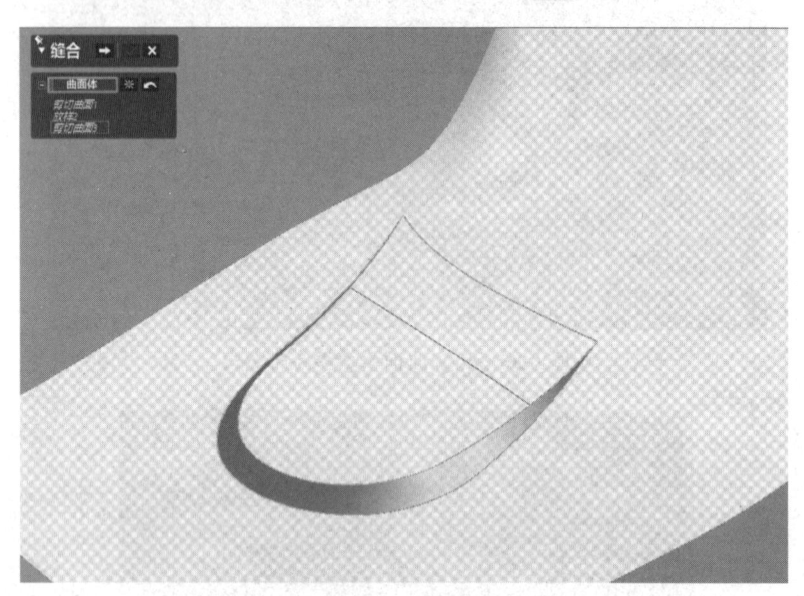

图8-26 缝合整体曲面

(16) 单击“模型”工具条中的“圆角”命令，系统弹出“圆角”对话框，在对话框中选择“固定圆角”，在“圆角要素设置”中的“半径”处输入1mm，“要素”选择需要倒圆角的两条相交边，如图8-27所示，单击按钮，完成圆角的创建。

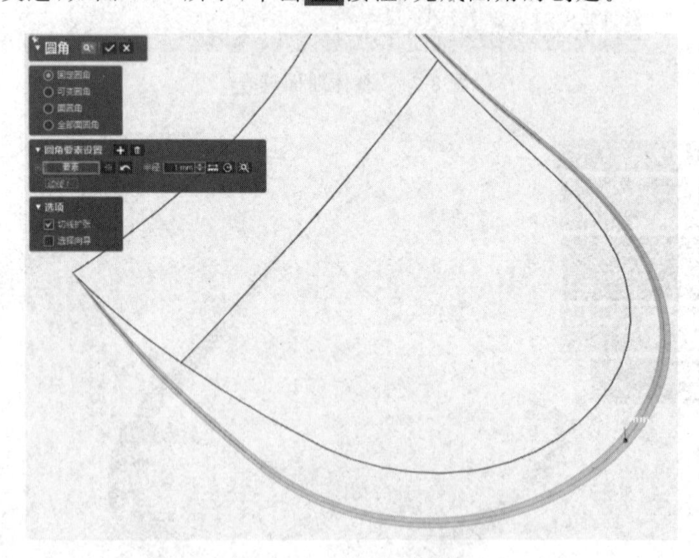

图8-27 对边线倒圆角

(17) 最终完成按摩器单片主曲面的创建如图8-28所示。单击软件左上角“工具栏”中的“保存”按钮，或者按Ctrl+S组合键，选择存放路径进行保存。

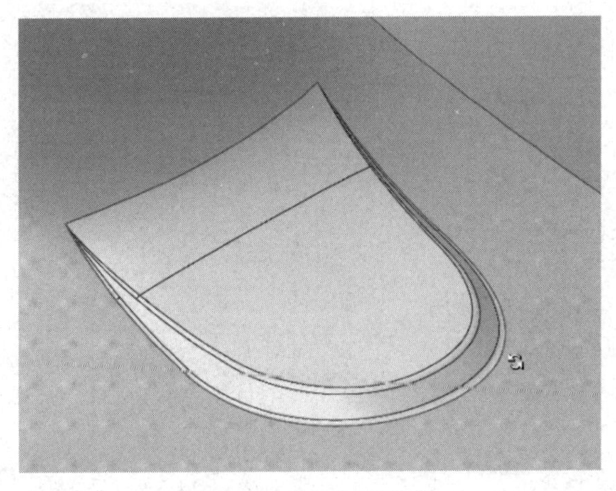

图 8-28 曲面创建结果

8.2.3 按摩器上盖曲面构建

按摩器上盖曲面构建

(1) 单击“特征工具条”中的“模型”后选择“线”命令按钮，系统弹出“添加线”对话框，此时选择已有平面“上面”和“下面”即可创建线。如图 8-29 所示，以两平面的相交线作为轴线，完成后单击按钮，生成轴线。

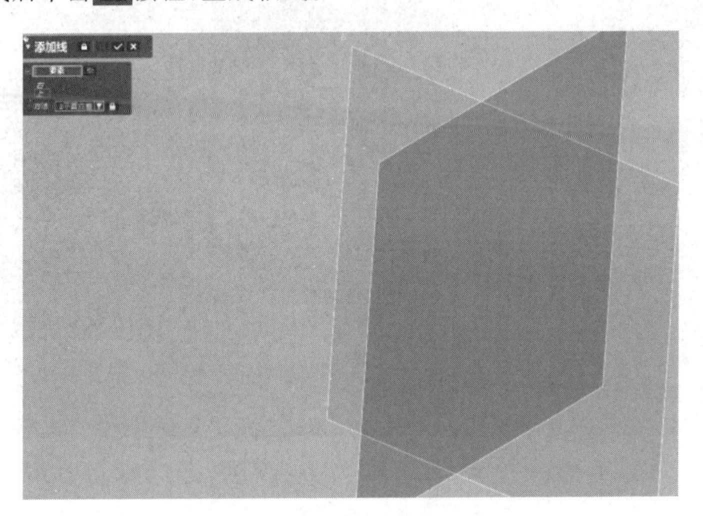

图 8-29 添加相交轴线

(2) 选择“圆形阵列”命令按钮，系统弹出“圆形阵列”对话框，单击选择之前已经绘制完成的按摩器单片主曲面即可创建圆形阵列。如图 8-30 所示，“回转轴”选择“线 1”，“体”选择“圆角 2(面)”，完成后单击按钮，生成曲面。

(3) 单击“特征工具条”中的“草图”后使用“草图”命令按钮，系统弹出“设置草图”对话框，如图 8-31 所示的 X-Y 平面作为草图绘制面。选择“草图工具条”中的“直线”命令，绘制按摩器叶片分界线形状再进行偏移，图形绘制好后进行尺寸约束。完成后单击“草图工具条”中的“退出”命令。

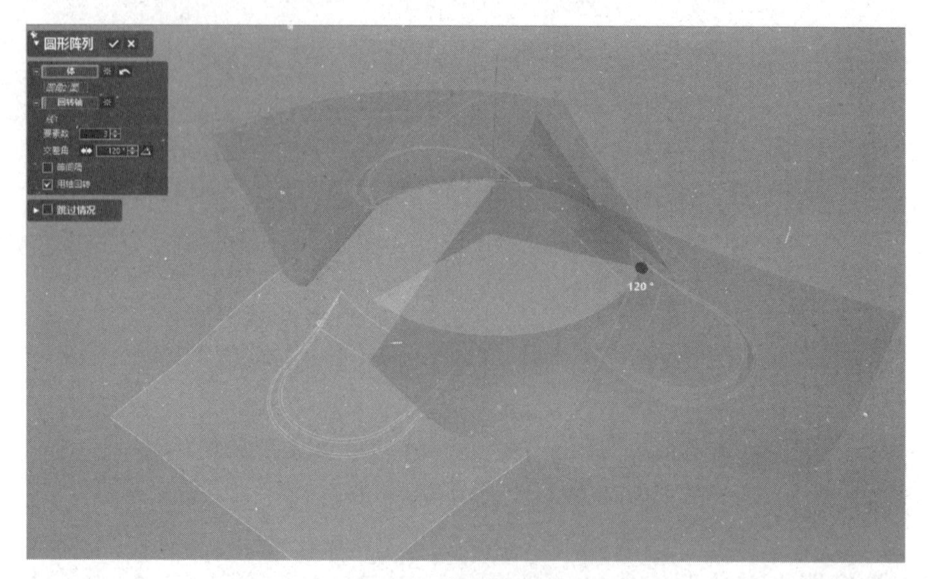

图 8-30 曲面圆形阵列

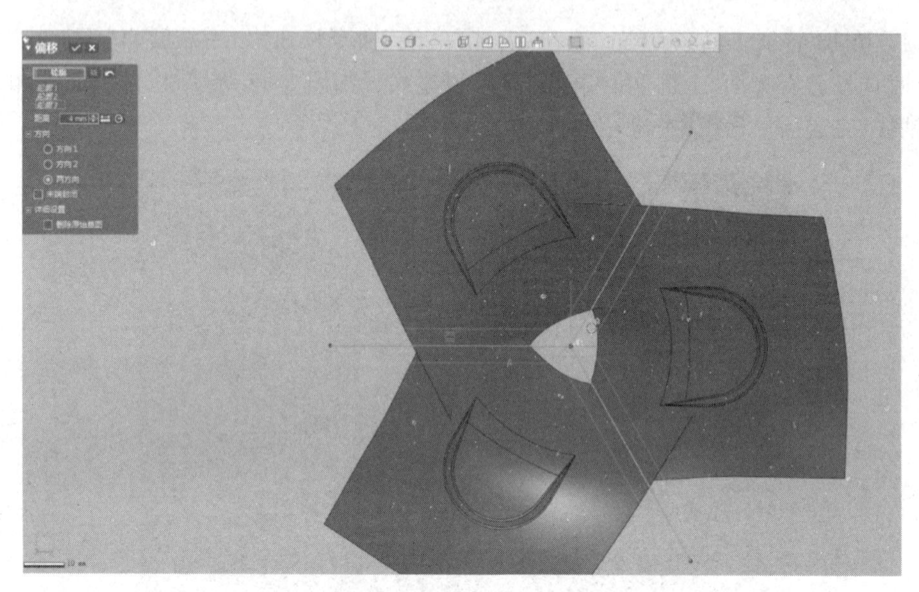

图 8-31 创建分界线草图

(4) 选择“模型”工具条中的“拉伸”命令，系统弹出“拉伸”对话框，选择刚刚绘制好的轮廓草图，在“拉伸”对话框的“方向”选项中设置拉伸方式为“平面中心对称”平面中心对称，距离修改为100mm，选择轮廓特征如图8-32所示，完成后单击按钮，生成曲面体。

(5) 单击“模型”工具条中的“修剪曲面”命令，系统弹出“修剪曲面”对话框，在“工具要素”工具要素中选择“拉伸3-1”“拉伸3-2”“拉伸3-3”“拉伸3-4”“拉伸3-5”“拉伸3-6”，在“对象体”对象体中选择“圆形阵列1-2”“圆角阵列1-1”和“圆角2(面)”。随后在结果的残留体中选择三处外部中间过渡部分如图8-33所示，完成后单击按钮，完成曲面的修剪。

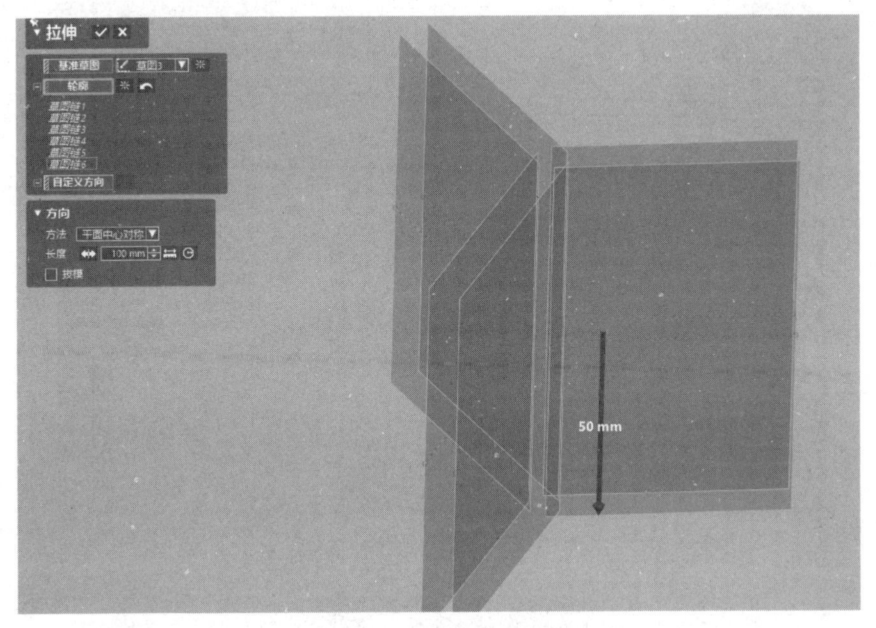

图 8-32 拉伸草图生成曲面

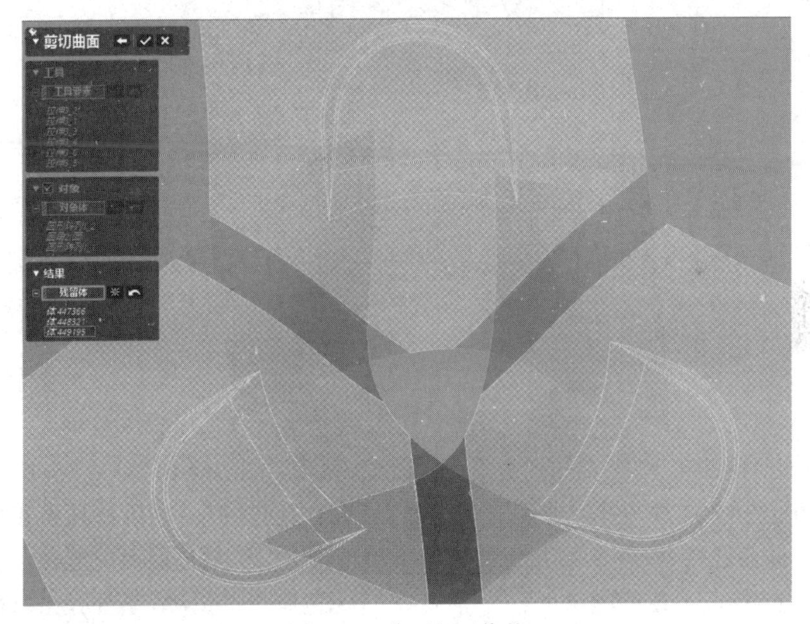

图 8-33 曲面相互修剪

(6) 单击“模型”工具条中的“放样”命令,系统弹出“放样”对话框,在对话框中单击轮廓,在此时选中刚修剪完成的两曲面相邻边“边线 1”“边线 2”上下两曲面的边线,在约束条件中将起始约束的约束条件选择为“与面相切”,将终止约束的约束条件选择为“与面相切”,如图 8-34 所示。完成后单击按钮,完成曲面之间的放样。

(7) 再以同样方式完成剩下两部分曲面的相切放样,如图 8-35 所示,完成可后确保曲面之间的相切关系,使曲面更加光顺、质量更高。

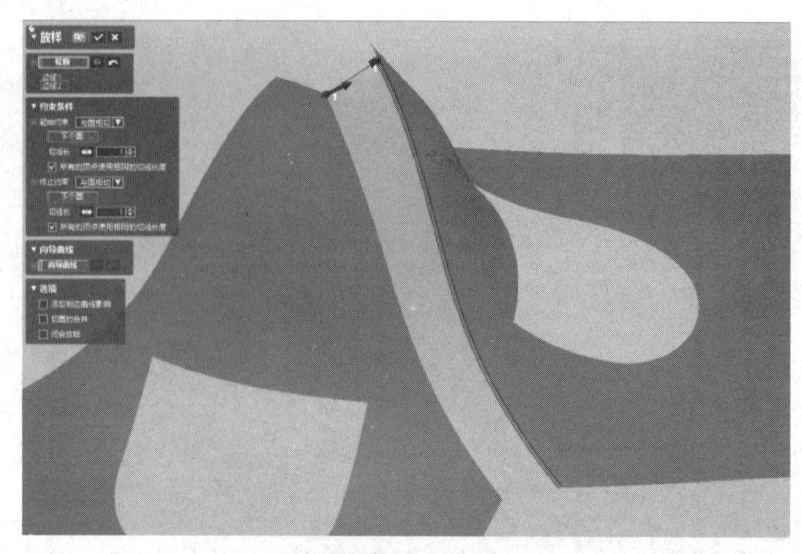

图 8-34　曲面之间放样过渡

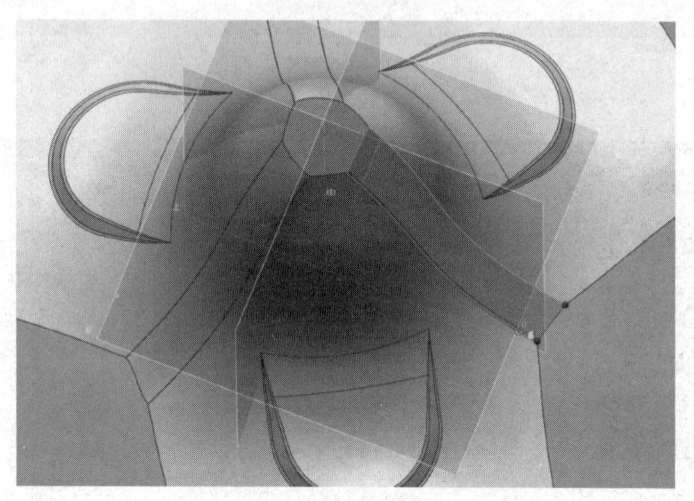

图 8-35　剩下部分以相同方式过渡

(8) 单击“特征工具条”中的“缝合”命令，系统弹出“缝合”对话框，在“曲面体”中选择先前放样并修剪后三张大曲面以及中间过渡的三段放样桥接曲面作为所需缝合的曲面选择，如图 8-36 所示。完成后单击按钮，完成曲面的缝合。

(9) 单击“特征工具条”中的“草图”后使用“草图”命令按钮，系统弹出“设置草图”对话框，单击选择 X-Z 平面作为草图绘制面，选择“草图工具条”中的“直线”与“圆弧”命令，绘制按摩器上曲面与顶端中间过渡所需交接平面和过渡圆弧曲线，图形绘制好后进行尺寸约束，如图 8-37 所示。完成后单击“草图工具条”中的“退出”命令。

(10) 选择“模型”工具条中的“拉伸”命令，系统弹出“拉伸”对话框，选择刚刚绘制好的轮廓草图，在“拉伸”对话框的“方向”选项中设置拉伸方式为“平面中心对称”，距离修改为 100mm，选择轮廓特征如图 8-38 所示。完成后单击按钮，生成曲面。

图 8-36　整体曲面缝合

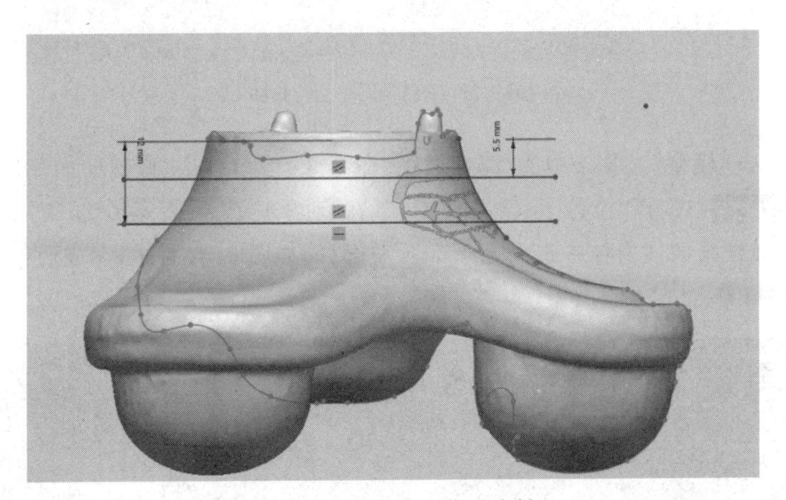

图 8-37　交接平面草图绘制

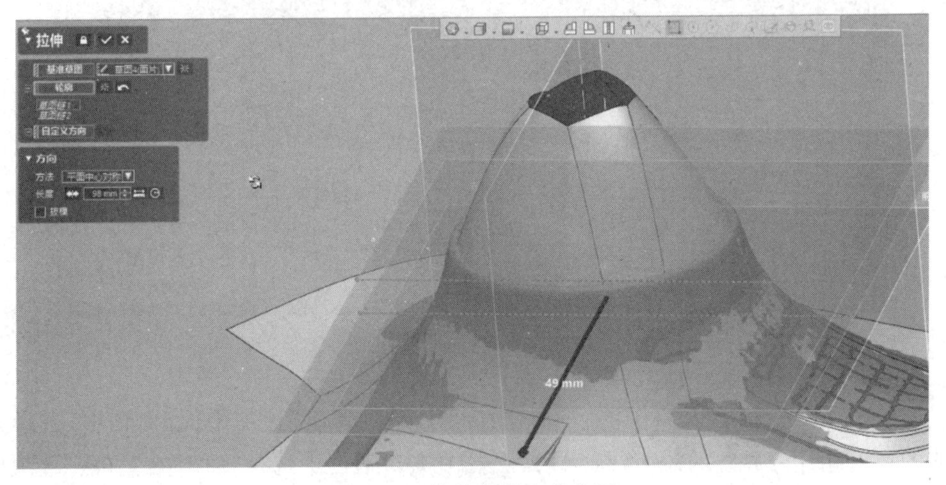

图 8-38　拉伸草图生成曲面

(11) 选择“模型”工具条中的“回转”命令，系统弹出“回转”对话框，在 轮廓 中选择刚刚绘制好的圆弧段草图，在“轴” 轴 对话框中 选择先前建立的中心回转轴“线 1”在“方法”对话框中选项中设置旋转方式为“单侧方向” 方法 单侧方向 ，角度修改为 360°，选择轮廓特征如图 8-39 所示，完成后单击按钮，生成曲面体。

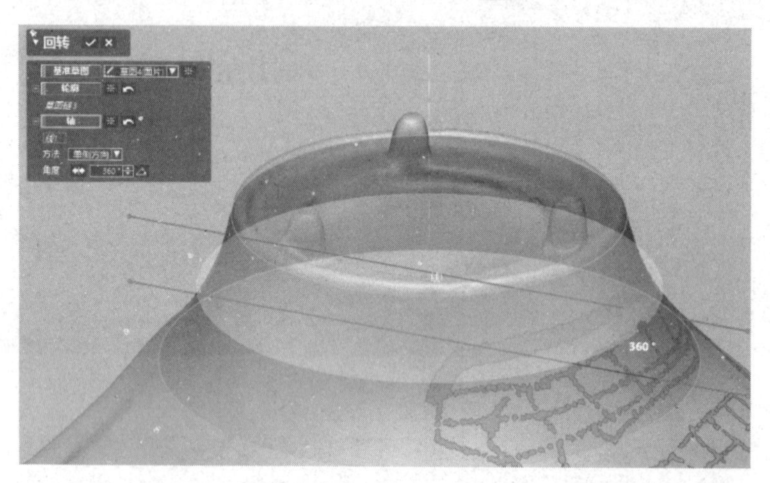

图 8-39　旋转草图生成曲面

(12) 单击“模型”工具条中的“修剪曲面”命令，系统弹出“修剪曲面”对话框，在“工具要素” 工具要素 中选择“拉伸 4-1”“拉伸 4-2”，在“对象体” 对象体 中选择“回转 1”和“放样 2”，随后在结果的残留体中选择上下部所需部分，如图 8-40 所示，完成后单击按钮，完成曲面的修剪。

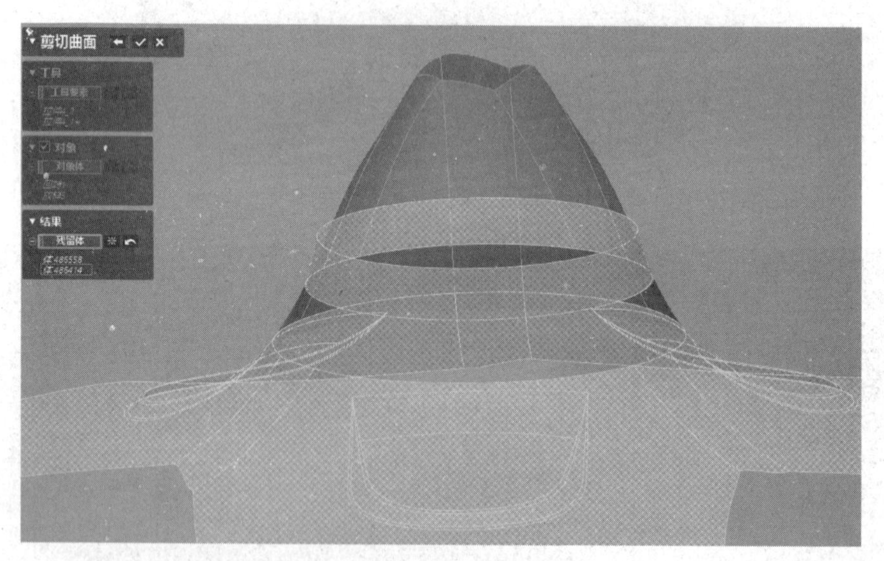

图 8-40　曲面相互修剪

(13) 选择“模型”工具条中的“平面”命令，系统弹出“追加平面”对话框，选择先前拉伸的作为叶片分界线的曲面，在“要素” 要素 对话框中选择“面 1”在“方法”选项中设置为“提取”，在“拟合类型”选项中设置类型为“最优匹配”，选择要素如图 8-41 所示，完成后单击按钮，创建平面。

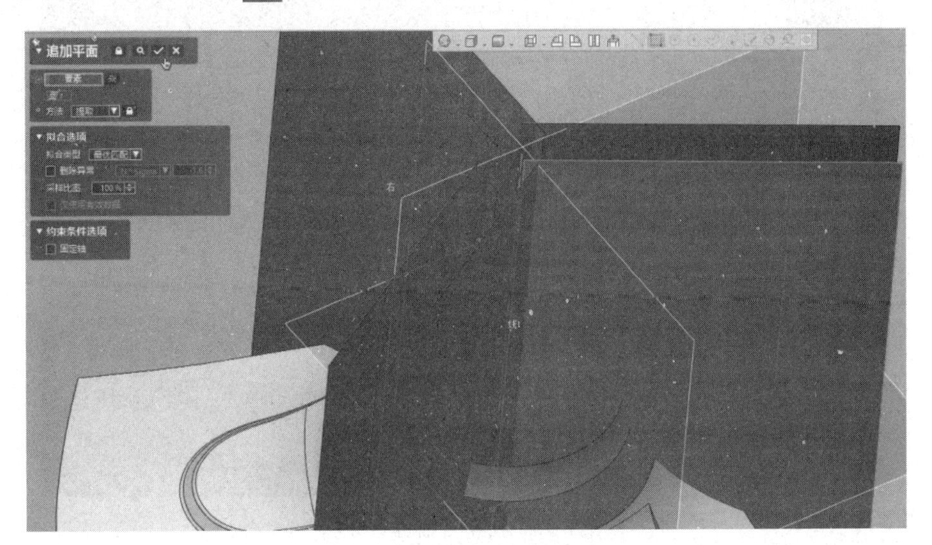

图 8-41　创建基准平面

(14) 以同样方式完成剩下五张追加平面的创建，如图 8-42 所示，完成后具有六张基准平面为后续修剪分割曲面做准备。

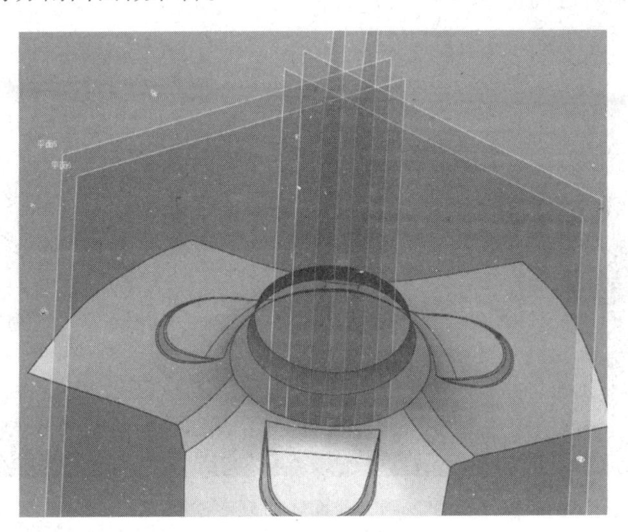

图 8-42　创建剩余平面

(15) 选择“模型”工具条中的“分割面”命令，系统弹出“分割面”对话框，选择分割方式为“交差”，在“工具要素”对话框中选择“平面 1”“平面 2”“平面 3”“平面 4”“平面 5”“平面 6”，在“对象要素”对话框中选择“面 1”，选择要素如图 8-43 所示，完成后单击按钮，将上端的回转曲面进行分割。

(16) 单击“模型”工具条中的“放样”命令，系统弹出“放样”对话框，在对话框中，单击“轮廓”，在此时选中刚修剪后的曲面下端面与原先大曲面上端面的内圈

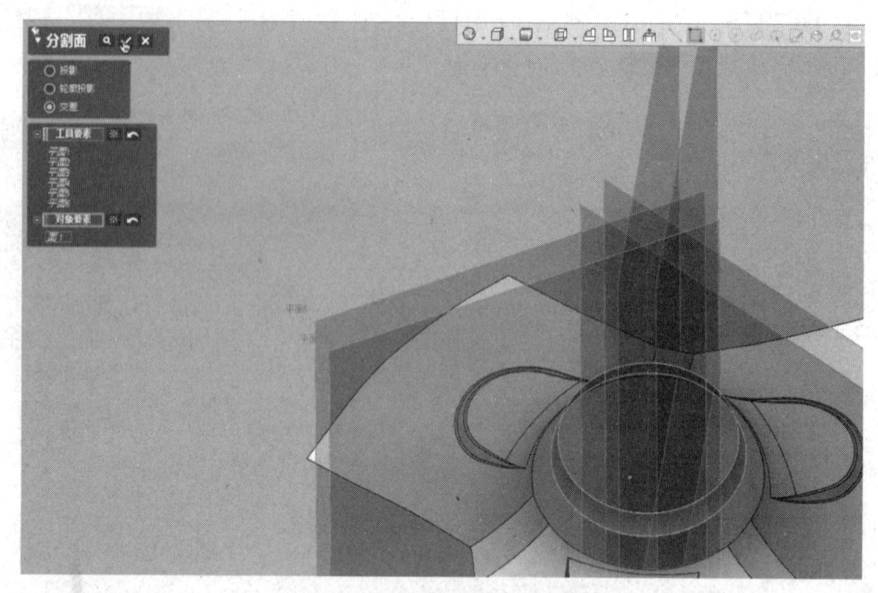

图 8-43　使用平面进行分割

“复合轮廓 1”“复合轮廓 2”上下两曲面的边线,随后在约束条件中将起始约束的约束条件选择为“与面相切”,将终止约束的约束条件选择为“与面相切”,如图 8-44 所示,完成后单击✓按钮,完成曲面之间的放样。

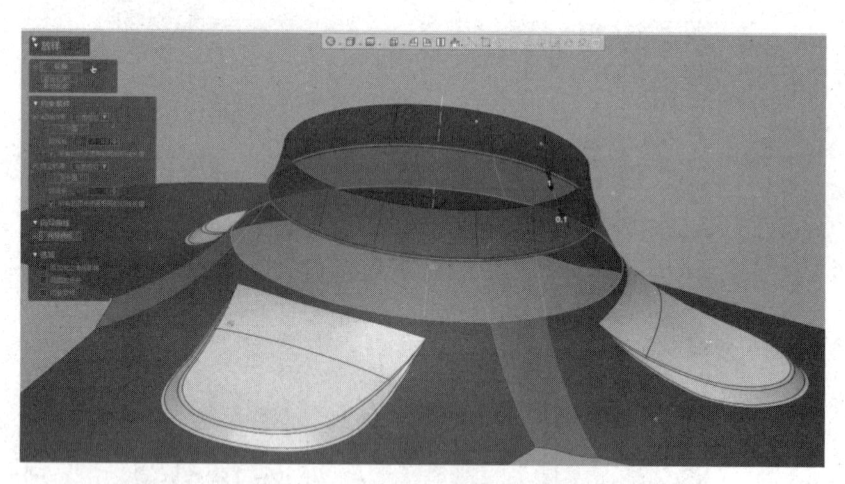

图 8-44　曲面之间放样过渡

(17) 单击“特征工具条”中的“缝合”命令,系统弹出“缝合”对话框,在“曲面体”[曲面体]中选择之前放样与修剪后的两曲面“修剪曲面 5-1”“修剪曲面 5-2”和“放样 6”作为所需缝合的曲面选择如图 8-45 所示。完成后单击✓按钮,完成三个曲面之间的缝合。

(18) 为了保证在主曲面修剪时可以让工具体与曲面相交,需要将曲面边缘进行延伸。单击“特征工具条”中的“延长曲面”命令,系统弹出“延伸曲面”对话框,在“边线/面”[边线/面]中选择顶端处的边缘“边线 1”作为延伸曲面的边线选择。在“终止条件”

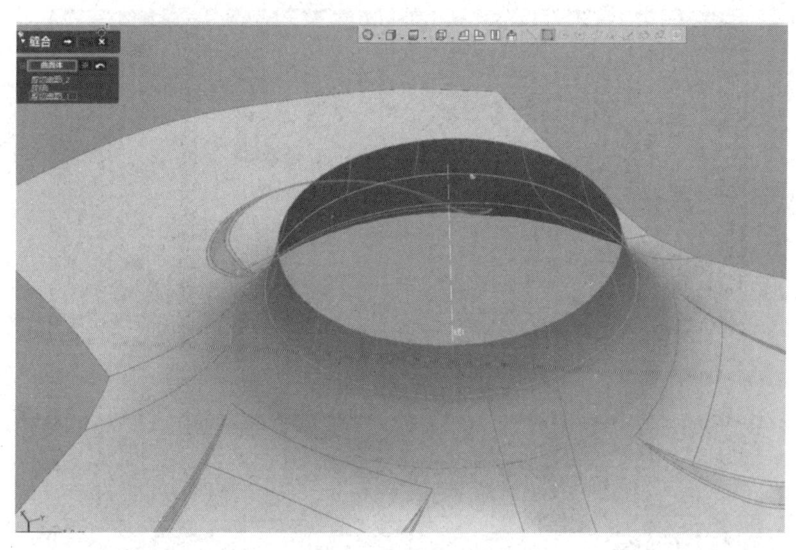

图 8-45 整体曲面缝合

▼终止条件 中选择“距离” ◎距离 并修改为 3mm。在“延长方法” ▼延长方法 中选择，“线形” ◎线形 如图 8-46 所示。完成后单击 ✓ 按钮，完成曲面边线的延伸。

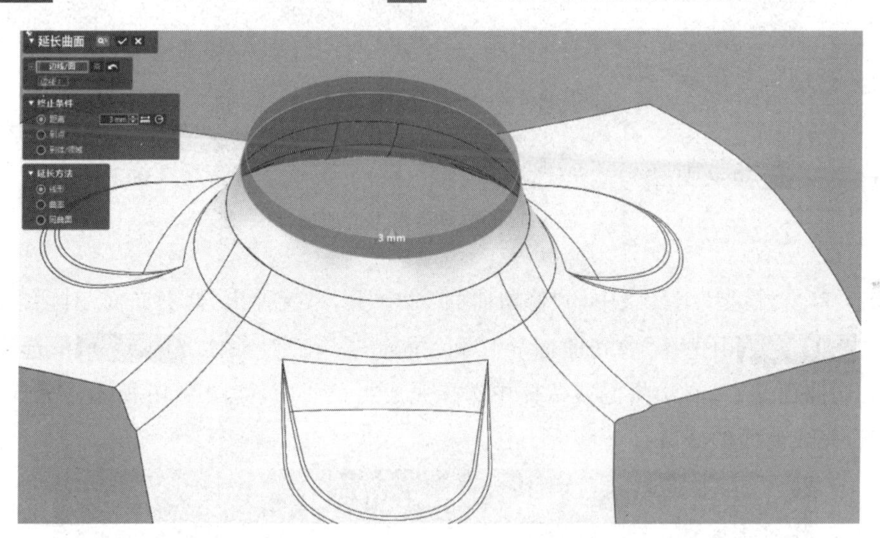

图 8-46 曲面段部延伸

(19) 单击“特征工具条”中的“草图”后使用“面片草图”命令按钮 面片草图，系统弹出“面片草图设置”对话框，单击选择“平面投影”，在“基准平面” 基准平面 中选择如图 8-47 所示的 X-Z 平面作为草图绘制面。选择“草图工具条”中的“直线”命令，绘制按摩器顶端平面形状。完成后单击“面片草图工具条”中的“退出”命令。

(20) 选择“模型”工具条中的“拉伸”命令，选择刚刚绘制好的轮廓草图，在“拉伸”对话框的“方向”选项中设置拉伸方式为“平面中心对称” 平面中心对称▼，“距离”修改为 100mm，选择轮廓特征如图 8-48 所示。完成后单击 ✓ 按钮，生成曲面体。

图 8-47 轮廓草图绘制

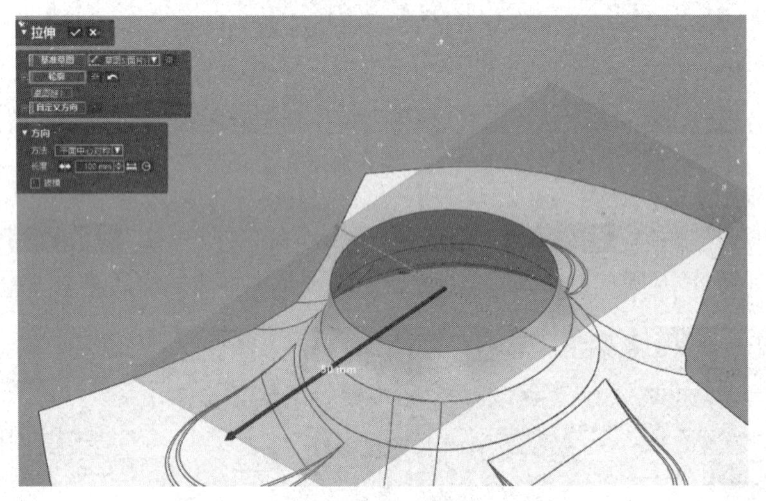

图 8-48 拉伸草图生成曲面

(21) 单击“模型”工具条中的“修剪曲面”命令，系统弹出“修剪曲面”对话框，在“工具要素” 工具要素 中选择“剪切曲面 5-1”和“拉伸 5”，在“对象体” 对象体 中选择“拉伸 5”和“剪切曲面 5-1”，在结果的残留体中选择完成封盖曲面，如图 8-49 所示。完成后单击 ✓ 按钮，完成曲面的修剪。

图 8-49 曲面相互修剪

(22) 单击“特征工具条”中的“缝合”命令，系统弹出“缝合”对话框，在“曲面体” 曲面体 中选择先前完成三张大曲面、中间过渡的放样桥接曲面与顶部曲面作为需要缝合的曲面选择，如图 8-50 所示。完成后单击按钮，完成曲面的缝合。

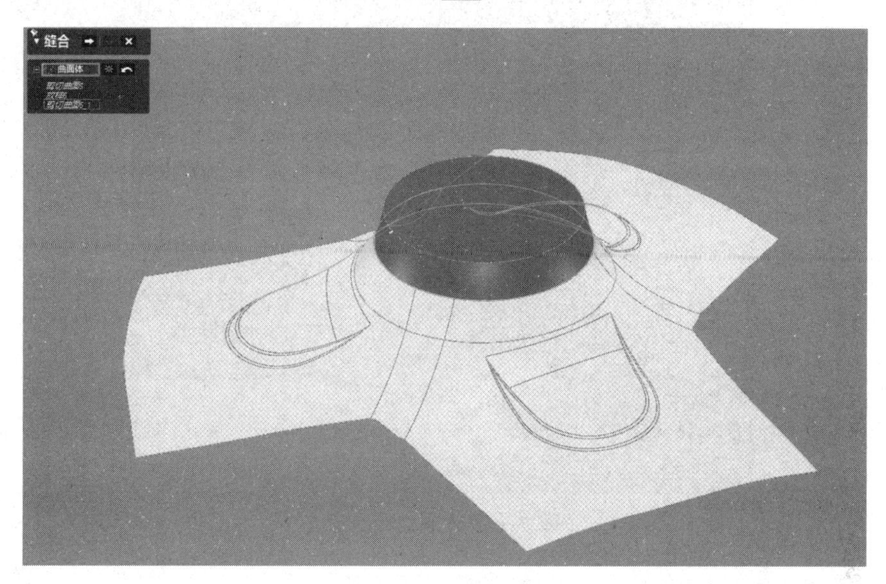

图 8-50　整体曲面缝合

(23) 最终完成按摩器上盖曲面的创建，如图 8-51 所示。

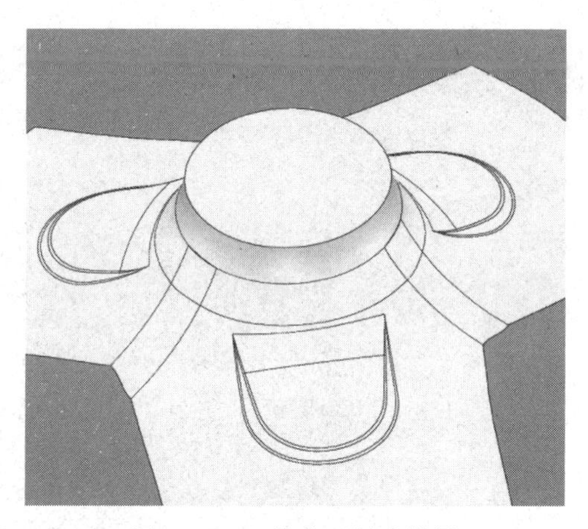

图 8-51　上盖曲面创建结果

8.2.4　按摩器主体特征构建

按摩器主体特征构建

(1) 单击“特征工具条”中的“草图”后使用“面片草图”命令按钮 工具要素，系统弹出“面片草图设置”对话框，单击选择“平面投影” 基准平面，在“基准平面”中选择如图 8-52 所示的“前”面作为草图绘制面。选择“草图工具条”中的“直线”与“圆弧”命令，绘制按摩器外形轮廓形状。完成后单击“面片草图工具条”中的“退出”命令。

(2) 选择“模型”工具条中的“拉伸”命令，选择刚刚绘制好的轮廓草图，在“拉伸”对

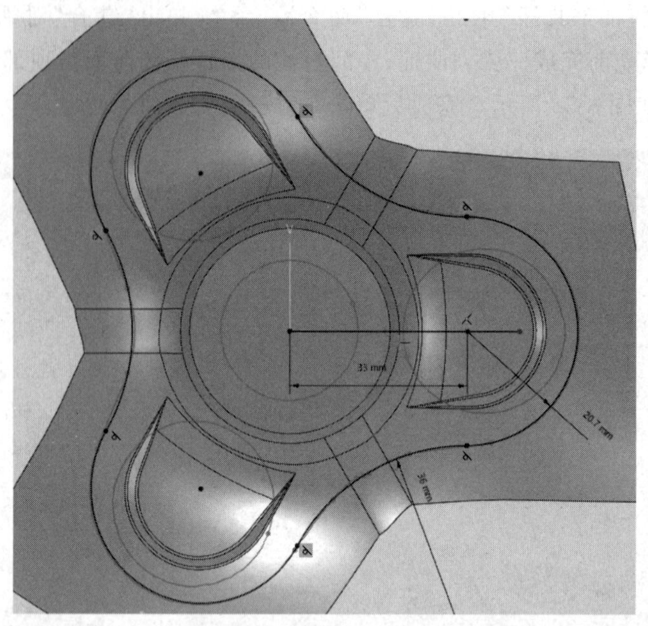

图 8-52 绘制边缘轮廓

话框的“方向”选项中设置拉伸方式为“距离”,距离值修改为65mm,选择轮廓特征如图8-53所示。完成后单击 按钮,生成曲面体。

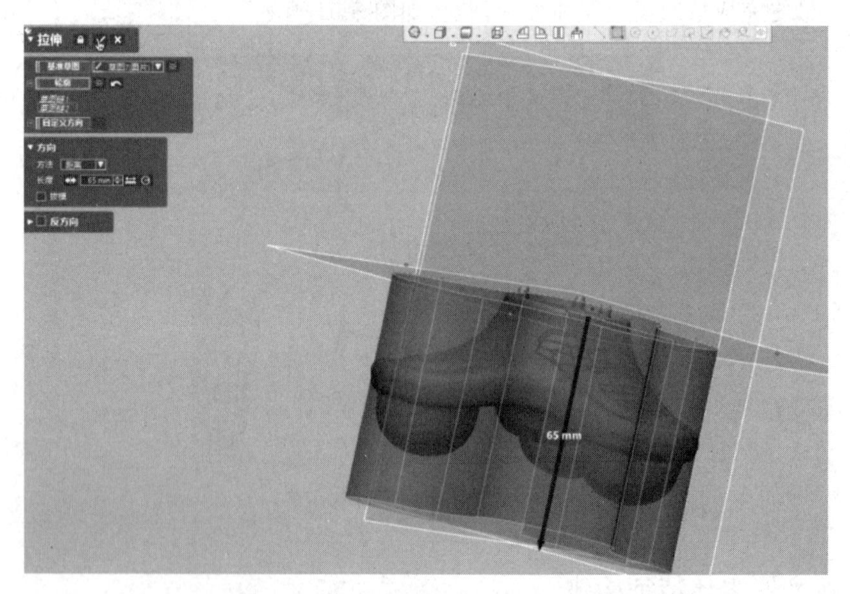

图 8-53 拉伸草图生成边缘轮廓曲面

(3) 单击“特征工具条”中的“草图”后使用“面片草图”命令按钮 ,单击选择“平面投影”,在“基准平面” 中选择如图8-54所示的“上”面作为草图绘制面,选择“草图工具条”中的“直线”与“圆弧”命令,绘制按摩器外形轮廓形状。完成后单击“面片草图工具条”中的“退出”命令 。

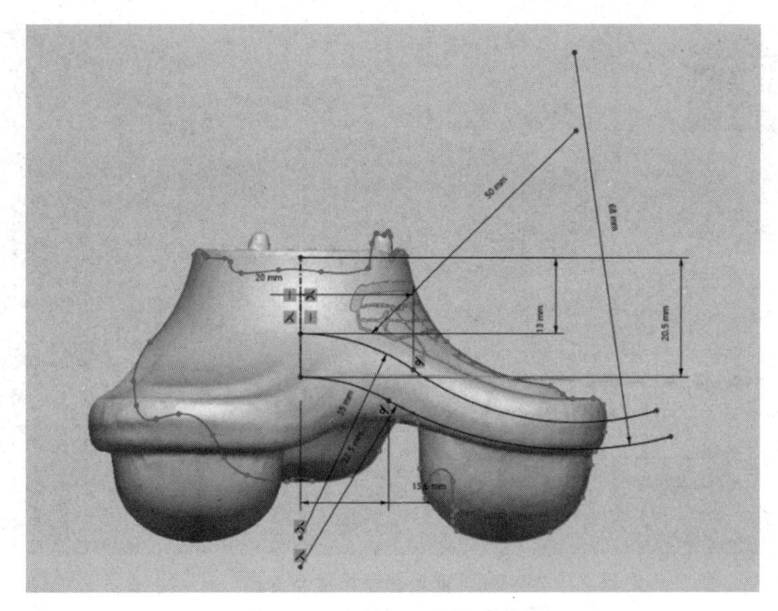

图 8-54　绘制上下盖外形轮廓

(4) 选择“模型”工具条中的“回转”命令，在“轮廓”轴对话框中选择刚刚绘制好的圆弧段草图，在“轴”对话框中 选择先前建立的中心回转轴“线 1”，在“方法”对话框的选项中设置旋转方式为“单侧方向” 方法 单侧方向，角度修改为 360°，选择轮廓特征如图 8-55 所示。完成后单击按钮，生成曲面体。

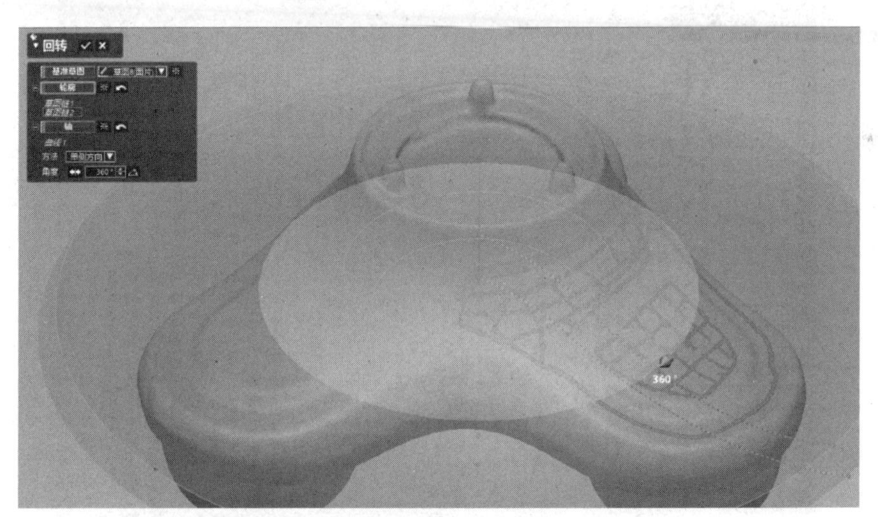

图 8-55　旋转草图生成上下盖轮廓曲面

(5) 单击“特征工具条”中的“3D 草图”，使用“3D 草图”命令按钮，单击 交差，系统弹出“交差”对话框，单击“工具要素”选择先前草图绘制的由一段圆弧旋转而成曲面。单击“对象体”选择先前草图绘制的由三段圆弧旋转而成的曲面。以两曲面作为相交可得的相交线为按摩器的边缘线如图 8-56 所示，完成后单击按钮，生成曲线。

(6) 选择“模型”工具条中的“拉伸”命令，选择刚刚绘制好的轮廓草图，在“拉伸”对

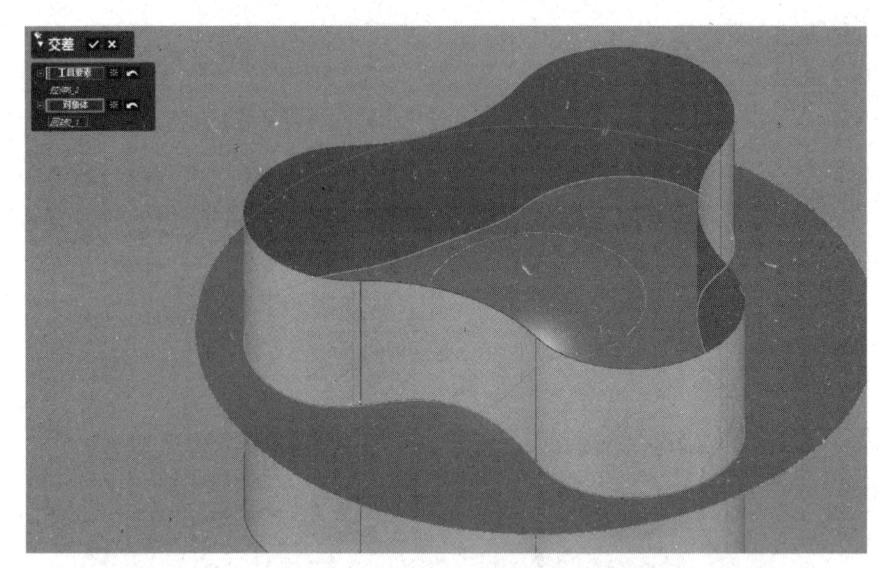

图 8-56　曲面相交生成相交线

话框的“方向”选项中设置拉伸方式为“距离”，并修改为 65mm；单击“拔模”，并修改为 5°。同时单击对话框中的“反方向”，在“拉伸”对话框的“方向”选项中设置拉伸方式为“距离”，并修改为 65mm；单击“拔模”，并修改为 5°。选择轮廓特征如图 8-57 所示，完成后单击按钮，生成曲面体。

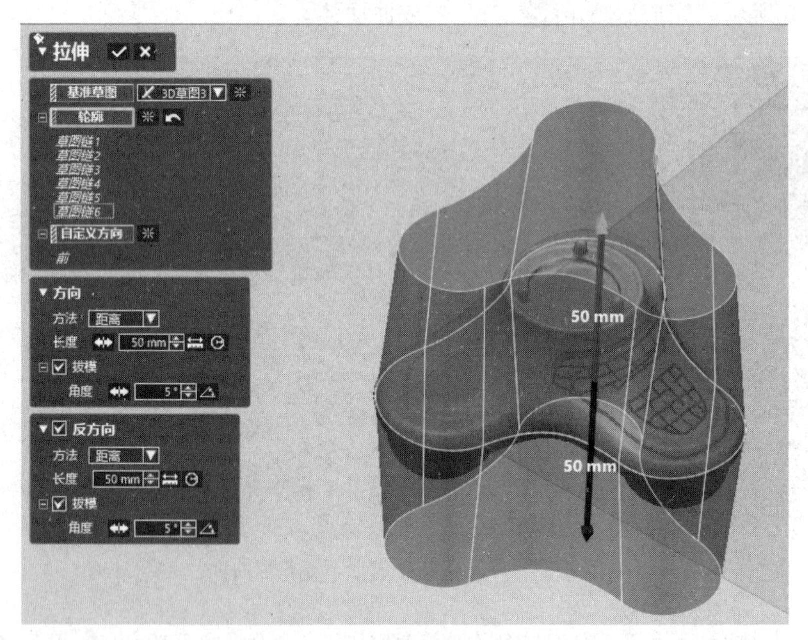

图 8-57　拉伸草图生成曲面

(7) 单击“特征工具条”中的“缝合”命令，在“曲面体”中选择先前拉伸的所有曲面“拉伸 7-1”～“拉伸 7-6”作为所需缝合的曲面选择，如图 8-58 所示。完成后单击按钮，完成曲面的缝合。

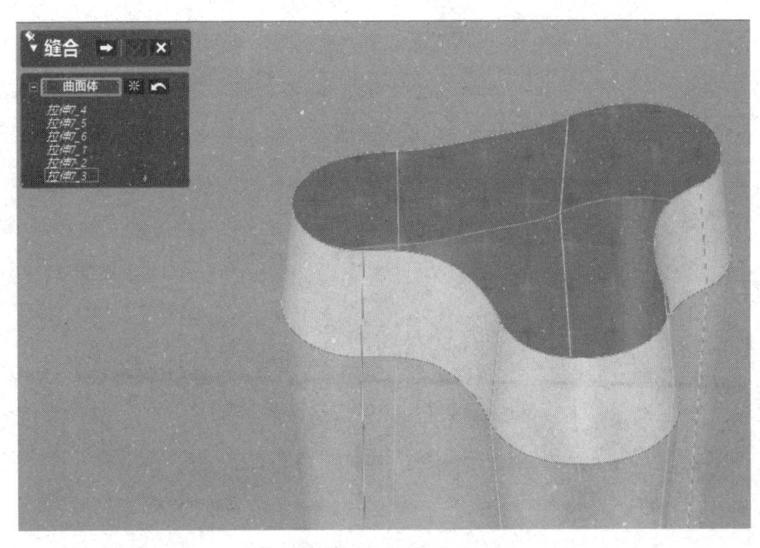

图 8-58　缝合曲面

(8) 单击“模型”工具条中的“修剪曲面”命令，在“工具要素”工具要素中选择“拉伸 7”“剪切曲面 6”“回转 2-2”，在“对象体”对象体中选择“拉伸 7”“剪切曲面 6”“回转 2-2”。随后在结果的残留体中选择按摩器的主体部分，如图 8-59 所示。完成后单击按钮，完成曲面的修剪。

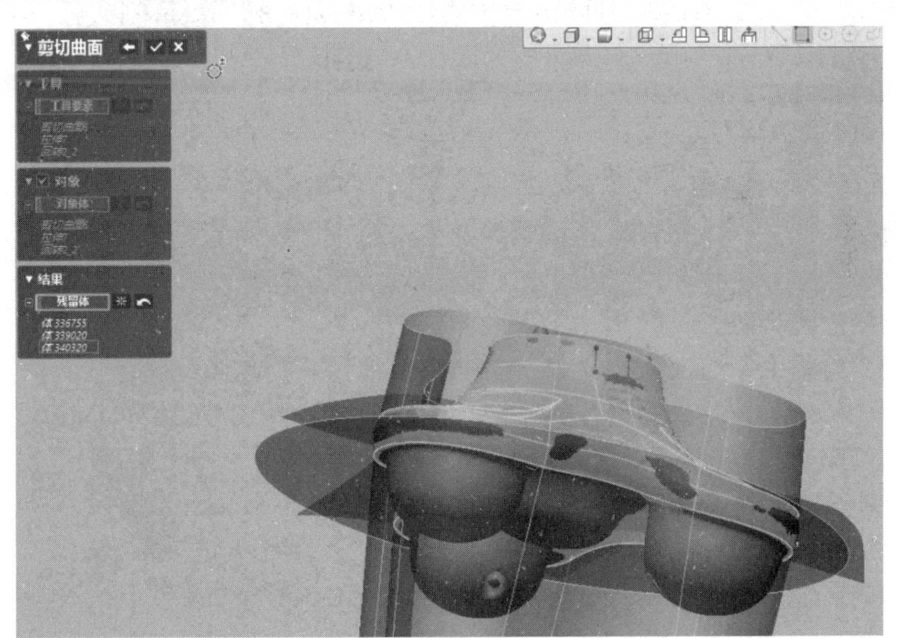

图 8-59　曲面相互修剪

(9) 单击“特征工具条”中的“草图”后使用“面片草图”命令按钮，单击选择“平面投影”，在“基准平面”基准平面中选择如图 8-60 所示的 X-Z 平面作为草图绘制面。选择“草图工具条”中的“直线”与“圆弧”等命令，绘制按摩器按摩头外形轮廓形状。完成后单击“面片草图工具条”中的“退出”命令。

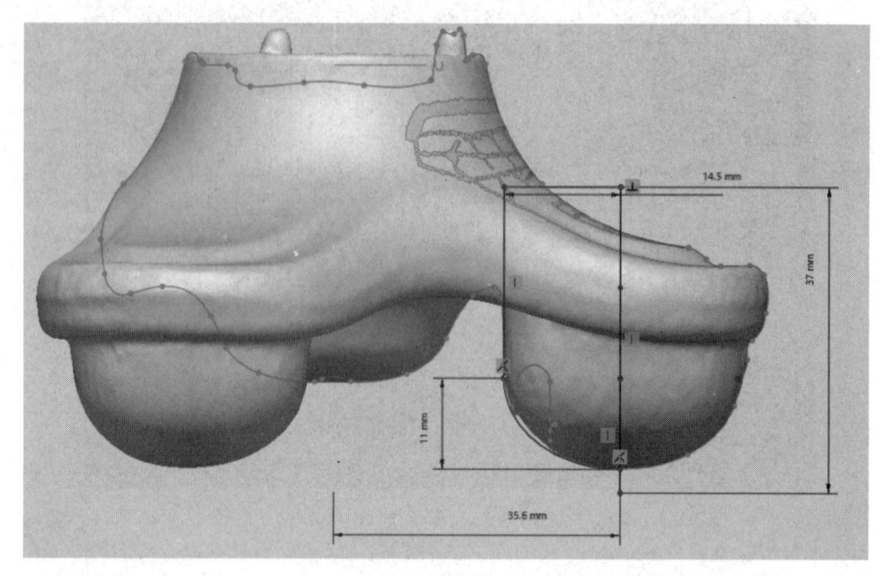

图 8-60 绘制按摩头轮廓草图

(10) 选择“模型”工具条中的“回转”命令,在“轮廓” 轮廓 对话框中选择刚刚绘制好的按摩头轮廓草图,在“轴” 轴 对话框中选择先前建立的轮廓中心回转轴“曲线 1”,在“方法”对话框中设置旋转方式为“单侧方向” 方法 单侧方向 ,角度修改为 360°,选择轮廓特征如图 8-61 所示。完成后单击按钮,生成曲面体。

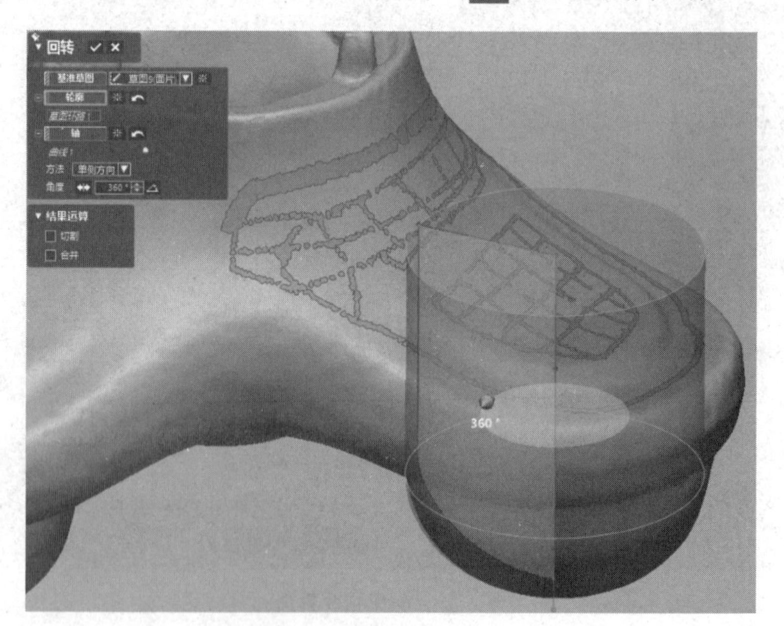

图 8-61 旋转草图生成按摩头

(11) 单击“特征工具条”中的“模型”后使用“圆形阵列”命令按钮,系统弹出“圆形阵列”对话框,单击选择之前已经绘制完成的旋转实体即可创建圆形阵列。“回转轴”

回转轴选择“线 1”,“体”体选择“回转 3”。完成后单击✓按钮,如图 8-62 所示。

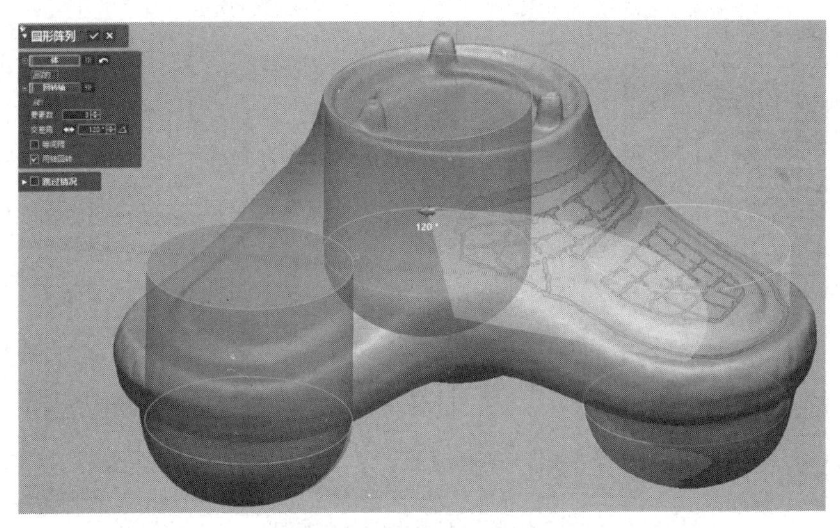

图 8-62 按摩头圆形阵列

(12) 单击“特征工具条”中的“草图”后使用“面片草图”命令按钮,单击选择“平面投影”,在“基准平面”中选择如图 8-63 所示的 X-Z 平面作为草图绘制面。选择“草图工具条”中的“直线”与“圆弧”等命令,绘制按摩器按摩头中心处的轮廓形状。完成后单击“面片草图工具条”中的“退出”命令。

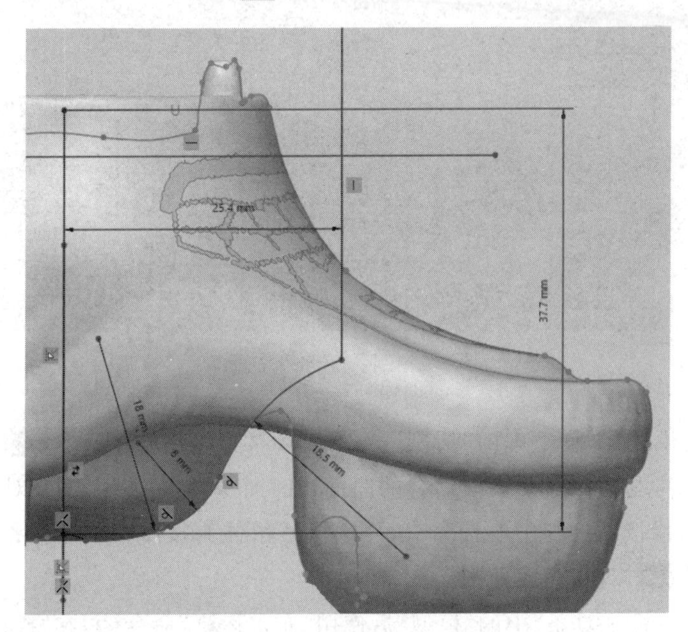

图 8-63 绘制中心按摩头轮廓

(13) 选择“模型”工具条中的“回转”命令,在“轮廓”轮廓对话框中选择刚刚绘制好的按摩头轮廓草图,在“轴”轴对话框中 选择先前建立的轮廓中心回转轴“曲线1”,在“方法”对话框中设置旋转方式为“单侧方向” 方法 单侧方向 ,角度修改为360°,选择轮廓特征如图8-64所示。完成后单击 按钮,生成中心按摩头。

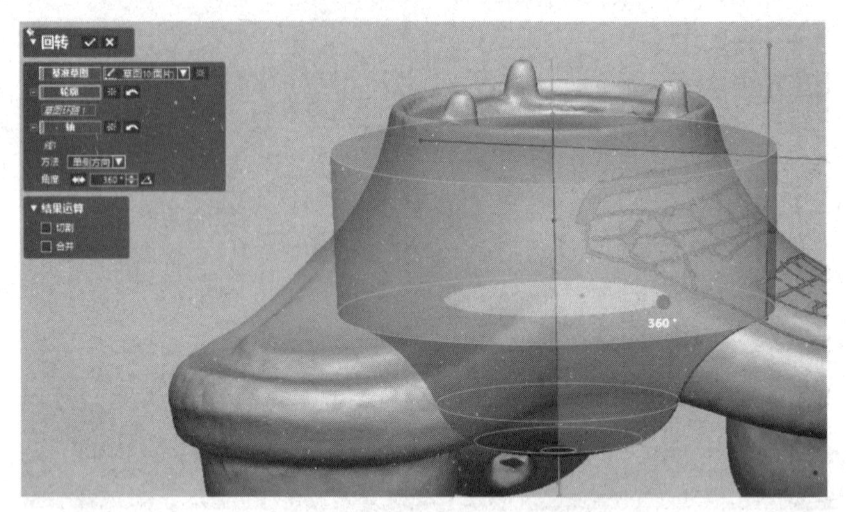

图8-64 旋转草图生成中心按摩头

(14) 打开步骤(4)中的旋转草图,生成上下盖轮廓曲面如图8-65所示,对按摩头多余部分进行修剪。

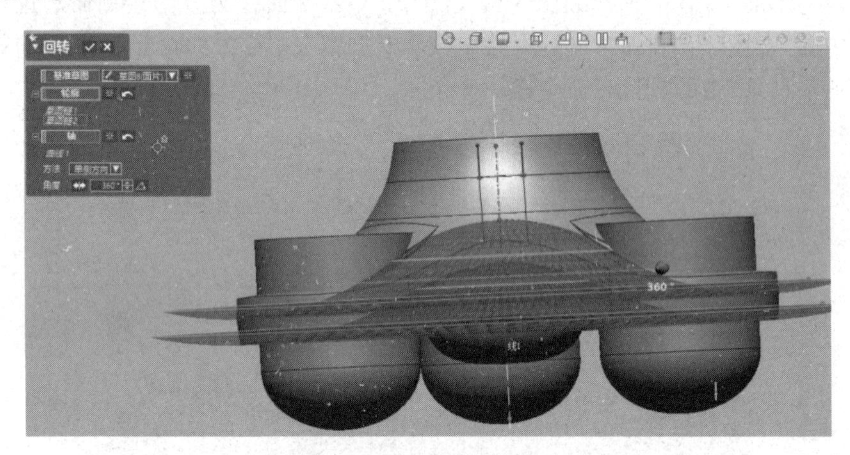

图8-65 上下盖轮廓曲面

(15) 选择“模型”工具条中的“切割”命令 ,在“工具要素” 工具要素 对话框中选择先前旋转的曲面中与按摩器下表面贴合的曲面,在“对象体” 对象体 对话框中选择先前建立的三个边缘按摩头与中心按摩头,再选择残留体为按摩头的下半部,如图8-66所示。完成后单击 按钮,完成分割。

(16) 单击“特征工具条”中的“模型”后使用“布尔运算”命令 ,在“操作方法”中选择“合并” 合并 ,在“工具要素” 工具要素 中选择当前所有实体(按摩头与主体),如图8-67所示。完成后单击 按钮,完成按摩器主体特征的构建。

(17) 单击“模型”工具条中的“圆角”命令 ,在对话框中选择“固定圆角”,在“圆角要

图 8-66　曲面切割按摩头

图 8-67　合并所有实体

素设置"中的"半径"输入 10mm,"要素"选择按摩器最外轮廓的棱边倒圆角,如图 8-68 所示。单击☑按钮,完成圆角的创建。

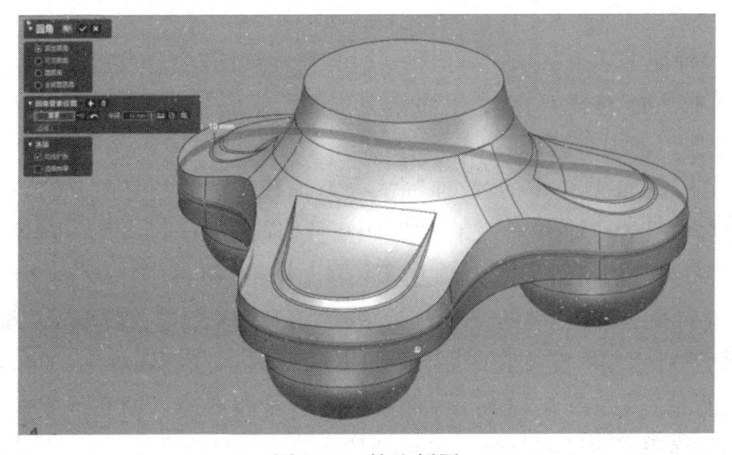

图 8-68　棱边倒圆

(18) 使用同样的方法,选择按摩器边缘的上下两边倒圆角2mm,如图8-69所示。单击✓按钮,选择按摩器与按摩头连接处倒圆角2mm,如图8-70所示,完成圆角的创建。

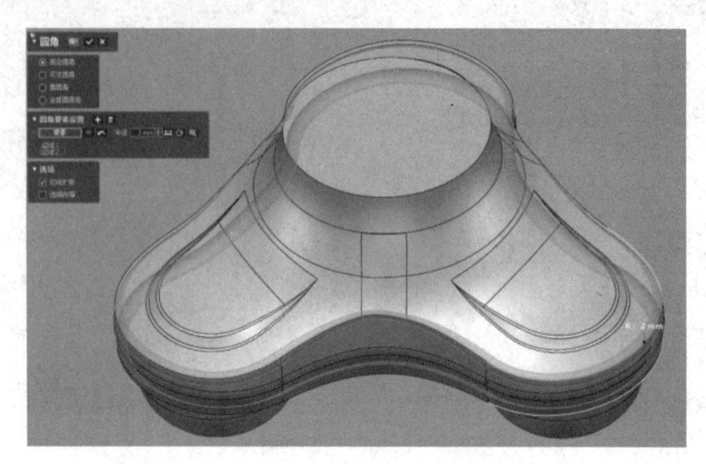

图8-69 上下边线倒圆角

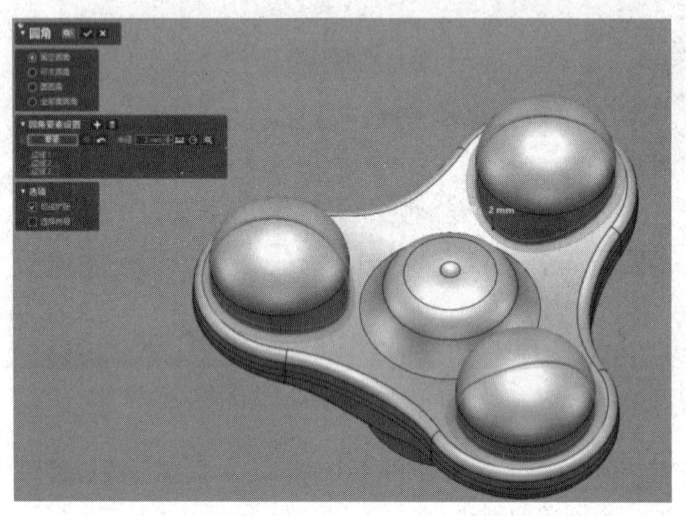

图8-70 按摩器与按摩头连接倒圆角

(19) 单击"特征工具条"中的"草图"后使用"面片草图"命令按钮,单击选择"平面投影",在"基准平面"中选择 X-Y 平面作为草图绘制面。选择"草图工具条"中的"圆"命令,绘制按摩器顶部中心圆,如图8-71所示。

(20) 选择"模型"工具条中的"拉伸"命令,选择刚刚绘制好的草图,在"拉伸"对话框的"方向"选项中设置拉伸方式为"距离",距离值修改为2mm;在"长度"中单击"反向";在"结果运算"中选择"切割",如图8-72所示。单击✓按钮,去除按摩器顶部特征实体。

(21) 单击"特征工具条"中的"模型"后使用"壳体"命令按钮,系统弹出"壳体"对话框,在"深度"对话框中设置壳体厚度为1mm,此时不选择删除面即可直接完成对全部实体内部进行抽壳,如图8-73所示,直接对按摩器内部进行抽壳。完成后单击✓按钮,完成抽壳,最终完成按摩器外形主体特征的构建。

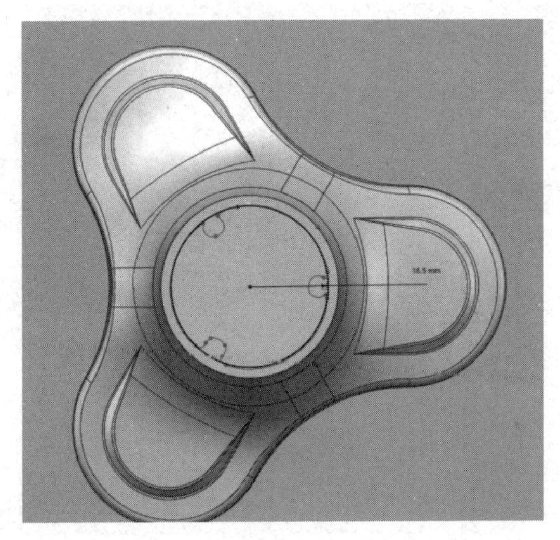

图 8-71　绘制顶部草图

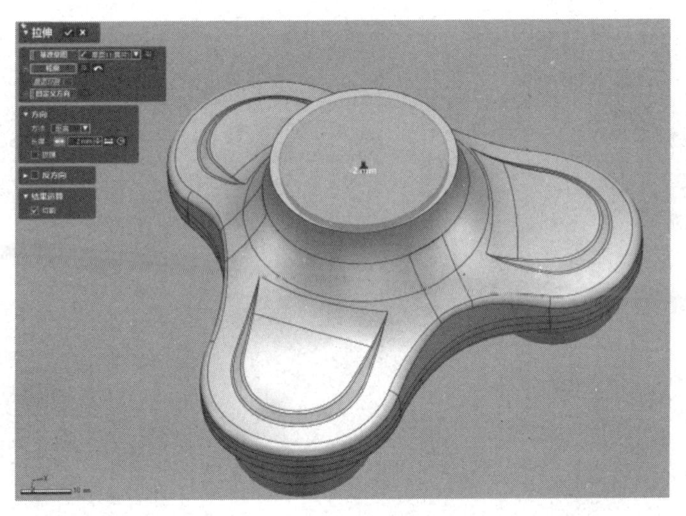

图 8-72　拉伸草图去除实体

8.2.5　按摩器细节结构设计

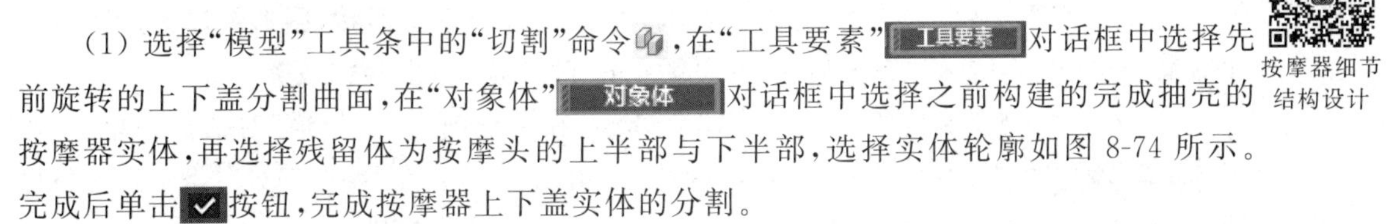

按摩器细节结构设计

（1）选择“模型”工具条中的“切割”命令，在“工具要素”工具要素对话框中选择先前旋转的上下盖分割曲面，在“对象体”对象体对话框中选择之前构建的完成抽壳的按摩器实体，再选择残留体为按摩头的上半部与下半部，选择实体轮廓如图 8-74 所示。完成后单击按钮，完成按摩器上下盖实体的分割。

（2）单击“特征工具条”中的“模型”后使用“点”命令按钮，系统弹出“添加点”对话框，此时选择已有平面“上面”和“按摩器上盖下沿的内侧曲线”即可创建点。如图 8-75 所示，以平面与曲面的相交点作为点，完成后单击按钮。

（3）单击“特征工具条”中的“草图”后使用“草图”命令按钮，单击选择基准平面上平面作为草图绘制面，选择“变换元素”命令将上一步创建的点投影到草图平面，选择“草

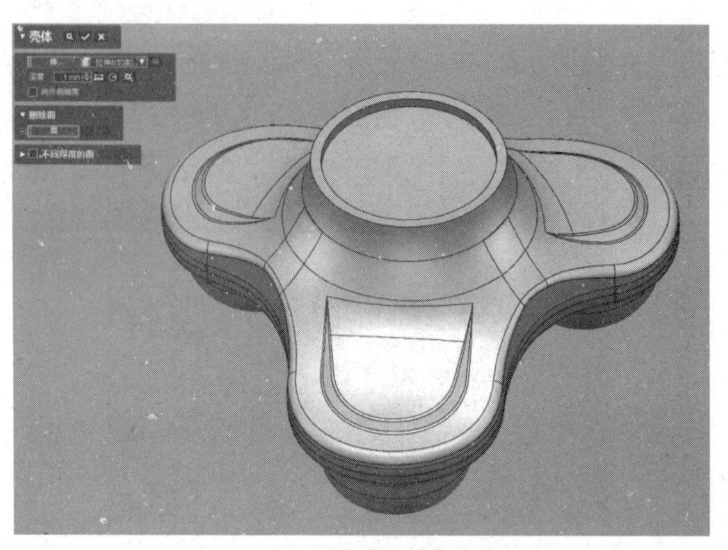

图 8-73 实体抽壳

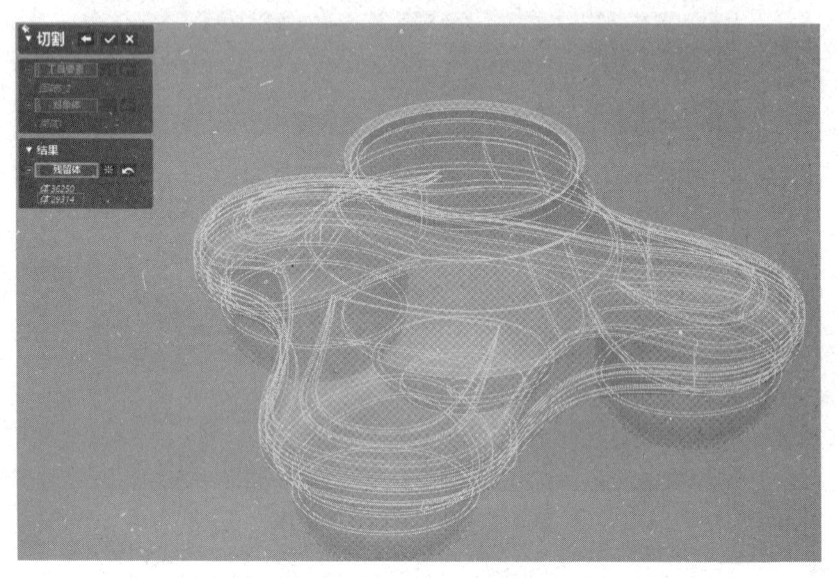

图 8-74 曲面切割实体

图工具条”中的“直线”与“矩形”命令,绘制按摩器上盖凹止口形状,图形绘制好后进行尺寸约束,如图 8-76 所示。完成后单击“草图工具条”中的“退出”命令。

(4) 单击“模型”工具条中的“扫描”命令,在系统弹出的“扫描”对话框中单击“轮廓”,在此时选中上一步绘制的“草图 12”,随后在“路径”中选择按摩器上盖的底部边缘轮廓线,如图 8-77 所示,完成止口实体的扫描。

(5) 单击“特征工具条”中的“模型”后使用“布尔运算”命令,系统弹出“布尔运算”对话框,在“操作方法”中选择“切割”,在“工具要素”中选择当前的沿边扫描的轮廓“扫描 1”,对象体选择按摩器上盖“切割 2-1”,如图 8-78 所示。完成后单击按钮,完成上盖止口的创建。

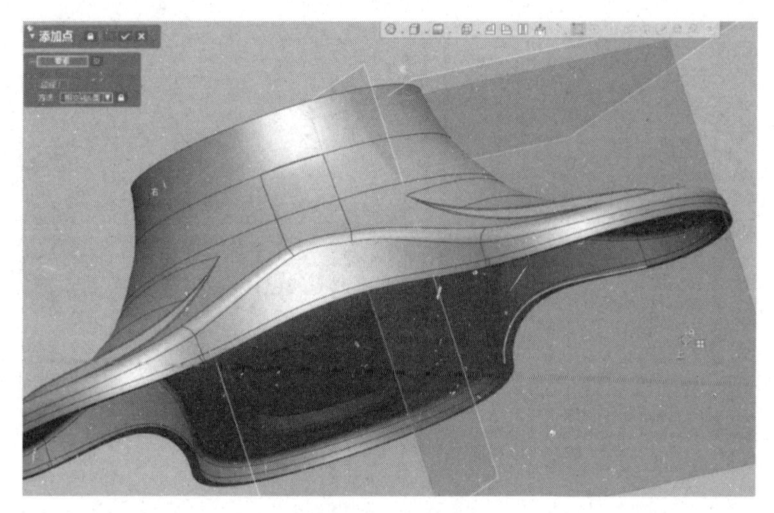

图 8-75　创建点

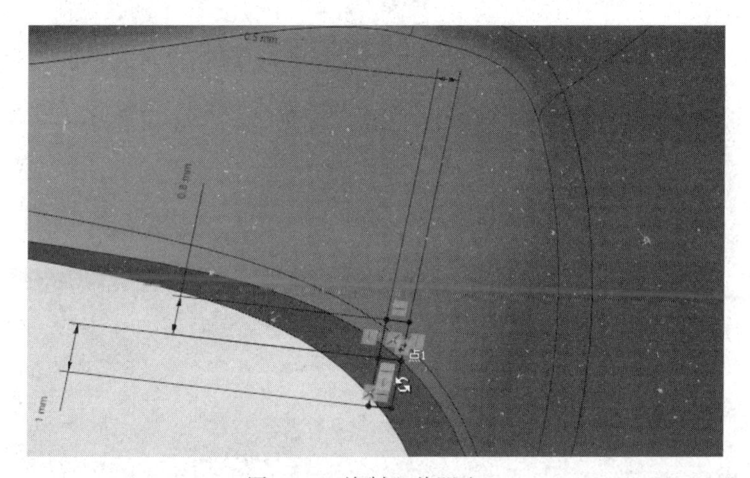

图 8-76　绘制上盖凹止口

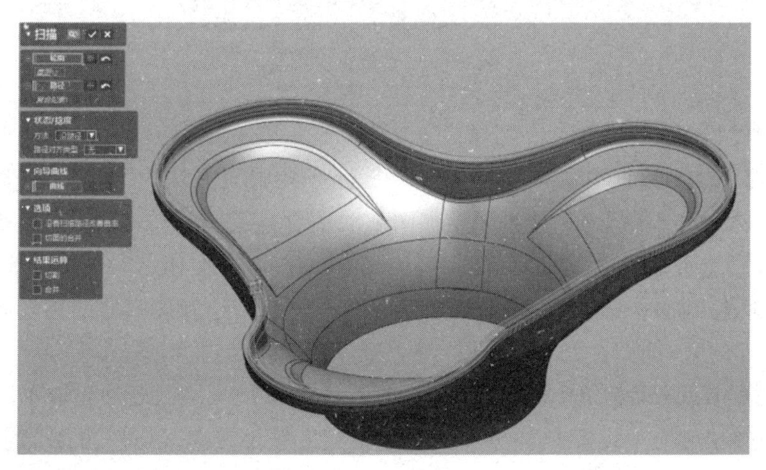

图 8-77　扫描创建止口

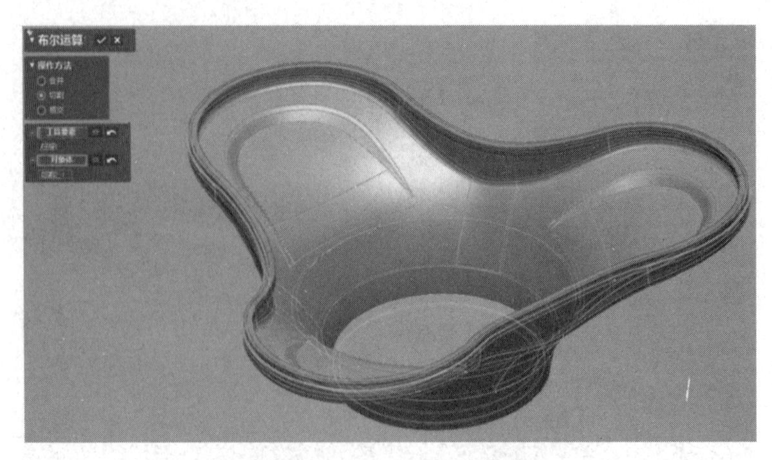

图 8-78 上盖止口创建

(6) 复制第(4)步扫描创建的止口实体,单击“特征工具条”中的“模型”后使用“布尔运算”命令,在“操作方法”中选择“合并”合并,在“工具要素”工具要素中选择按摩器下壳体与扫描止口。完成后单击✓按钮,如图 8-79 所示,完成下盖止口的创建。

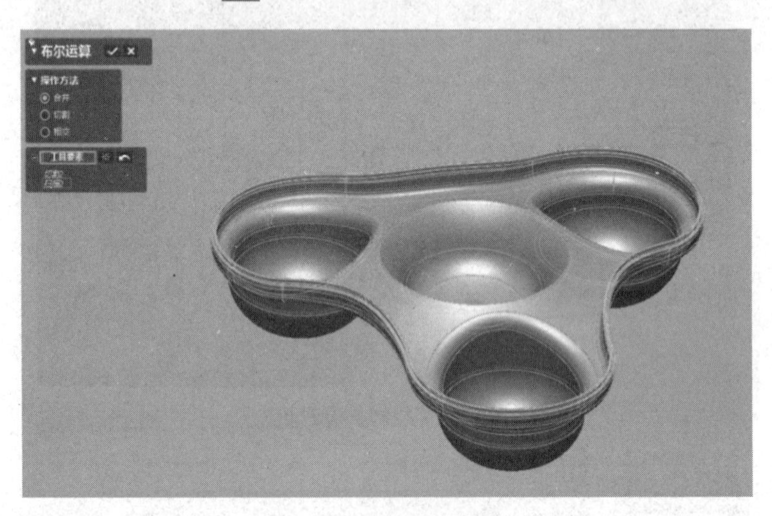

图 8-79 下盖止口创建

(7) 选择“模型”工具条中的“平面”命令,选择之前拉伸的作为叶片分界线的曲面,在“要素”要素对话框中选择“前”,在“方法”选项中设置方法为“偏移”偏移,在“距离”选项中输入偏移距离为 25,选择要素如图 8-80 所示。完成后单击✓按钮,创建平面。

(8) 单击“特征工具条”中的“草图”后使用“草图”命令按钮,单击选择上一步偏移的面作为草图绘制面。选择“草图工具条”中的“圆”命令,绘制按摩器凸柱形状,图形绘制好后进行尺寸约束,如图 8-71 所示。

(9) 选择“模型”工具条中的“拉伸”命令,选择上一步绘制好的轮廓草图,在“拉伸”对话框的“方向”选项中设置拉伸方式为“距离”,并修改为 65mm;“角度”角度修改为 2.5°,即设定凸柱拔模斜度为 2.5°。选择轮廓特征如图 8-82 所示,创建凸柱实体。

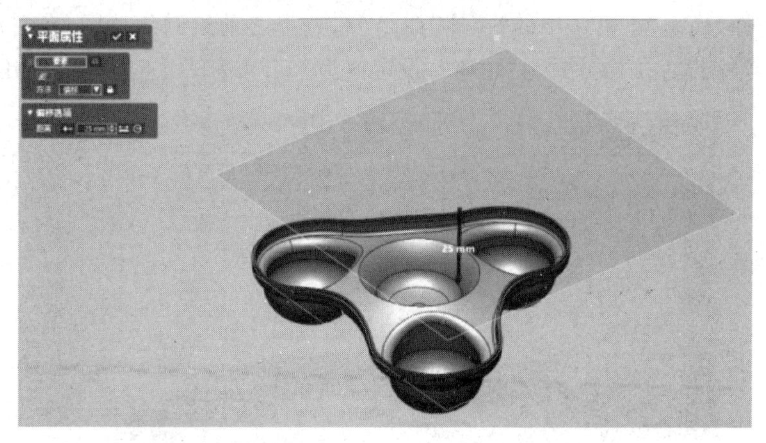

图 8-80　创建平面

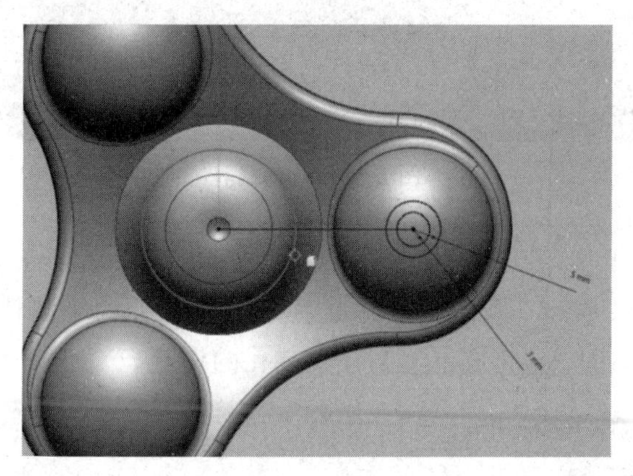

图 8-81　绘制凸柱草图

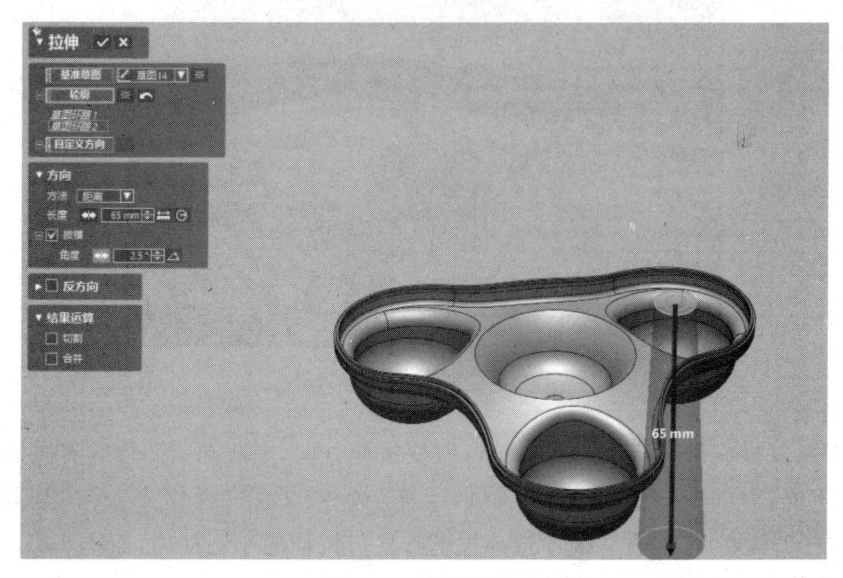

图 8-82　拉伸凸柱

(10) 选择“模型”工具条中的“拉伸”命令，选择之前绘制的草图，在“拉伸”对话框的“方向”选项中设置拉伸方式为“距离”，设定值为6mm，如图8-83所示，创建实体。

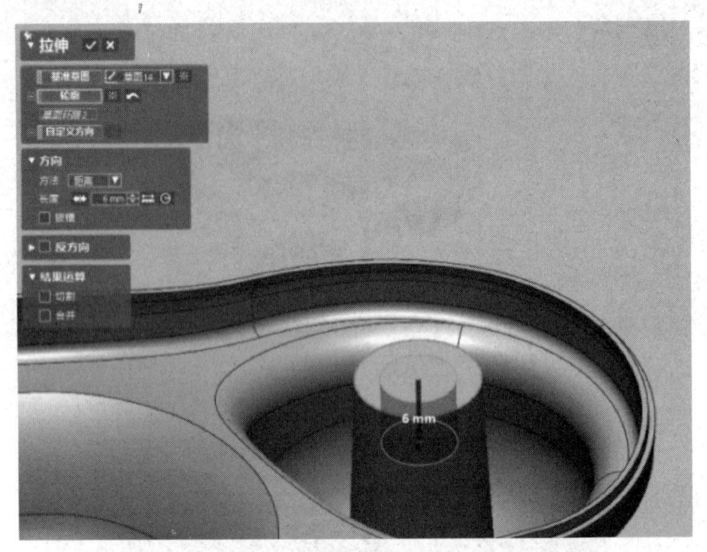

图8-83 拉伸凸柱

(11) 单击“特征工具条”中的“模型”后使用“布尔运算”命令，在“操作方法”切割中选择“切割”，在“工具要素”工具要素中选择上一步拉伸的小圆柱体，“对象体”选择拔模后的凸柱，如图8-84所示，完成下盖凸柱安装孔的切割。

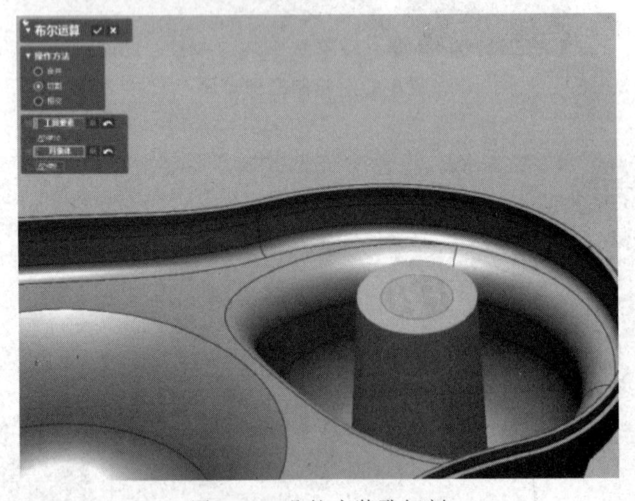

图8-84 凸柱安装孔切割

(12) 重复操作第(9)步和第(10)步，改变拉伸方向，完成上盖凸柱的实体构建，单击“特征工具条”中的“模型”后使用“布尔运算”命令，在“操作方法”中选择“合并”合并，在“工具要素”工具要素中选择拔模凸柱与拉伸的小圆柱体，如图8-85所示。完成后单击按钮，完成上盖凸柱的创建。

(13) 单击“特征工具条”中的“模型”后使用“圆形阵列”命令按钮，“回转轴”

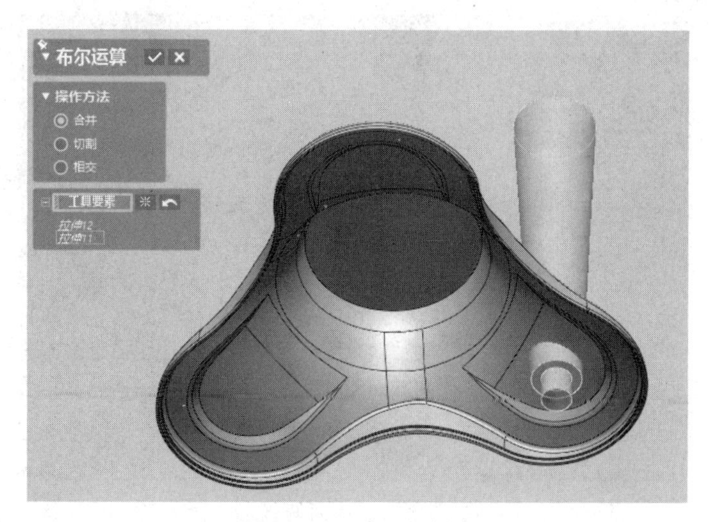

图 8-85　上盖凸柱创建

回转轴选择“线 1”,“体”体选择上下两凸柱实体,如图 8-86 所示。完成后单击✔按钮,即可完成上下盖凸柱实体的阵列。

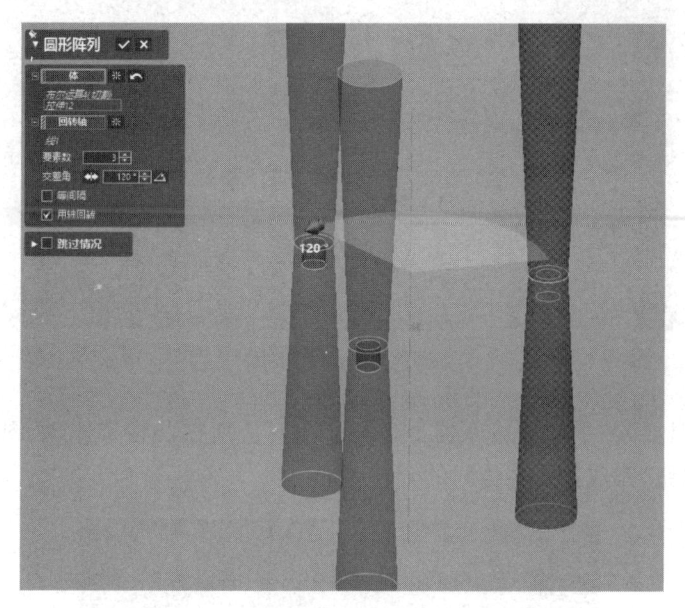

图 8-86　阵列凸柱

(14) 单击“特征工具条”中的“曲面偏移”命令 曲面偏移 ,在“面”面中选择所需修剪凸柱模型外端的上下盖表面,如图 8-87 所示。完成后单击✔按钮,完成修剪曲面的偏移。

(15) 选择“模型”工具条中的“切割”命令,在“工具要素”工具要素对话框中选择之前偏置的上下盖曲面,在“对象体”对象体对话框中选择先前建立的阵列圆柱体,再选择残留体为按摩头的内部所在体,选择实体轮廓如图 8-88 所示,完成实体分割。

(16) 单击“特征工具条”中的“模型”后使用“布尔运算”命令,在“操作方法”中选择

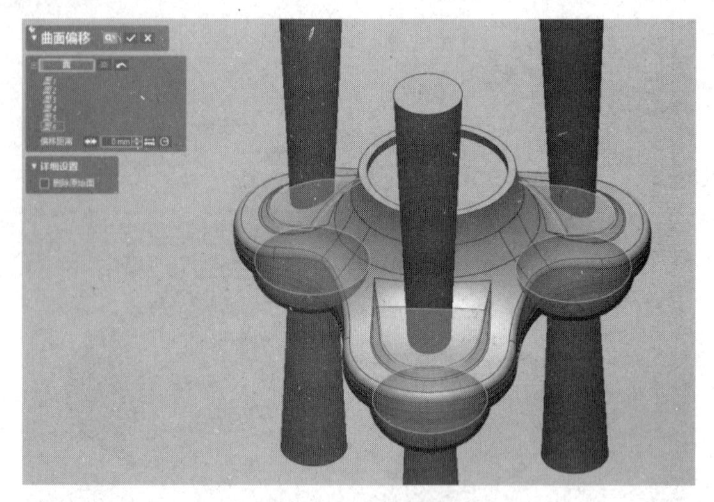

图 8-87　曲面偏移

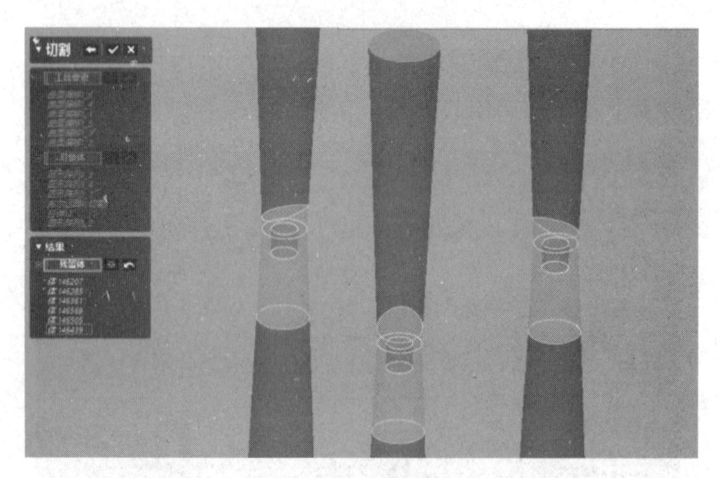

图 8-88　分割实体

"合并",在"工具要素"中选择按摩器上盖与上盖对应所需凸柱实体,如图 8-89 所示。完成后单击✓按钮,完成上盖实体间的合并。

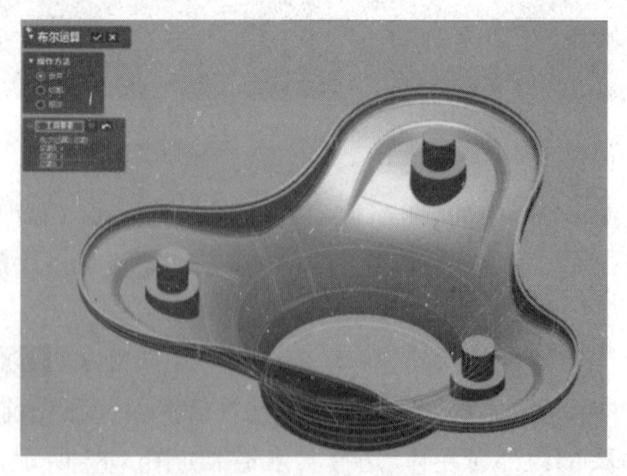

图 8-89　上盖合并实体

(17) 用同样的方法完成下盖与下盖对应所需凸柱实体的合并,如图 8-90 所示,完成下盖实体间的合并。

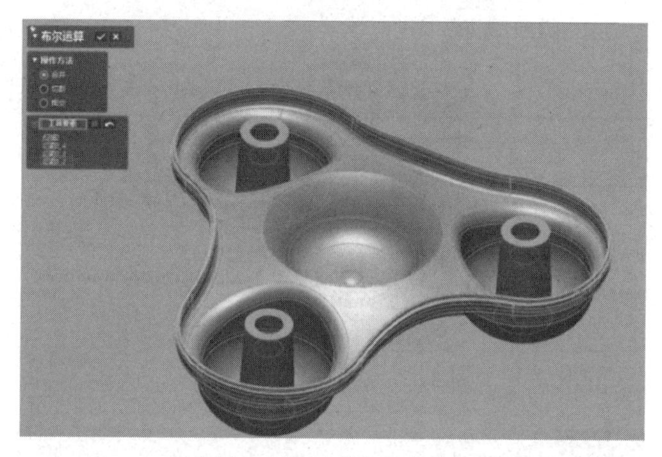

图 8-90　下盖合并实体

(18) 单击“模型”工具条中的“圆角”命令,在对话框中选择“固定圆角”,在“要素”的“半径”处输入 0.5mm,“要素”选择按摩器顶部的边缘轮廓,如图 8-91 所示,完成顶端圆角的创建。

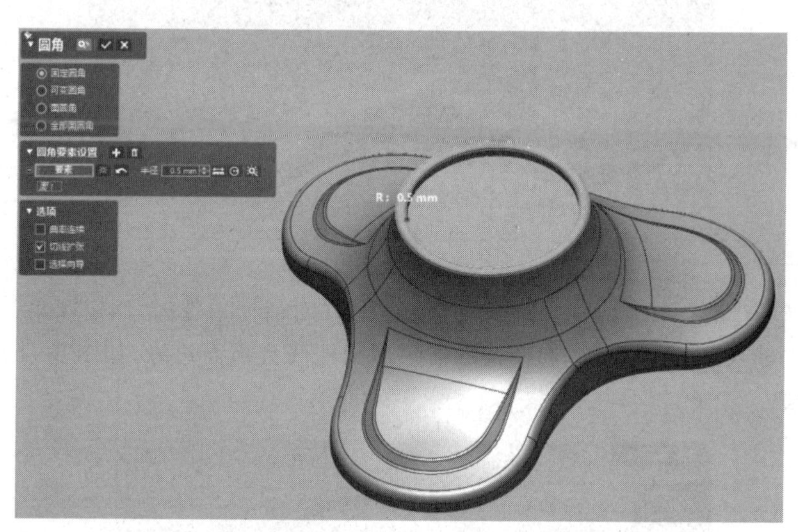

图 8-91　顶端圆角

(19) 单击“特征工具条”中的“草图”后使用“面片草图”命令按钮,单击选择“平面投影”,在“基准平面”基准平面中选择按摩器顶面作为草图绘制面。选择“草图工具条”中的“圆”命令,绘制按摩器顶端圆柱形状,如图 8-92 所示。完成后单击“面片草图工具条”中的“退出”命令。

(20) 选择“模型”工具条中的“拉伸”命令,选择上一步绘制好的轮廓草图,在“拉伸”对话框的“方向”选项中设置拉伸方式为“距离”,并修改为 4.5mm;“角度”修改为 5°。选择轮廓特征如图 8-93 所示,完成拉伸实体。

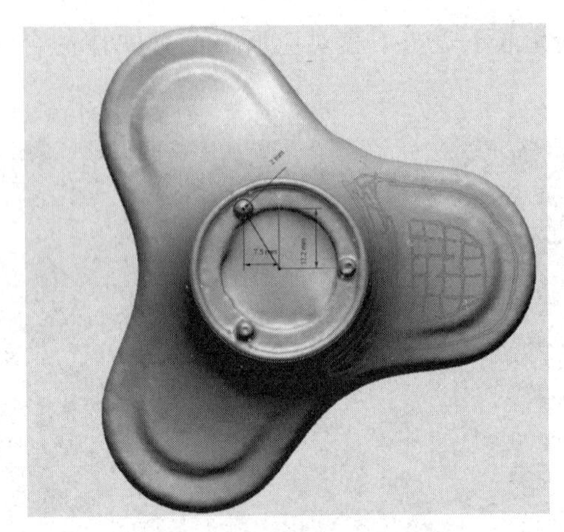

图 8-92　绘制顶面凸柱草图

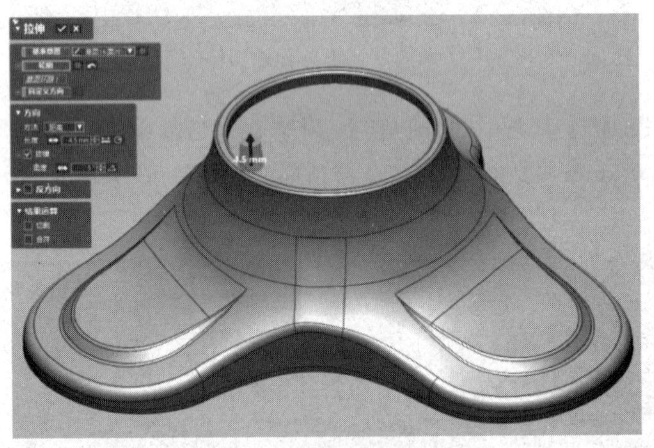

图 8-93　拉伸顶面圆柱

(21) 单击“模型”工具条中的“圆角”命令，在对话框中选择“固定圆角”，在“要素”的“半径”中输入 1mm，“要素”选择按摩器顶部圆柱凸台顶面边缘，如图 8-94 所示，完成圆角的创建。

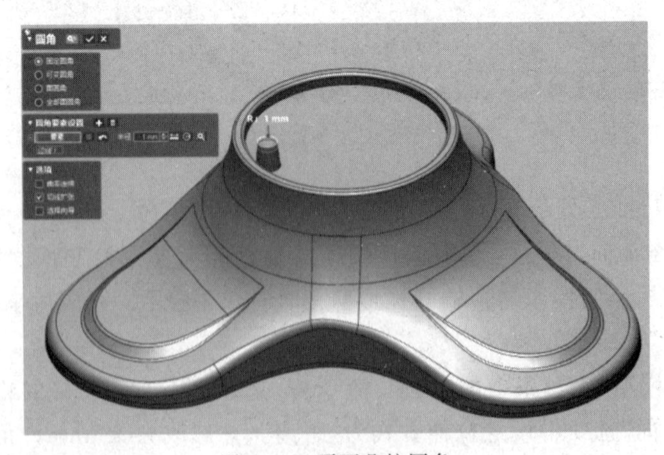

图 8-94　顶面凸柱圆角

(22) 单击“特征工具条”中的“模型”后使用“圆形阵列”命令按钮，如图8-95所示，“回转轴”选择“线1”，“体”选择之前绘制的凸柱形状“圆角12”。完成后单击按钮，生成顶部凸台实体。

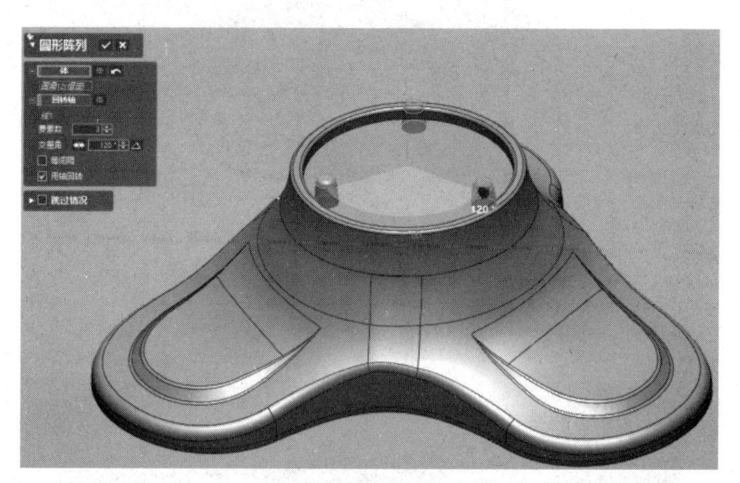

图8-95　阵列顶面凸柱

(23) 单击“特征工具条”的“模型”后使用“布尔运算”命令，在“操作方法”中选择“合并”，在“工具要素”中选择按摩器上盖与上一步阵列实体。完成后单击按钮，完成上盖实体间的合并，如图8-96所示。

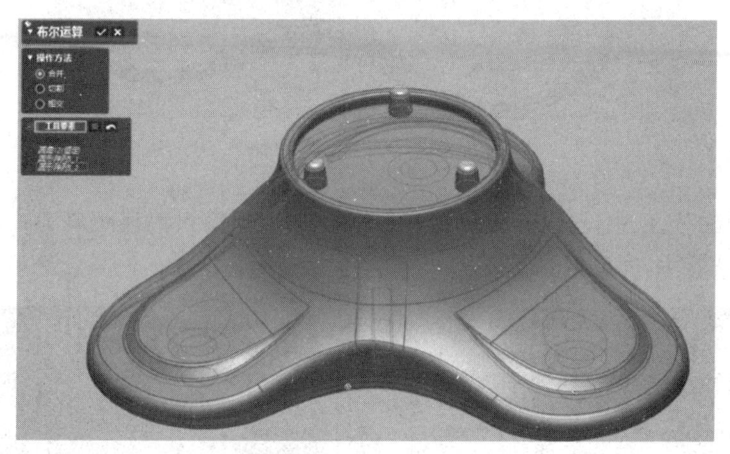

图8-96　顶面凸柱合并

(24) 单击“特征工具条”的“草图”后使用“面片草图”命令按钮，单击选择“平面投影”，在“基准平面”中选择按摩器顶面作为草图绘制面。选择“草图工具条”中的“圆”命令，绘制按摩器顶端圆柱形状，如图8-97所示。

(25) 选择“模型”工具条中的“拉伸”命令，选择绘制好的轮廓草图，在“拉伸”对话框的“方向”选项中设置拉伸方式为“距离”，并修改为7mm。运算结果选择“切割”，选择轮廓特征，如图8-98所示。完成后单击按钮，切割实体。

(26) 选择“模型”工具条中的“平面”命令，在“要素”对话框中选择按摩器上端面

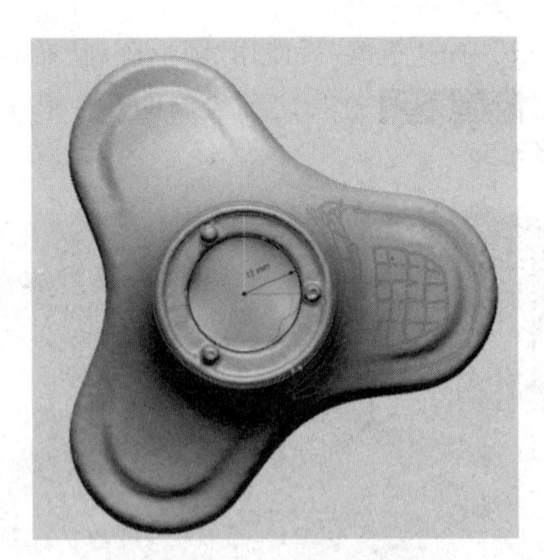

图 8-97　绘制顶面草图

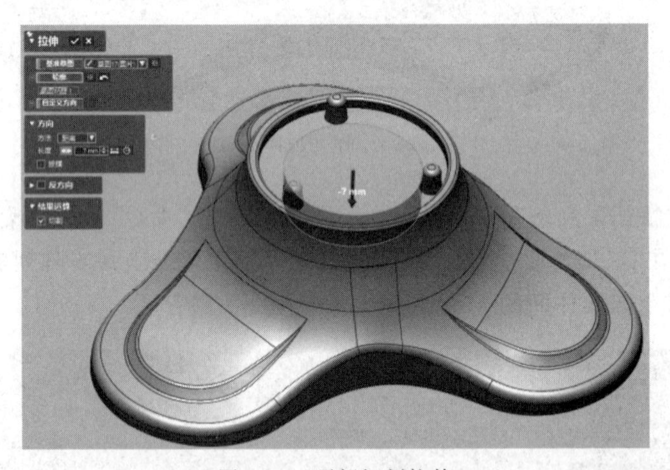

图 8-98　顶部切割拉伸

“面 1”,在“方法”选项中设置为“偏移”,在“距离”选项中输入偏移距离为－28mm。选择要素如图 8-99 所示,完成偏移平面。

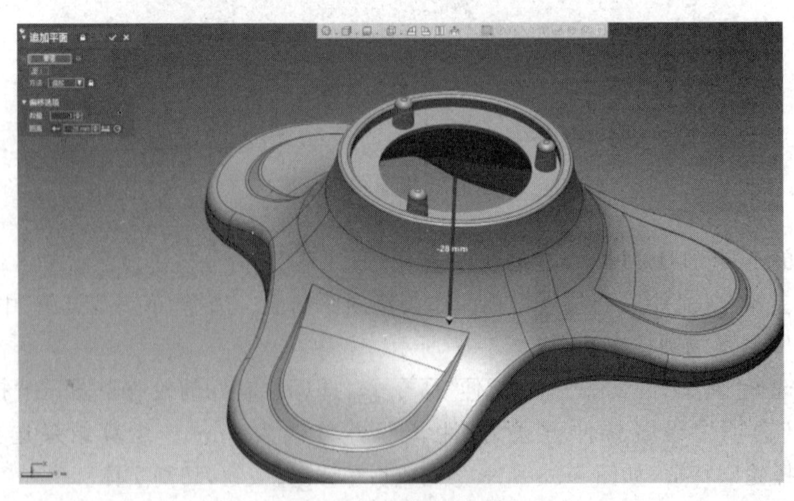

图 8-99　偏移平面

(27) 单击“特征工具条”中的“草图”后使用“草图”命令按钮，单击选择偏移后的面作为草图绘制面。选择“草图工具条”中的“直线”与“矩形”命令，绘制按摩器止口限位轮廓形状，图形绘制好后进行尺寸约束，如图 8-100 所示。

图 8-100　绘制止口限位草图

(28) 选择“模型”工具条中的“拉伸”命令，选择上一步绘制的“草图 18”，在“拉伸”对话框的“方向”选项中设置拉伸方式为“距离”，并设置为 18mm，如图 8-101 所示。

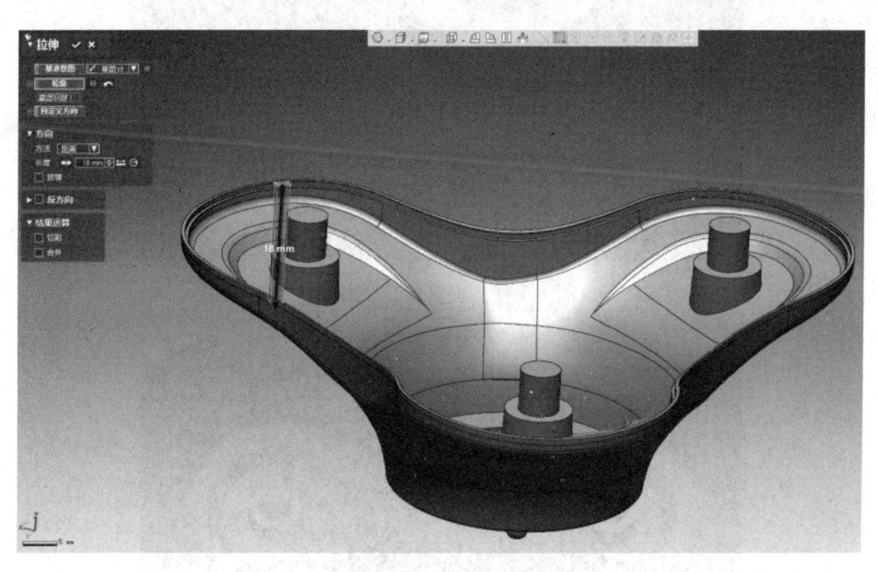

图 8-101　拉伸实体

(29) 用同样的方法完成另一边的止口限位实体截面并拉伸，分别如图 8-102 和图 8-103 所示。

(30) 单击“模型”工具条中的“圆角”命令，在对话框中选择“固定圆角”，在“圆角要素设置”的“半径”中输入 0.5mm，“要素”选择需要倒圆角的止口限位棱边倒圆角，如图 8-104 所示，完成圆角的创建。

(31) 单击“模型”工作条中的“镜像”命令，选择圆角后的特征为镜像特征，选择 X-Z 平面为镜像平面。单击按钮生成镜像特征，如图 8-105 所示。

图 8-102　绘制草图

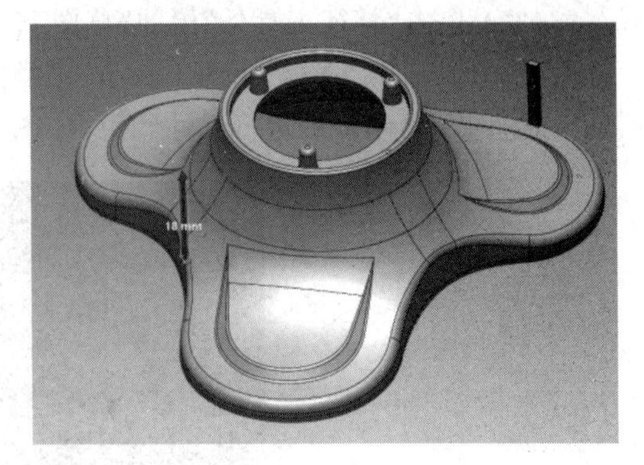

图 8-103　拉伸实体

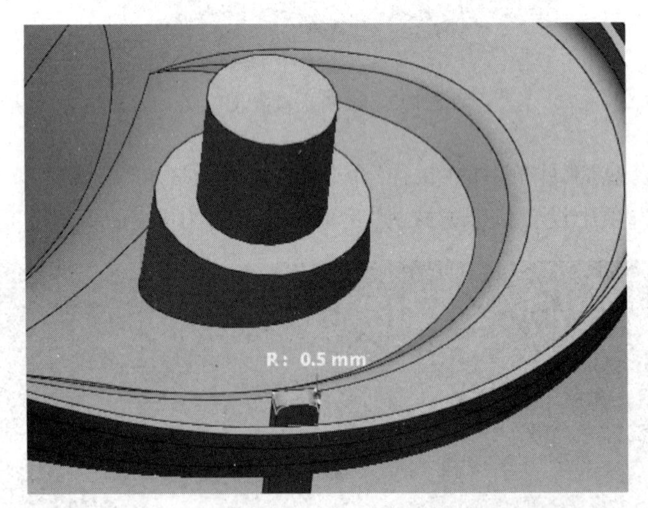

图 8-104　止口限位倒圆角

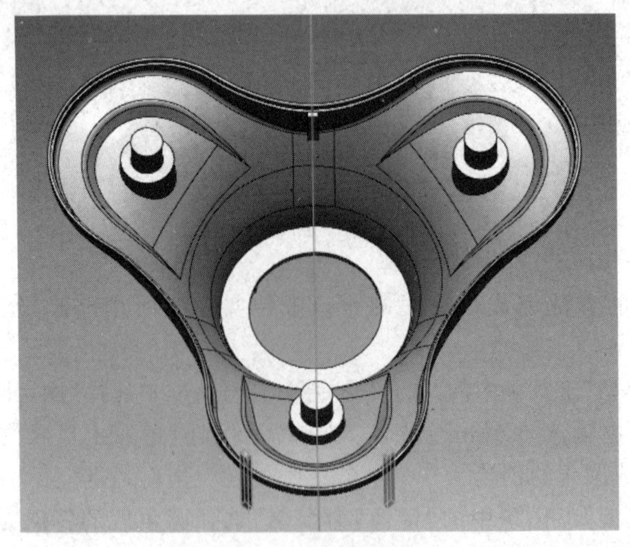

图 8-105　实体镜像

(32) 单击“特征工具条”的“模型”后使用“圆形阵列”命令按钮，如图 8-106 所示，“回转轴”回转轴选择“线 1”，“体”体选择绘制完成的三个止口限位。完成后单击✓按钮，完成止口限位的圆形阵列。

图 8-106　实体阵列

(33) 单击“特征工具条”的“曲面偏移”命令 曲面偏移 ，系统弹出“曲面偏移”对话框，在“面”面中选择按摩器上端盖外端面，如图 8-107 所示，完成曲面的偏移。

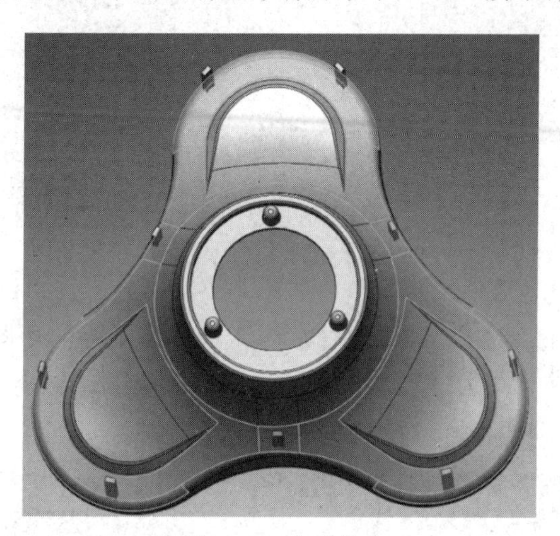

图 8-107　曲面偏移

(34) 单击“特征工具条”的“模型”后使用“布尔运算”命令，系统弹出“布尔运算”对话框，在“操作方法”中选择“切割”切割，在“工具要素”工具要素中选择偏移的曲面，“对象体”选择阵列实体，选择保留结果为全面下端所有实体。完成后单击✓按钮，如图 8-108 所示，完成实体切割。重复使用“布尔运算”命令，完成切割后实体和上盖之间的合并实体。

(35) 单击“特征工具条”的“草图”后使用“草图”命令按钮，单击选择 X-Z 平面作为草图绘制面，选择“草图工具条”中的“矩形”命令，绘制按摩器凸柱加强筋轮廓形状，图

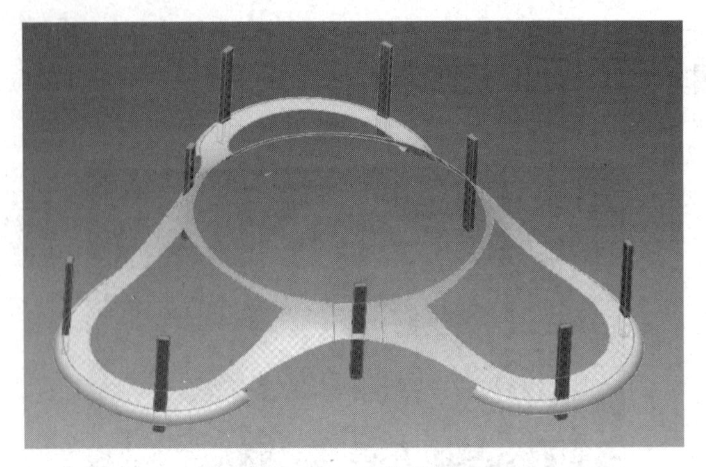

图 8-108 实体切割

形绘制好后进行尺寸约束,如图 8-109 所示。

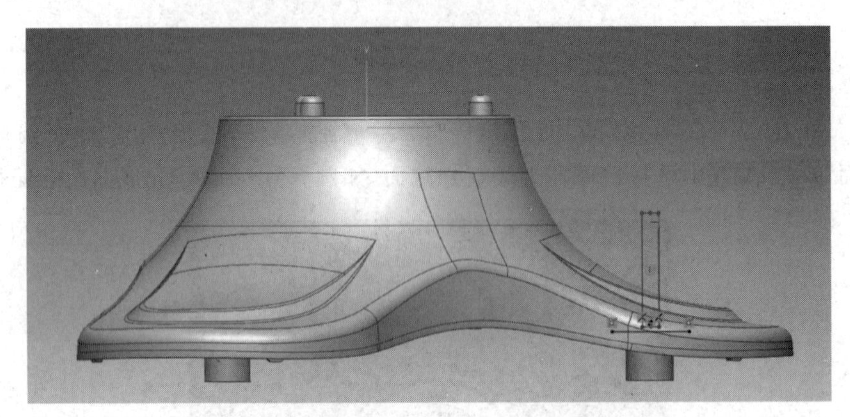

图 8-109 绘制草图

(36) 选择"模型"工具条中的"拉伸"命令,选择绘制好的草图,在"拉伸"对话框的"方向"选项中设置拉伸方式为"平面中心对称",在"长度"选项中输入 18mm,如图 8-110 所示,生成按摩器凸柱加筋。

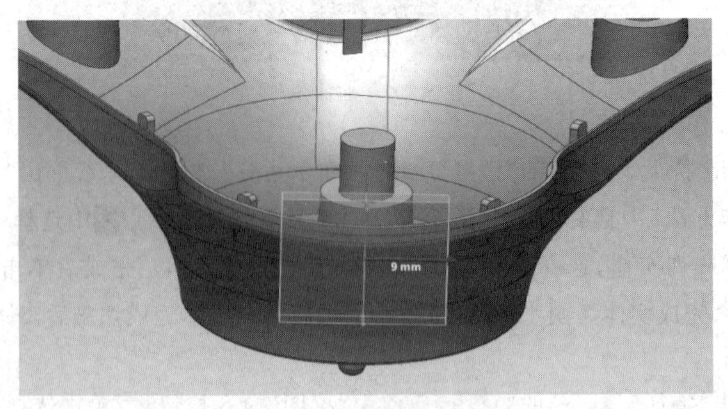

图 8-110 拉伸凸柱加强筋

(37) 单击“模型”工具条中的“倒角”命令，系统弹出“倒角”对话框，在对话框中选择“角度和距离”，并设置为 1.5mm，“要素”选择需要倒圆角的加强筋两条棱边倒圆角，如图 8-111 所示，完成倒角的创建。

图 8-111　实体倒角

(38) 单击“特征工具条”的“模型”后使用“圆形阵列”命令按钮，如图 8-112 所示，“回转轴”回转轴选择“线 1”，“体”体选择“倒角 1”。完成后单击按钮，完成按摩器凸柱加强筋的圆形阵列。

(39) 单击“特征工具条”的“曲面偏移”命令曲面偏移，在“面”面中选择按摩器上端盖外端面，如图 8-113 所示，完成曲面的偏移。

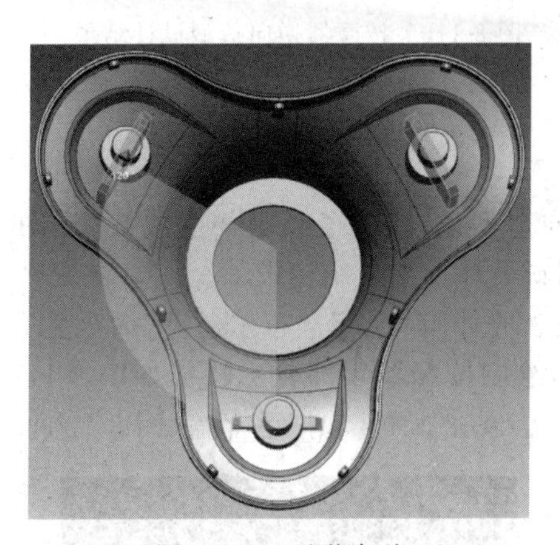

图 8-112　环形阵列

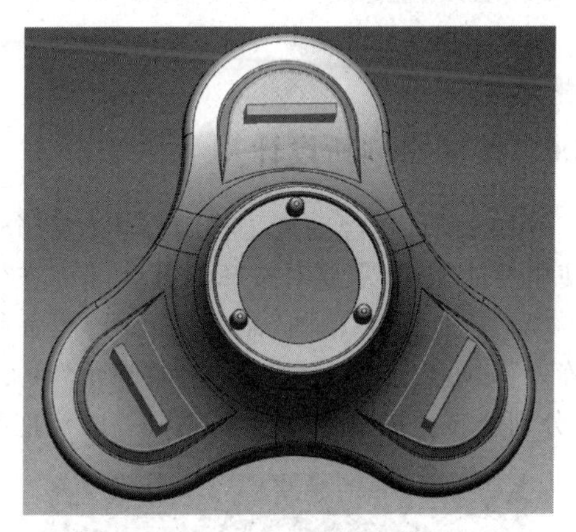

图 8-113　曲面偏移

(40) 单击“特征工具条”的“模型”后使用“布尔运算”命令，在“操作方法”中选择“切割”切割，在“工具要素”工具要素中选择偏移的曲面，“对象体”选择阵列实体，选择保留结果为全面下端所有实体。完成后单击按钮，完成两实体间的合并切割，如图 8-114 所示。

(41) 单击“特征工具条”的“模型”后使用“布尔运算”命令，在“操作方法”中选择“合并”合并，在“工具要素”工具要素中选择上盖与阵列修剪后的所有实体。完成后单击按钮，如图 8-115 所示，完成实体的合并。

图 8-114　合并切割

(42) 最终完成按摩器的创建,设计结果如图 8-116 所示。

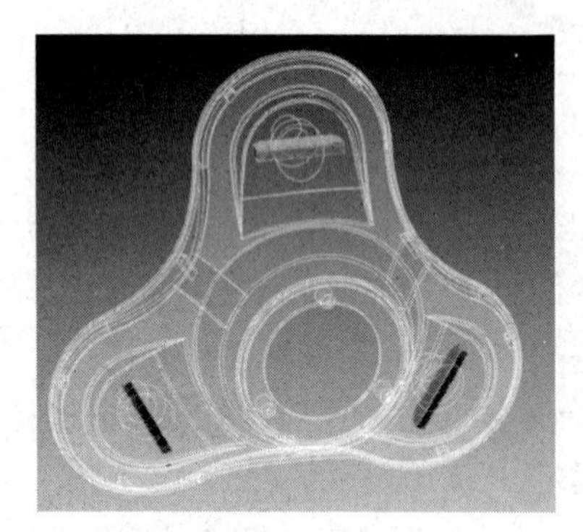

图 8-115　合并实体

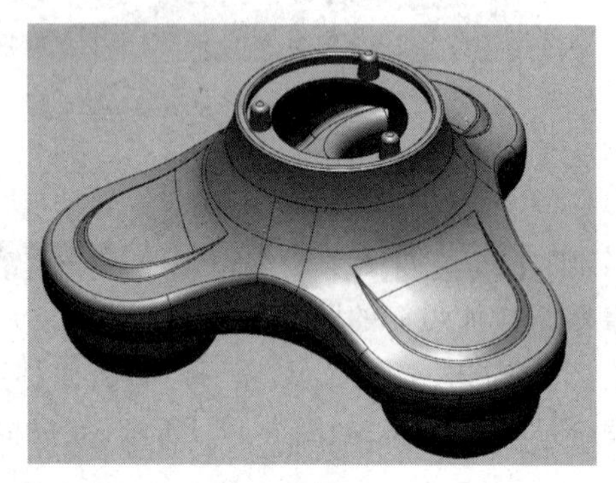

图 8-116　按摩器逆向造型设计结果

8.2.6　按摩器创新设计

按摩器创新设计

(1) 在前面已经完成了按摩器主体部分逆向造型设计,为了满足便携式按摩器的各种使用性能需求,需要对按摩器其余部分进行创新设计及细节结构设计。

(2) 分别使用"草图"命令、"回转"命令、"壳体"命令、"布尔运算"命令、"圆形阵列"命令、"倒角"命令和"圆角"命令,绘制按摩器顶部轮廓特征如图 8-117 所示,分别旋转生成支撑座实体(图 8-118)、把手下盖(图 8-119) 和把手上盖(图 8-120)。

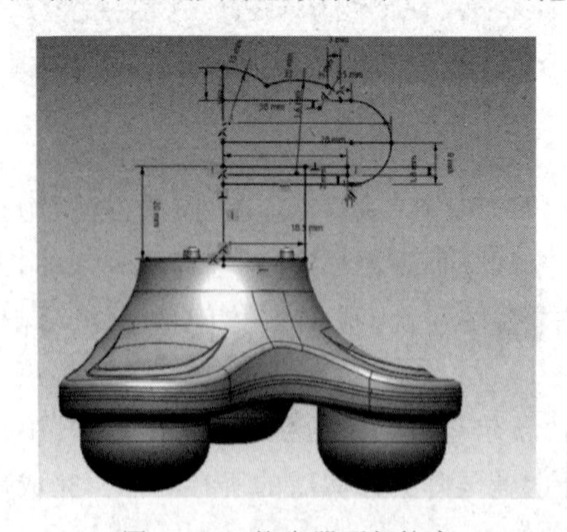

图 8-117　按摩器顶部轮廓

图 8-118　旋转支撑座

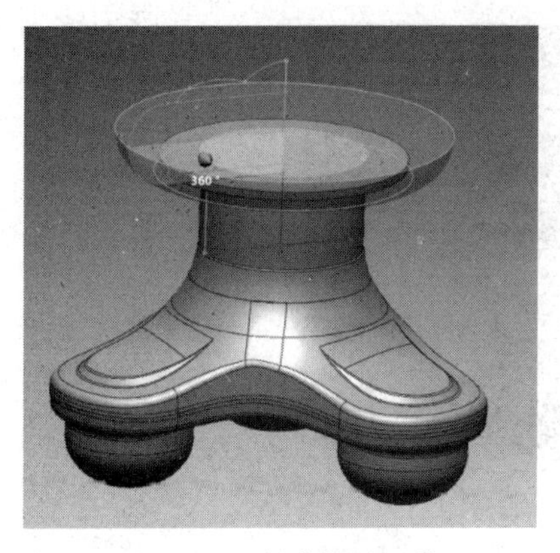

图 8-119　创建把手下盖

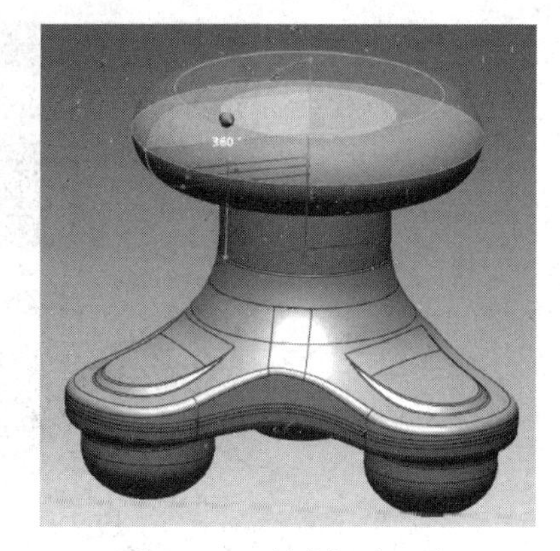

图 8-120　创建把手上盖

（3）依次根据按摩器内部结构要求分别创建顶盖如图 8-121 所示，底盖如图 8-122 所示，支撑座如图 8-123 所示，电池盒如图 8-124 所示。

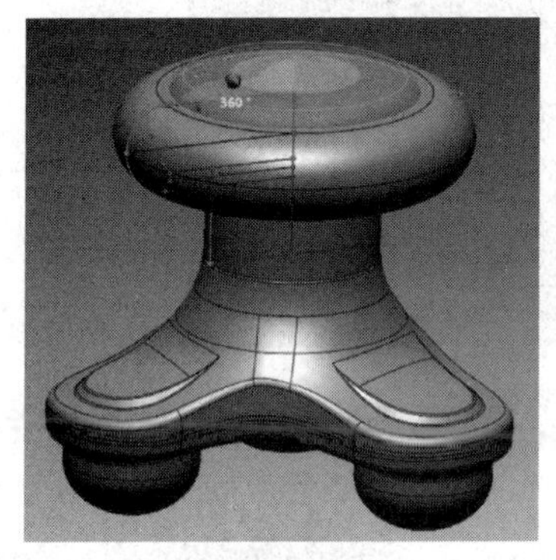

(a) 顶盖正面

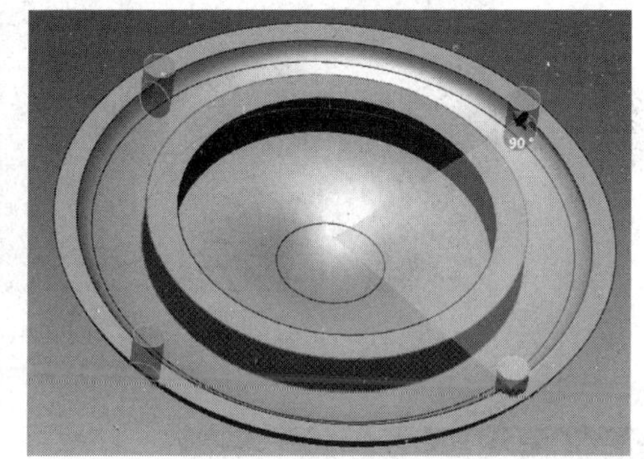

(b) 顶盖背面

图 8-121　创建顶盖

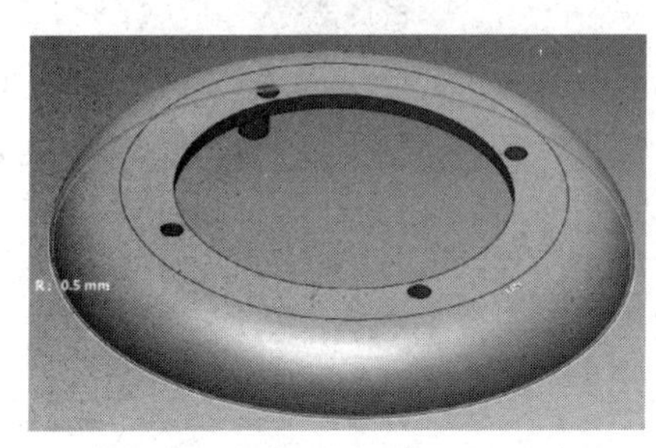

(a) 底盖正面

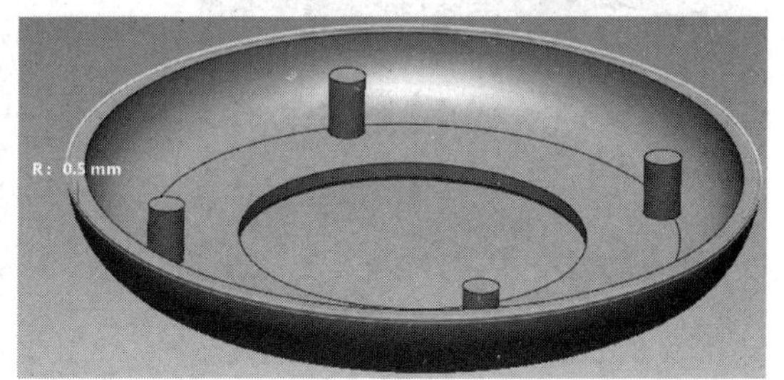

(b) 底盖正面

图 8-122　创建底盖

（4）最终完成按摩器的创建如图 8-125 所示，产品渲染效果图如图 8-126 所示。

（5）该产品创新点如下。

① 整体流线造型，顶部波纹设计，犹如振动产生的涟漪，生动美观。

② 人机工程学曲面设计，更贴身，手握更贴合，使用更舒适。

图 8-123　创建支撑座

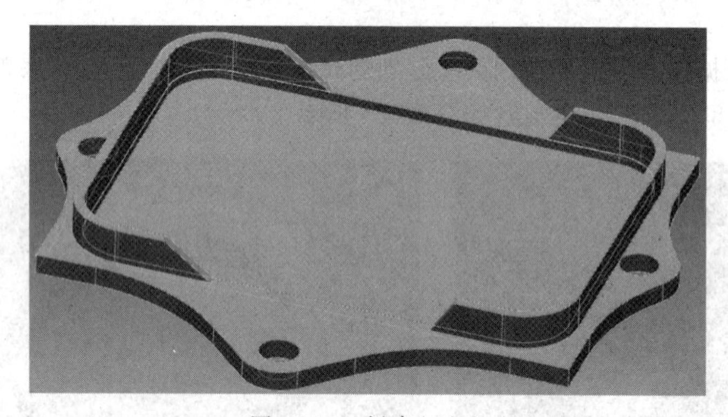

图 8-124　创建电池盒

图 8-125　按摩器创新设计结果

图 8-126　按摩器渲染效果图

③ 产品外壳采用环保工程材料,健康安全,柔性缓冲区采用食品级硅胶材料,更加环保。

④ 体积小巧,方便携带与收纳,无论坐着、站着还是躺卧都可以自由使用。

⑤ 产品供电方式多样化,支持直接使用电池、插 USB 使用或者 220V 电源适配器使用。

⑥ 手感舒适，操作便捷，只需握住按摩器顶部，轻压即可进行身体任意部位的振动按摩。

⑦ 产品构思独特，设计新颖，用 3 个独立软触按摩头，振子产生 100 次/秒的振动波，身体接触部位周围产生柔和的振动，达到舒适放松的效果。

8.3　拓展训练

1. 根据本项目所学习的基于 Design X 软件的产品逆向设计方法，利用 Design X 软件对图 8 127 所示的某电动雕刻笔产品进行逆向造型设计。

2. 根据本项目所学习的基于 Design X 软件的产品逆向设计方法，利用 Design X 软件对图 8-128 所示的额温枪进行逆向造型设计。

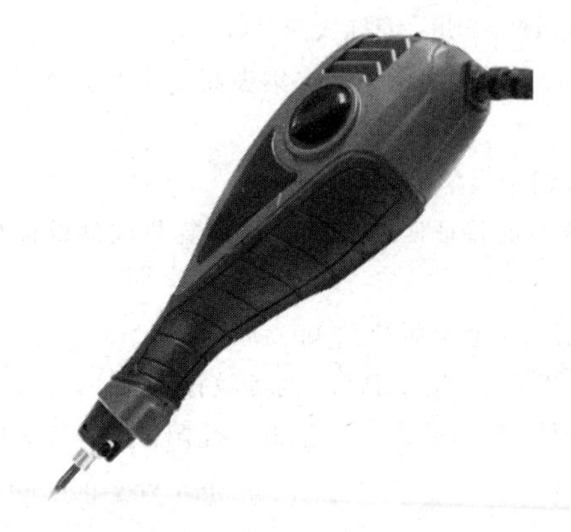

图 8-127　电动雕刻笔

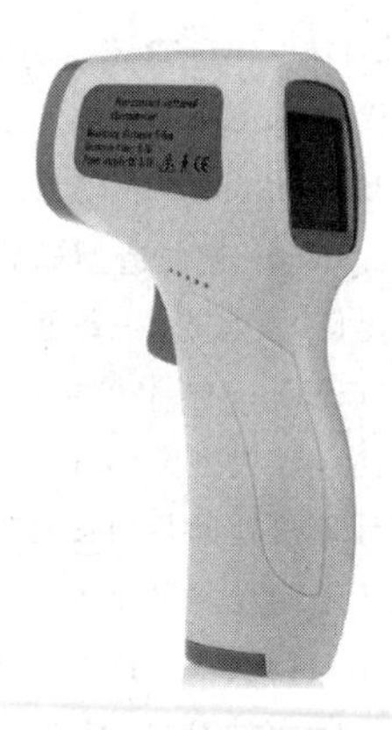

图 8-128　额温枪

参考文献

[1] 金涛,童水光. 逆向工程技术[M]. 北京：机械工业出版社,2003.

[2] 袁望洪,陈向葵,谢涛,等. 逆向工程研究与发展[J]. 计算机学报,1999,26(5)：71-77.

[3] 许智钦,孙长库. 3D逆向工程技术[M]. 北京：中国计量出版社,2002.

[4] 兰诗涛. 自由曲面接触式测量方法研究与原型系统研制[D]. 杭州：浙江大学,2004.

[5] 夏赣民. 数字标记点图像相关测量方法及其应用研究[D]. 天津：天津大学,2004.

[6] 黄诚驹. 逆向工程综合技能实训教程[M]. 北京：高等教育出版社,2004.

[7] 黄诚驹. 逆向工程项目式实训教程[M]. 北京：高等教育出版社,2004.

[8] 孙福辉,席平,唐荣锡. 复杂产品集成逆向工程系统及其关键技术[J]. 北京航空航天大学学报,2006,27(03)：351-355.

[9] 吕震. 反求工程CAD建模中的特征技术研究[D]. 杭州：浙江大学,2002.

[10] 王永波,盛业华,闾国年,等. 基于Delaunay规则的无组织采样点集表面重建方法[J]. 中国图像图形学报,2007,12(9)：1537-1543.

[11] 单岩. Imageware逆向造型基础[M]. 北京：清华大学出版社,2011.

[12] 金涛,陈建良,童水光. 三维模型对称平面重建的特征匹配方法[J]. 计算机辅助设计与图形学学报,2003,15(5)：616-620.

[13] 凌超. 逆向设计典型案例详解[M]. 北京：机械工业出版社,2009.

[14] 施法中. 计算机辅助几何设计与非均匀有理B样条[M]. 北京：高等教育出版社,2001.

[15] 王巍. 基于结构光测量原理的透明自由曲面体3D测量方法研究[D]. 沈阳：沈阳工业大学,2004.

[16] Wagner M, Hormann K. C^2-continuous surface reconstruction with piecewise polynomial patches [R]. Technical Report 2, Department of Computer Science 9, University of Erlangen, February 2003.

[17] Wood Z J, Desbrun M, Schoder P, et al. Semi-regular mesh extrction from volumes[R]. Proceedings of IEEE Visualization 2000, 2000：275-282.

[18] 严庆光. 面向对点成形的逆向工程关键技术及应用研究[D]. 长春：吉林大学,2005.

[19] 王宏涛,周儒荣,张艳丽. 现代测量方法在逆向工程数据采集技术中的应用[J]. 航空计测技术,2003,23(4):1-4.

[20] Varady T, Marrin R R, Cox J. Reverse engineering of geometric models—Aan introduction [J]. Computer Aided Design, 1997, 29(4)：255-268.

[21] Leif Kobbelt, Swen Campagna, Jens Vorsatz, et al. Interactive Multi-resolution modeling on arbitrary meshes[R]. Computer Graphics Proceedings, 1998：105-114.

[22] 吴家升,张义力,王军杰. 逆向工程数据采集方法的研究和展望[J]. 机械制造,2005,43(5)：14-17.

[23] 吴世雄. 逆向工程中多传感器集成的智能化测量研究[D]. 杭州：浙江大学,2005.

[24] Saeid Uotavalli, Rafie Shamsaasef. Object-oriented modeling of a feature-based reverse engineering system[J]. International Journal of Computer Integrated Manufacturing, 1996, 9(3)：354-368.

[25] Satio K., Miyoshi T.. No-contact 3-D digitizing and machining system for free form surface[J]. Annals of CIRP, 1989, 40(3)：483-486.

[26] Chan V H. A multi-sensor approach to automating coordinate measuring machine-based reverse engineering[J]. Computers in Industry, 2001, 144(2)：105-115.

[27] Shen Tzung-Sz, Huang Jianbing, Menq Chia-Hsiang. Multiple-sensor intrgration for rapid and high-

precision coordinate metrology[J]. IEEE/ASME Transactions on Mechatronics,2000,5(2):110-121.

[28] Chang Shoude. 3D imager using dual color-balanced lights[J]. Optics and Lasers in Engineering, 2008,46(8):62-68.

[29] 刘元朋. 复杂曲面测量数据最佳匹配问题研究[J]. 中国机械工程,2005,10(6):408-412.

[30] 柯映林. 反求工程 CAD 建模理论、方法和系统[M]. 北京:机械工业出版社,2005.

[31] 杜兴吉. 超声检测中复杂曲面数字化方法研究[J]. 中国机械工程,2005,12(8):463-466.

[32] 林文强. 激光三角测头的动态仿形跟踪扫描[J]. 计量学报,2006,27(2):83-88.

[33] 任玉波. CAD 模型已知的自由曲面在线检测方法研究[J]. 精密制造与自动化,2006(3):54-57.

[34] 孙肖霞. 反求工程中测量数据的精简算法[J]. 机械设计与制造,2006(8):38-42.

[35] 马扬飙,钟约先,戴小林. 大面积形体的三维无接触精确测量的研究[J]. 机械设计与制造,2006,(10):24-26.

[36] 张维中,张丽艳,王晓燕,等. 基于标记点的图像特征匹配的鲁棒算法[J]. 中国机械工程,2006,17(22):2415-2418.

[37] 吴思源. 基于超声测距的自由曲面数字化方法研究[J]. 中国机械工程,2006,17(22):2458-2462.

[38] 柯映林. 基于特征的反求工程建模系统 RE-SOFT [J]. 计算机辅助设计与图形学学报,2004,16(06):158-162.

[39] 朱心雄. 自由曲线曲面造型技术[M]. 北京:科学技术出版社,2000.

[40] Ohtake Y,Belyaev A G,Bogaevski I A. Mesh regularization and adaptive smoothing[J]. Computer Aided Design,2001(33):789-800.

[41] Kruth J P,Kerstens A. Reverse engineering modeling of free-form surfaces from point clouds subject to boundary conditions[J]. Journal of Materials Processing Technology,1998,76(8):120-127.

[42] Jones T,Durand F,Desbrun M. Non-iterative,feature preserving mesh smoothing[R]. In:Proc of SIGGRAPH 03,San Diego,2003:943-949.

[43] 谢金. 自由曲面非接触式测量方法研究及系统研制[D]. 杭州:浙江大学,2003.

[44] 吴剑锋. 逆向工程中基于 CAD 的曲面测量方法研究[D]. 杭州:浙江大学,2005.

[45] 王永辉. CATIA V5 在汽车零件逆向开发中的应用[J]. 现代制造工程,2006(1):113-115.

[46] 殷金祥,陈关龙. Comet 系统的特点分析及其测量研究[J]. 计量技术,2003(12):22-24.

[47] Galetto M. Reverse engineering of free-form surfaces: A methodology for threshold definition in selective sampling [J]. International Journal of Machine Tools and Manufacture, 2006(46):1079-1086.

[48] Piegl L A,Tiller W. Surface approximation to scanned data [J]. The Visual Computer,2000(16):386-395.

[49] Floater M S. Parametrization and smooth approximation of surface triangulations[J]. Computer Aided Design,1997,14(3):231-250.

[50] Hormann K. Fitting free-form surfaces. Principles of 3D images Analysis and Synthesis [M], Kluwer Academic Publishers,2000.

[51] 程俊廷. 反求工程中多视数据的坐标归一化[J]. 精密制造与自动化,2004(3):50-52.

[52] 吴敏,周来水,王占东,等. 测量点云数据的多视拼合技术研究[J]. 南京航空航天大学学报,2003,35(5):552-557.

[53] 孙世为,梁培志,李志刚. 基于曲率 RGB 的多视点云拼合方法[J]. 中国机械工程,2005,16(10):882-884.

[54] Li Bing. Measurement of three-dimensional profiles with multi structure linear lighting [J].

Robotics and Computer-Integrated Manufacturing,2003(19): 493-499.

[55] Bardell R. Accuracy analysis of 3D data collection and free-form modelling methods [J]. Materials Processing Technology,2003(133):26-33.

[56] 蔡润彬,潘国荣. 三维激光扫描多视点云拼接新方法[J]. 同济大学学报(自然科学版),2006,34(7): 913-918.

[57] 周煜,杜发荣,高峰,等. 车身逆向设计中点云多视拼合技术[J]. 北京航空航天大学学报,2007,33(4): 463-466.

[58] 孙殿柱,孙肖霞,李延瑞,等. 一种基于最小二乘固定球法的多视点云拼合技术[J]. 机械设计与研究,2006,22(3): 57-59.

[59] 孙世为,王耕耘,李志刚. 逆向工程中多视点云的拼合方法[J]. 计算机辅助工程,2002(1): 8-11.

附录A 2019年全国职业院校技能大赛高职组“工业产品数字设计与制造”赛项试题

附录B 2020年全国职业院校技能大赛改革试点赛高职组“工业设计技术”赛项试题

附录C 2021年全国职业院校技能大赛高职组“工业设计技术”赛项试题